U0317155

黄河上游滑坡泥石流
时空演化及触发机制

殷志强 等 著

科学出版社

北京

内 容 简 介

本书对黄河上游寺沟峡—拉干峡段的巨型滑坡泥石流时空展布特征以及地貌演化过程进行了系统研究。全书共 12 章，涉及区域地质背景、巨型滑坡泥石流解析、地质灾害防治等内容。书中系统研究了黄河上游地区滑坡对气候变化、高原隆升、构造变动及古地震活动的响应特征，建立了古气候古环境与古滑坡研究的理论和方法；发现了地质历史时期滑坡主要发生于气候变化的转型期和温暖湿润期，揭示了黄河上游地区气候变化中的温度和降雨因子对滑坡的控制作用；重新厘定了黄河上游官亭盆地喇家遗址彻底毁灭的原因；提出了在黄河上游河谷区开展阶地研究工作应区分湖积台地与阶地的关系。

本书是系统研究黄河上游地区滑坡泥石流时空演化及触发机制方面的专著，图文并茂，理论与实践结合，可供从事滑坡泥石流调查研究及灾害防治等领域的科研和专业技术人员使用，也可作为相关专业研究生读本。

图书在版编目（CIP）数据

黄河上游滑坡泥石流时空演化及触发机制/殷志强等著 . —北京：科学出版社，2016

ISBN 978-7-03-049043-8

Ⅰ . ①黄…　Ⅱ . ①殷…　Ⅲ . ①黄河－上游－滑坡地区－泥石流－研究　Ⅳ . ①P642. 23

中国版本图书馆 CIP 数据核字（2016）第 141900 号

责任编辑：韦　沁　韩　鹏／责任校对：何艳萍
责任印制：肖　兴／封面设计：耕者设计工作室

科 学 出 版 社 出版
北京东黄城根北街 16 号
邮政编码：100717
http://www.sciencep.com

北京利丰雅高长城印刷有限公司 印刷
科学出版社发行　各地新华书店经销
*
2016 年 6 月第 一 版　开本：787×1092　1/16
2016 年 6 月第一次印刷　印张：17 3/4
字数：395 000
定价：228. 00 元
（如有印装质量问题，我社负责调换）

本书主要作者名单

殷志强　秦小光　赵无忌　李小林
程国明　魏　刚　史立群　袁材栋

序

第四纪以来，黄河上游地区形成了多处峡谷和山间盆地。这些峡谷和盆地发育了拉西瓦滑坡、德恒隆滑坡、夏藏滩滑坡、查那滑坡等形成演化机理复杂的巨型滑坡。受地质作用和人类工程活动的影响，这些滑坡至今仍在变形活动中，威胁着多座大型水利水电工程和当地人民生命财产安全，受到国内外同行的高度关注。

在国家自然科学基金和国家地质调查项目的支持下，殷志强博士对该区域的巨型滑坡形成演化特征和灾害效应进行了较为系统的研究。我很高兴地看到，作者在滑坡地貌演化和古气候特征研究的基础上，结合岩土体实验测试和数值模拟等手段，研究了黄河上游地区自中更新世以来由于高原隆升引起的气候变化，特别是古地震事件对巨型滑坡的控制。建立了基于古气候古环境理论的古滑坡研究方法，提出了末次冰期以来滑坡主要发生在气候变化的转型期和温暖湿润期，揭示了温度控制的冰雪融水和降雨雨量对滑坡的触发机制。作者还讨论了该地区各盆地内堰塞湖积台地成因及与阶地的关系，提出了官亭盆地黄河二级阶地上喇家文化毁灭的地质原因。这些成果对该地区的地貌演化研究和地质灾害防灾减灾具有一定意义。

《黄河上游滑坡泥石流时空演化及触发机制》一书理论与实践相结合，取得了较为丰富的原创性成果。希望作者继续开展滑坡与地貌演化研究工作，为我国地质灾害减灾防灾做出成绩。

国际滑坡协会主席

2016 年 5 月 17 日

前　言

黄河上游寺沟峡—拉干峡段位于强烈隆升的青藏高原和相对隆升的黄土高原过渡地带（李吉均等，1996），横跨第一、二级阶梯地貌单元，地质构造上属于南祁连块体与西秦岭块体的交接部位（李小林等，2007），气候带上属于东部季风区、西北干旱区及青藏高原旱区三大自然带的交汇区（宋春晖等，2007）和200～400mm降水量的分界区，地理位置极其特殊。在特殊的岩土体性质、控滑的地层结构、复杂的地貌环境和独特的季风气候交替控制下形成了我国滑坡、泥石流等地质灾害的一个高易发区（张春山等，2000，2003；彭建兵等，2004）。

这个地区也是青海省的"沿黄经济带"和13座大型水利枢纽的集中区，人口密集，城镇化建设速度快。区内巨型-大型滑坡的存在不仅改变了地形地貌，而且严重影响着黄河干流及河谷区多座大型水利水电工程的安全运营和两岸河谷滩地的居民聚集区人民的生命财产安全。对城市的可持续发展、黄河干流两岸人民财产和大型水电工程的安全运营构成了极大威胁（毛会斌、巨广宏，2005；胡贵寿等，2008），严重制约了区域经济的可持续发展。

野外调查发现寺沟峡—拉干峡之间约278km的长度范围内滑坡集中分布，该段区域内分布有各种类型的滑坡508处，其中，特大型滑坡116处，巨型滑坡21处，且以群科—尖扎盆地黄河两岸的巨型滑坡分布数量最多（殷志强等，2010，2013a，2013b），该地区的巨型滑坡机理复杂，危害严重，在全世界范围内都具有典型性和代表性（马寅生，2003；黄润秋，2003，2007）。

这一地区在高原多次抬升和黄河断续侵蚀切割的双重动力作用下，干流两岸的高陡边坡高差达300～900m，这些高陡边坡的存在为区内滑坡的大规模发育提供了充足的临空条件，但这些巨型滑坡的时空分布规律有何特征？其发生机制是仅在重力作用下发生，还是有其他的触发因素？巨型滑坡群的演化期次和过程尚不清楚，部分巨型滑坡堵河形成堰塞湖的持续时间和消亡后的环境效应没有进行系统研究，河谷地貌演化过程中的地表过程是否为巨型滑坡的发育提供了基础条件？这一涉及地貌学、构造地质、第四纪地质与工程地质等几个交叉学科领域的科学问题，目前尚不清楚。

该区段内黄河干流两岸的巨型滑坡具有群发、集中、危害严重、机理复杂等特点，区内活动构造发育，其直接引发的地震和控制的地裂缝都与滑坡存在成因联系；这里气候干旱，但降雨集中，极易引发未固结山体的滑坡，而因温度升高可以造成上游冰雪融水增加，并因此加强河流下切、增高边坡、形成临空面而诱发巨型滑坡。可见，区内巨型滑坡的时空分布、形成与地貌演化、活动构造及气候密切相关，因此，地貌演化、活动构造和气候变化的研究是解析该区巨型滑坡的关键所在。

基于以上思路，中国地质调查局和国家自然科学基金委员会分别设立了地质矿产调查评价项目《黄河上游共和段地质灾害发育机理及防治对策研究》（No. 1212011220123）和面上项目《温度降雨耦合和活动构造对黄河上游巨型滑坡的触发与控制》（No. 41372333），目标是选择黄河上游寺沟峡—拉干峡的代表性和典型滑坡泥石流为研究对象,进一步查明滑坡、泥石流的时空分布特征,认识不同期次巨型滑坡的演化机制,揭示滑坡形成演化与强震、气候等内外动力耦合作用的关系,厘定古滑坡演化及控制性因素,指导区域和单体滑坡灾害预测与防治。

一、主要研究内容

本书是在野外调查、工程地质钻探槽探、古环境古气候剖面样品测试分析的基础上,选取区内的典型巨型滑坡与气候变化、高原隆升、构造变动、古地震活动为研究对象,分析了滑坡期次与气候变化的关系,提出了干湿滑坡的概念和鉴别标志,并对区内的重要滑坡群进行了详细的个案解析,最后提出了巨型滑坡发育的主控因素。主要成果内容如下。

第1章从地形地貌、地层岩性、活动构造、气候环境及水文地质特征等方面总结了工作区的区域地质环境背景。

第2章阐述了黄河上游滑坡泥石流的时空分布特征,分析了滑坡和泥石流的空间几何展布、堆积体特征,总结了区内滑坡的类型,研究了滑坡泥石流发育的特征时间段。

第3章介绍了区内夏藏滩巨型滑坡群、阿什贡巨型滑坡群和席笈滩巨型滑坡群的发育和演化过程,在野外调查和实验测试的基础上,划分了巨型滑坡群的发育期次,研究了每一期次的形成机制和主控因素。

第4章讨论了黄河上游中段的典型滑坡堰塞湖及环境效应。主要研究了戈龙布滑坡堰塞湖、锁子滑坡堰塞湖、松巴峡滑坡堰塞湖及革匝滑坡堰塞湖等滑坡堰塞湖及其溃决后的环境效应,结论对喇家文化遗址毁灭成因、黄河河谷区阶地研究具有重要意义。

第5章和第6章分别选择研究区的一处泥石流扇和一处现代滑坡进行发育特征研究及钻探、槽探施工和INSAR监测。讨论了贵德盆地东部的二连泥流扇堆积期次及演化过程,介绍了尖扎盆地黄河南岸的烂泥滩滑坡发育特征、形成机制和变形迹象,提出了防治对策建议。

第7章讨论了黄河上游中段末次冰期以来气候变化特征及对滑坡的制约关系。选取研究区末次冰期以来的湖相和黄土古土壤剖面为研究对象,在实验测试的基础上,研究了青藏高原东北缘地区末次冰期以来,尤其是全新世以来的气候波动记录和区域性特征,分析了气候波动和滑坡发育的关系,认为二者具有高度的一致关联性。

第8章从新构造运动中的正断层、活动断裂、古地震记录以及黄土剖面记录等多个角度研究了构造变动与滑坡的关系。

第9章在研究黄河支流水系纵剖面地貌形态的基础上,讨论了三处典型滑坡的发育演化过程与支流水系侵蚀演变的关系。

第10章从地震活动和气候变化两个诱发因子入手,讨论了黄河上游寺沟峡—拉干峡段巨型滑坡的成因,并根据现代滑坡的堆积体特征推测了典型巨型滑坡的主控因素。

第11章对研究区的巨型滑坡防治提出了对策建议,尤其是对夏藏滩滑坡、李家峡Ⅲ号滑坡、二连村泥流、席笈滩滑坡和加仓不稳定斜坡提出了具体的防治措施,指出了研究区未来可能会发生地质灾害的地区。

第12章为结论与建议,在总结已取得成果的基础上提出了研究区仍待解决的地质灾害与资源环境承载力问题。

二、本书成果创新点

（1）运用地貌学、工程地质学及第四纪古气候学等方法研究了黄河上游地区滑坡对气候变化、高原隆升、构造变动、古地震活动的响应特征，建立了古滑坡研究的理论和方法，发现了地质历史时期滑坡主要发生于气候变化的转型期和温暖湿润期。结果具有开创性的理论意义和现实性的指导意义。

（2）揭示了黄河上游地区气候变化中的温度和降雨因子对滑坡的控制作用。

（3）重新厘定了黄河上游官亭盆地喇家遗址彻底毁灭的原因，认为喇家后山地震引发滑坡，其堆积物被降水近距离搬运堆积导致遗址完全被覆盖。

（4）提出了黄河上游河谷区阶地研究要充分重视堰塞湖的湖积台地，应严格区分湖积台地与阶地的关系。

（5）提出了"干滑坡"与"湿滑坡"的概念，以及地震型与降水型古滑坡的野外和遥感影像识别标志。

三、本书编制人员及分工

本书依据相关技术标准，将野外调查与室内研究相结合、研究结果与专家意见相结合、调查认识与地方经验相结合，编制完成。本书主要由文字报告组成，能够为黄河上游地区的减灾防灾提供基础地质依据。

本书约40万字，总体由殷志强负责编写完成；其中第1章由殷志强、魏刚、李小林执笔；第2~4章由殷志强、赵无忌、程国明执笔，赫建明参与夏藏滩滑坡数值模拟；第5章由殷志强、赵无忌执笔；第6章由殷志强、史立群、袁材栋执笔；第7章由秦小光、殷志强执笔；第8章由殷志强、秦小光执笔；第9章由赵无忌、殷志强执笔；第10~12章由殷志强执笔，赵无忌参与部分图件制作。

在项目三年的执行过程中，中国地质调查局水文地质环境地质部李铁锋处长、石菊松博士多次参加项目评审，对项目研究思路和采用的技术方法等提出了宝贵意见，在此感谢！在项目野外调查、学术交流和技术研讨中，刘嘉麒院士、黄润秋教授、彭建兵教授、许强教授、文宝萍教授、张茂省研究员等多位知名专家给予了具体的建议和指导，尤其是我的博士生导师刘嘉麒院士还亲自到黄河上游地区的滑坡现场进行野外指导，解答项目组遇到的各种地质问题，刘院士思想深邃、知识广博、高屋建瓴，对项目拓展研究思路启发很大，在此表示由衷感谢！

中国地质环境监测院（国土资源部地质灾害应急技术指导中心）殷跃平研究员、张作辰研究员、周平根教授、谢章中教授、李媛教授、褚洪斌教授、陈红旗教授、徐素宁教授、祁小博高工对项目组织实施过程给予了大力支持和指导，并多次亲临野外进行野外质量安全检查和委托业务成果验收，在他们的无私帮助下，项目得以成功实施、书稿得以顺利完成，在此表示特别感谢！

在项目野外调查、资料整理和实验测试过程中，得到了青海省环境地质勘查局胡贵寿副局长、青海省地质环境监测总站毕海良主任等热情帮助；同时中国科学院地质与地球物理研究所穆燕博士后、张磊博士在粒度和磁化率实验方面给予协助，中国地质大学（武汉）本科生张司博、王传跃、孙中原参加了部分野外调查和样品采集测试工作，在此致谢！

本书出版获得了国家自然科学基金面上项目"温度降雨耦合和活动构造对黄河上游巨

型滑坡的触发与控制"（No. 41372333），中国地质调查局地质矿产调查评价项目"黄河上游共和段地质灾害发育机理及防治对策研究"（No. 1212011220123）的资助，特致谢意。

由于编者学术水平有限，书中难免有不妥之处，敬请读者批评指正。

作　者

2015 年 12 月于北京

目　　录

第1章　黄河上游地质地貌与气候环境

1.1　地 形 地 貌

黄河上游位于青藏高原东北缘地区（图1.1），西起共和盆地东南端的拉干峡，东至官亭盆地东端的寺沟峡，黄河从上游到下游依次穿过共和盆地、贵德盆地、群科-尖扎盆地、循化盆地、官亭盆地。黄河蜿蜒于高山峡谷与盆地之间，自第四纪中更新世末期至晚更新世早期切穿并贯通尖扎-群科盆地、循化盆地、共和盆地和贵德盆地，中间都被隆起的基岩山区所隔，流水侵蚀作用在其流经的山地峡谷和丘陵盆地带形成了多级侵蚀堆积阶地和剥蚀、侵蚀山地，在空间分布上构成了形似串珠状的地势地貌特征，区域上主要由一系列NWW向和北西向断裂控制的山脉及夹于其间的大型菱形盆地组成。主要山脉横亘东西，连绵起伏，巍峨壮观，山脉之间镶嵌着高原、盆地和谷地。阿尼玛卿峰是区内最高峰，海拔6282m，最低点处在东部官亭盆地，海拔1750m。纵向地势西高东低，在当蕊五台山一线呈阶梯状递降，横向上山峦叠嶂，南北对峙。拉脊山绵延于黄河北岸，山脉呈NW-NNW向展布，山体宽厚，山势雄伟陡峻，基岩裸露。海拔高程一般3600~4000m，主峰达4496m，高山寒冻风化作用强烈。贵南南山和扎马日梗山盘踞于黄河南岸，山峦起伏，气势巍峨，山体南缓北陡，海拔高程一般为3500~4000m，主峰高4969m；在海拔4200m以上分布着岛状多年冻土。

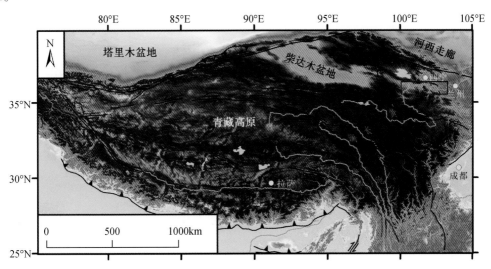

图1.1　黄河上游在青藏高原位置图（图中蓝色矩形框范围为研究区位置）

研究区按地貌形态类型可划分为平原地貌（包括被切割的高台地）、丘陵地貌、山岳地貌、山间盆地地貌四种基本类型。

1.1.1 平原地貌

研究区内的平原地貌可分为河谷带状冲积洪积平原、洪积平原、冲积-湖积高台地和风积平原四类。

河谷带状冲积洪积平原：主要分布在黄河干流及其一级支流的河谷两侧。由高漫滩及Ⅰ～ⅩⅩⅡ河流阶地组成，海拔为1600～3000m，相对高度（由河床到最高一级阶地）达500m（共和盆地）。除高漫滩外，大部分河段的Ⅰ～Ⅱ级阶地为内叠阶地，Ⅲ～ⅩⅩⅡ级阶地均为侵蚀—堆积基座阶地。它们呈不连续的带状沿河谷两侧呈阶梯状分布，各级阶地的阶面比较平坦，微向河流下游方向倾斜，一般均具有二元结构。

洪积平原：主要分布在各盆地的边缘地带，由洪积相含泥砂砾石层组成，堆积厚度为25～30m，上部覆盖有1～2m的亚砂土层。表面比较平坦，向盆地中心倾斜，海拔2600～3000m，相对高度达300～500m。

冲积-湖积高台地：分布在共和南山北麓、贵南南山山前一带。组成物质主要为上更新统冲积、冲积-洪积（局部地段为冰水沉积）含泥砂砾石层构成，厚度为30～40m，上部一般为0.5～3m亚砂土层覆盖，表面平坦，向盆地中心倾斜，地形坡降一般为1‰～1.5‰，个别地段达2‰，海拔在2000～3000m。实际上，这些高台地都是在中下更新统或上新统沉积层的基础上被上更新统老冲洪积扇堆积物所覆盖，后来随着地壳隆升由黄河及其一级支流的剧烈切割而造成的。因此，它们的分布位置较高，相对高差都在300～500m以上，前缘形成高陡边坡，未造成阶地及其堆积物。

风积平原：主要分布在共和盆地东南部的贵南南山北麓及黄河左岸，区内所占面积达400km²。由新月形沙丘、沙链及沙垅组成，堆积厚度一般为3～5m，个别地段达20～30m。

1.1.2 丘陵地貌

研究区内的丘陵地貌主要分为构造剥蚀低山丘陵和剥蚀堆积黄土丘陵两类。

构造剥蚀低山丘陵：主要分布在贵德盆地、尖扎-群科盆地及循化盆地的边缘地带。海拔为3000～3500m，相对高度为400～600m，由古近系-新近系、白垩系组成，岩石风化强烈，沟谷发育，外表形态多呈低缓浑元的丘顶及平梁。

剥蚀堆积黄土丘陵：主要分布在循化盆地东部及官亭一带。黄土披覆在古近系-新近系、白垩系岩层之上，厚度一般为50～60m，最厚达260m。黄土层分布的海拔高度为2000～2500m，相对高度为300～500m。沟壑纵横，地形支离破碎，外表形态呈黄土台塬或梁峁，水土流失严重，在边坡带上常常出现天生桥及落水洞。

1.1.3 山岳地貌

研究区内的山岳地貌可分为侵蚀构造中山区和侵蚀构造高山区两种类型。

侵蚀构造中山区：主要分布在李家峡、公伯峡、积石峡、寺沟峡两岸地区，由古近系-新近系砂泥岩、砂岩、砂砾岩，三叠系砂板岩及下元古界片岩、片麻岩和侵入岩体构成，海拔

2200~3200m，呈 "V" 字形，谷坡坡度在 40°~60°，沿谷坡滑坡发育，滑坡密度为 5~6 个/百 km²，滑坡强度为 0.1 亿~3.01 亿 m³/万 km²。

侵蚀构造高山区：主要分布在贵德盆地东部李家峡南侧及北部拉脊山地区，由二叠系灰岩、三叠系板岩、下元古界片岩、片麻岩及印支期侵入岩构成，海拔为 3500~3800m，切割深度为 500~800m；河谷呈 "V" 字形，山顶群峰屹立，脊背坡陡，崩塌及基岩变形体发育。

1.1.4　山间盆地地貌

区内共发育共和、贵德、群科-尖扎、循化和官亭五处山间盆地（图 1.2），其特征分述如下。

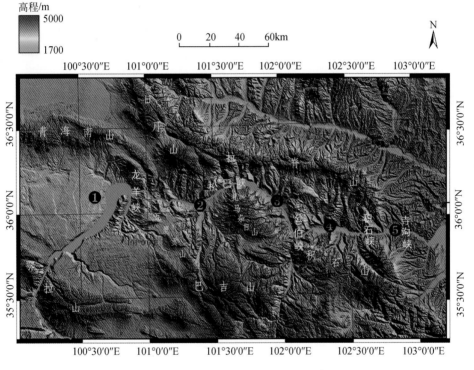

图 1.2　黄河上游盆山相间的地形地貌图

❶共和盆地；❷贵德盆地；❸群科-尖扎盆地；❹循化盆地；❺官亭盆地

共和盆地：由鄂拉山、青海南山和巴吉山围限的共和盆地上游起于黄河切穿鄂拉山的拉干峡，与下游贵德盆地的分界点是龙羊峡。盆地内广泛发育了一级 3000~3200m 的夷平面，巴吉山和青海南山的冰雪融水形成了黄河的三条较大的一级支流，其中，芒拉河是研究区内长度最长、流量最大的黄河支流，在夷平面上深切达 400m。

贵德盆地：贵德盆地被北部的拉脊山、南侧的巴吉山以及东侧的扎马杂日山围限，西段是龙羊峡，东段为李家峡。黄河支流的水源主要是黄河左岸拉脊山和右岸巴吉山的冰雪融水，几条较为典型的支流，如尕让河、莫曲河等下游都发育了大型滑坡。

群科-尖扎盆地：群科-尖扎盆地西侧为李家峡，东南侧为公伯峡，该盆地是研究区内滑坡发育规模最大、数量最多的一个区域，黄河以 NW-SE 向流过群科-尖扎盆地，汇聚了其西南侧的扎马杂日山和东北侧的拉脊山的冰雪融水。

循化盆地：循化盆地通过公伯峡与群科-尖扎盆地隔开，下游是青藏高原与第二阶梯的分界点积石峡，其海拔和地形起伏度在研究区内均是最小的。黄河在该盆地内汇聚了拉脊山和积石山的冰雪融水。

官亭盆地：位于民和县最南端的黄河积石峡和寺沟峡之间，总体呈三角形状展布，面积约 60 万 km²，盆地海拔一般在 1800m 上下，周缘均是海拔 2000m 以上的山地。盆地内阶地发育，尤以二级阶地面积最大，约占整个盆地面积的 2/3。盆地北侧有吕家沟、大马家沟、岗沟等多条冲沟，古崩塌、古（现代）滑坡、山洪泥石流极其发育，对山前黄河二级阶地的形成演化产生了重大影响。

各个盆地之间被山脉隔开，如共和盆地和贵德盆地被青海湖南山与瓦里贡山所隔开，贵德盆地与群科-尖扎盆地被扎马杂日山所阻隔，群科-尖扎盆地与循化盆地被积石山隔开，循化盆地与官亭盆地被拉脊山所隔开，从下向上峡谷依次为积石峡、公伯峡、李家峡、松坝峡、龙羊峡等。

在内外地质营力的双重作用下，沿河两岸断断续续塑造了众多高达 200～900m 的岩土质高陡边坡，这些高陡边坡的广泛发育为晚更新世以来研究区滑坡的大规模发育提供了有利的地形地貌条件和临空基础。

1.1.5　黄河上游层状地貌

层状地貌系统涵括区域动力地质作用形成的夷平面、侵蚀剥蚀堆积台地以及黄河形成演化以来流水侵蚀作用塑造的黄河阶地，黄河第一斜坡带指黄河流水侵蚀切割过程中形成的真正意义的黄河岸坡（含黄河阶地）。黄河及其周边层状地貌分布见表 1.1。

（1）黄河岸坡大体可分为五个斜坡带，即一、二级夷平面斜坡带Ⅰ、Ⅱ级侵蚀剥蚀堆积斜坡带，以及黄河流水侵蚀斜坡带；

（2）五个斜坡带发育较完整的地段有共和、贵德盆地，尖扎、循化、官亭盆地缺Ⅱ级侵蚀剥蚀堆积斜坡带；

（3）循化、官亭盆地发育有黄河Ⅵ级阶地，而贵德及拉西瓦峡Ⅵ级阶地并非黄河阶地，属古青海湖流域阶地；

（4）黄河第一斜坡带为黄河形成演化以来形成的，其高度为 400～965m。其中，共和、贵德盆地是从Ⅱ级侵蚀剥蚀堆积台面下切的，岸坡高度小于 500m，而尖扎、循化、官亭盆地则是从Ⅰ级侵蚀剥蚀台面下切的，岸坡高度最大达 960m；

（5）黄河形成演化以来共和-尖扎段仅发育有Ⅰ～Ⅴ级阶地，循化以东段发育有Ⅰ～Ⅵ级阶地。其中，Ⅲ级以上高阶地为基座阶地，Ⅰ～Ⅱ级为侵蚀堆积阶地；

（6）河段内发育有两期堰塞湖积台地，这是滑坡堵河事件的直接证据。

表 1.1 黄河上游寺沟峡-拉干峡河段河层状地貌系统类型及海拔高度统计表

层状地貌系统类型		共和盆地	龙羊峡分水岭	贵德盆地	尖扎盆地东段	循化盆地	官亭盆地	备注
夷平面	一级/m	4200~4400	4200~4400	4250~4450	4200~4400	4200~4400	4100~4200	古近纪夷平面
	二级/m	3600~3800	3500~3700	3500~3700	3450~3650	3400~3600	3300~3500	新近纪夷平面
侵蚀、剥蚀堆积台地	Ⅰ级/m	3000~3300（三塔拉台堆积台地）	3000~3300（堆积台地）	3000~3300（堆积台地）	2950~3050（剥蚀台地）	2900~3000（剥蚀台地）	2850~2950（堆积台地）	早更新世侵蚀堆积台地
	Ⅱ级/m	2700~2850（二塔拉台堆积台地）	缺	2650~2750（侵蚀堆积台地）	缺	2550~2650（侵蚀堆积台地）	2400~2500（侵蚀堆积台地）	盆地中更新世早期堆积台地
阶地	Ⅵ（海拔/拔河高度 m）	2650/130（一塔拉台，湖积）	拉西瓦峡 2650/400（青海湖流域阶地）	2630/410（青海湖流域阶地）	缺	2500/650（黄河早期阶地）	2370/600（黄河早期阶地）	为中更新世侵蚀堆积台地
	Ⅴ（海拔/拔河高度 m）	2615/100		2358/140	2085/76	1925/72	1825/60	共和运动晚期同歇性抬升形成。其中，Ⅰ、Ⅱ级阶地为侵蚀堆积阶地，Ⅲ~Ⅴ级为侵蚀基座阶地
	Ⅳ（海拔/拔河高度 m）	2595/80		2300/82	2050/41	1894/41	1800/35	
	Ⅲ（海拔/拔河高度 m）	2550/35		2252/35	缺	1879/26	1785/20	
	Ⅱ（海拔/拔河高度 m）	2534/19		2232/14	2020/11	1865/12	1775/10	
	Ⅰ（海拔/拔河高度 m）	2520/5		2225/7	2014/5	1859/6	1770/5	
		曲沟东 3km 北岸剖面		尼那电站坝下南岸剖面	群科北岸剖面	循化垃圾场南岸剖面	官亭北岸剖面	黄河岸坡
堰塞湖积台地	1级（顶界海拔/底界拔河高度 m）			2400/40	2190/45	1910/41		相当于黄河Ⅲ级阶地成宗早期
	2级（顶界海拔/底界拔河高度 m）			2244/13		1866/10		相当于黄河Ⅰ级阶地成宗早期
				1级为阿什贡清坡堰塞让沟积台地；2级为席发滩滑坡堰塞黄河湖塞积台地	为群科湖积台地	1级为循化垃圾场黄河堰塞积台地；2级为积石峡黄河堰塞湖积台地		

距今45Ma以来，伴随印度板块与欧亚板块碰撞挤压的发生发展，中国青藏高原在由南向北递进式隆升过程中向东滑移挤出，塑造了高原东北部梯度差的地貌格局。第四纪以来，高原间断式隆升加剧，黄河溯源侵蚀到达研究区并上延至两湖（扎陵湖、鄂陵湖）地区过程中，研究区由内陆湖盆转化为外泄河流，形成了一系列典型的层状地貌系统。这些层状地貌系统由黄河到达该区前的构造剥蚀夷平面、内陆河湖侵蚀剥蚀台地、黄河阶地及堰塞湖积台地四部分组成。四者之间的地貌结构特征和时序关系是青藏高原隆升并最终导致黄河切研究区而过的重要标志，其中，黄河阶地是研究黄河形成演化的主要对象。

据遥感影像解译及野外调查显示，河段流域范围内四种层状地貌类型中夷平面分为两级。一级夷平面海拔在4100～4450m，总体趋势西高东低，属古近纪剥蚀夷平面，主要切削白垩纪及以前地层。

空间上，青海湖南山、拉脊山、扎马日梗山等山地剥蚀夷平，而共和、贵德、尖扎、循化等盆地区接受沉积；二级夷平面海拔为3300～3800m，属新纪系剥蚀夷平面，主要切削古近纪地层，空间上主要是上述山系山前剥蚀夷平。此时扎马山及积石山等主要山系均处于剥蚀夷平阶段，构成贵德–共和、尖扎–循化、临夏为古、新纪古湖分水岭。侵蚀剥蚀堆积台地两级。

Ⅰ级剥蚀堆积台地海拔2850～3300m，河段内以尖扎–循化盆地为中央凸起，主要切削新近纪地层，共和–贵德、官亭盆地形成早更新世堆积台地，而中部的尖扎、循化盆地则处于剥蚀过程，形成剥蚀台地；Ⅱ级侵蚀堆积台地海拔为2400～2850m，是河段已有外泄水系的关键时期。此时龙羊峡分水岭带及尖扎盆地的李家峡—公伯峡段缺失，处于分水岭剥蚀区。而共和为湖盆堆积，贵德、循化、官亭盆地则处于流水侵蚀过程，形成Ⅱ级流水侵蚀堆积台地，真正意义上的黄河还未形成；黄河阶地发育有Ⅰ～Ⅵ级，沿河均有分布。其中Ⅵ级阶地仅循化以东地区有发育，而共和盆地为湖积阶地，即俗称一塔拉台、拉西瓦峡及贵德盆地为青海湖水系阶地，即湟水源区阶地。也就是说，尖扎盆地以西地区黄河只发育Ⅰ～Ⅴ级阶地。Ⅴ级阶地拔河高度为60～140m，是黄河切穿贯通研究区西部后形成的最高级阶地，Ⅴ级阶地形成前黄河自Ⅰ、Ⅱ级侵蚀剥蚀堆积台地上曾经历过早期快速侵蚀下切过程，形成了高达150～850m的高陡岸坡。堰塞湖积台地为黄河形成后滑坡堵河事件的沉积物，与黄河形成初始时间无关。

黄河形成演化过程中曾发生过两次堵河事件，从而在河段内局部区域形成两级堰塞湖积台地。其中，贵德盆地、尖扎盆地及循化盆地1级湖积台地，其底界拔河高度为40～45m，相当于黄河Ⅳ级阶地拔河高度。2级湖积台地，底界拔河高度为10～13m，相当于黄河Ⅱ级阶地拔河高度。因此，河段内两次堵河事件时间相当于黄河Ⅲ级和Ⅰ级阶地形成早期。

1.2　地层岩性

区内地层出露较全，出露的前第四纪地层有：元古界、古生界、泥盆系、石炭系、二叠系、三叠系、侏罗系、白垩系、古近系、新近系及古生代和中生代的侵入岩，其中分布最广的为三叠系，其岩性为砂岩、板岩。主要分布在黄南、果洛藏族自治州各县，为青南高原的主体岩性，其次为古近系、新近系，其岩性为泥岩、砂岩、泥质砂岩及砂砾岩，主要分布在贵德-官亭各盆地。第四纪地层主要分布在工作区各大河谷和山间盆地中，成因类型复杂，岩性、岩相变化较大，其中分布于龙羊峡库区右岸的 Q_1^l 半成岩砂岩、砂砾岩及工作区东部丘陵山地顶部的 Q_3^{eol} 黄土为主要的易滑地层。

研究区第四系地层分布非常广泛，多见于河谷、丘陵及山麓地带（图 1.3），为陆相碎屑岩堆积。根据岩性、岩相、古生物、地层绝对年龄及出露的地貌部位，划分为：下更新统（Q_1）、中更新统（Q_2）、上更新统（Q_3）、全新统（Q_4）。

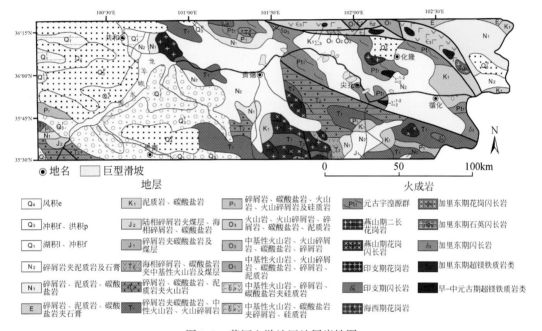

图 1.3 黄河上游地区地层岩性图

研究区出露的各地层时代、厚度及岩性等见表 1.2 和表 1.3。

表 1.2 研究区内前第四系地层及岩性表

界	系	统	群（组）	符号	厚度/m	主要岩性及化石
新生界	新近系		贵德群	Ngd	1228	上部：橘黄色厚层状钙质泥岩、粉砂岩及砂岩，顶部砂砾岩增多； 中部：灰绿色及杂色粉砂岩，粉砂质或钙质砾岩互层，间夹砂砾岩； 下部：橘红色厚层状砂岩、钙质泥岩或黏土层，局部为砂砾岩与泥岩互层
	古近系		西宁群	Exn	1003	上部：以灰褐、橘红色厚层状砂砾岩、含砂砾岩、砂岩互层为主，夹同色厚层状粉砂岩、泥岩； 中部：橘红色含砾粗砂岩、石英、长石质泥质砂岩、粉砂岩夹砂砾岩及泥岩、局部夹泥灰岩及薄层石膏； 下部：以紫红、浅紫红厚层-巨厚层状砾岩、砂砾岩及含砾砂岩

续表

界	系	统	群（组）	符号	厚度/m	主要岩性及化石
中生系	白垩系	未见接触	河口群	Khk	5432	上部：以砖红色中细粒砂岩粉砂岩为主夹泥岩； 下部：以紫红色、紫褐色块状砾岩、砂砾岩为主，夹砂岩、粉砂岩、泥岩
	侏罗系	中-下侏罗系未见接触	羊曲群	J_{1-2}in	1454	上部：紫红色、青灰色厚层状砂岩、砾岩、砂质泥岩夹石英砂岩； 下部：杂色厚层状石英或长石硬砂岩，薄层状页岩夹砂岩、砾岩、菱铁矿结核及煤线，其上为杂色泥岩夹细粒硬砂岩
	三叠系	上三叠统未见接触	八宝山组	T_3b	>2534	灰绿、深灰色中酸性安山岩、安山质凝灰岩、安山质火山熔岩，英安质火山凝灰岩及火山角砾岩
		中三叠统整合或断层	古浪堤群	T_2gl	>3499	上岩组：深灰、灰黑色厚层状砂岩夹板岩、泥质灰岩； 下岩组：浅灰色、灰、灰绿色厚层–薄层状长石砂岩、板岩夹砾岩、细砂岩，少量含砾灰岩，粉砂质泥岩
			郡子河群	T_2jn	>950	灰、灰绿、深灰或黑色砂岩、板岩互层（以砂为主）夹透镜状砂砾岩、细砂岩及灰岩薄层，底部为灰、灰褐色砾岩及砂砾岩
		下三叠统	隆务河群	T_1n	>4844	灰、深灰色中薄层中细粒砂板岩互层，夹凝灰质粉砂岩，板岩、不纯结晶灰岩、砂砾岩和少许千枚岩、灰绿色板状流纹岩
古生界	二叠系	下二叠统	上岩组	Pa_1	1426.1	灰绿色、深灰色片状黑云母斜长石片麻岩，二云石英片岩，变质砂岩，板岩
			下岩组	Pb_1	>9785	灰白、深灰厚–巨厚层状灰岩，含白云质条带状灰岩
下元古界		未见接触	化隆群	Pt_1	>4714	上部：黑云石英片岩为主夹两层厚710m、780m的石英岩； 下部：黑云斜长片岩、花岗片麻岩为主，夹大理岩、石英岩

表1.3　研究区内第四系地层及岩性表

系	统	符号	沉积相及物质组成	出露位置
第四系	全新统	Q_4^{eol}	风积相 由米黄色中、细粒石英砂（80%以上）以及少量暗色矿物等组成，砂砾浑圆，粒径一般大于0.5mm，个别亦有较粗的，地貌上常呈沙垄、新月型沙丘或沙滩等形式出现	主要分布于共和盆地黄河左岸哆滩贡玛，左岸谷坡及木格滩

续表

系	统	符号	沉积相及物质组成	出露位置
第四系	全新统	Q_4^{pl}	洪积相 岩性为角砾、砾石、砂为主，夹亚砂土透镜体，分选性及磨圆度较差，厚度12~30m，为暂时性洪流裹携泥沙碎石堆积，地貌上呈扇形	分布于山麓及冲沟沟口一带
		Q_4^{al-pl}	冲洪积相 岩性为灰色、土灰色砂砾石层夹砂土透镜体，上部为含细砂亚砂土；砾石分选、磨圆均较差；结构松散，厚度变化较大，一般为10~30m	主要分布于黄河二级和二级以上支流河谷之中及山前地带
		Q_4^{al}	冲积相 主要为河床相砂砾卵石层及漫滩相粉砂、粉细砂、亚砂土、亚黏土等；砾石分选、磨圆度较好，一般5~10cm，多为浑圆、扁豆状、椭圆状，成分比较复杂	分布于黄河河谷及一级支流河谷地带，如共和盆地、贵德盆地等地黄河左岸
	上更新统	Q_3^{eol}	风积相 土黄、浅灰黄色的粉砂；粉砂含量在70%以上，具大孔隙和垂直节理	官亭盆地
		Q_3^{al-pl}	冲洪积相 灰色砾石、砂及亚黏土层。分选和磨圆度较差，砾石成分因地而异，厚度一般大于30m；研究区由西向东，粒度由细逐渐变粗	贵南、共和盆地、贵德盆地山前
		Q_3^{pl}	洪积相 灰、土灰色砂砾石层夹含砾亚砂土透镜体，砾石成分复杂，多为棱角状、次棱角状，泥砂质充填，厚30~60m，密实度中等	贵德盆地东侧山体边缘地带
		Q_3^{al}	冲积相 由一套冲积物相岩性成，下部为砾石层，上部为细砂和粉砂、黄土、黄土状亚黏土层，厚度为5~30m；局部可见交错层，砾石成分复杂，分选性和磨圆度均佳	黄河及各大支流Ⅲ~Ⅷ级阶地之上
	中更新统	Q_2^{fgl}	冰水相堆积 岩性为分选、磨圆均较差的灰黄色砂岩、板岩、花岗岩等，砾石及砂组成的泥砾石及砂砾石层，上面有一层土黄色亚砂土，厚5~15m	拉西瓦峡南岸山顶及巴卡台、扎马山北麓
	下更新统	Q_1	共和盆地为一套以土黄、灰黄色为主的粉砂质泥岩、粉砂岩夹杂色细砂岩及含砂砾石透镜体；盆地边缘地段为泥岩、细砂岩、砂砾岩互层，含钙质结核，砾岩呈半胶结。 贵德盆地野藏草滩、夜狼滩一带，为一套砾岩、细粉砂岩夹砂岩，出露海拔高程一般为2800~3300m。 化隆盆地乐羊桑，为一套灰白、淡橘黄色砾岩、砂砾岩夹有薄层砂岩、泥岩	共和盆地、贵德盆地

1.2.1　前第四系地层及岩性

下元古界（Pt_1）：主要出露于阿什贡、李家峡、尖扎、公伯峡、寺沟峡一带，由一套深灰、黑灰色片麻岩、结晶片岩、混合岩构成。李家峡以上厚度大于 375m，尖扎一带总厚度大于 4035m，该套变质岩呈等粒或不等粒花岗变晶结构，片状、片麻状、条痕、条带状、眼球状构造。经取钾长石铷锶法同位素年龄鉴定，绝对年龄为 15.63 亿年，下未见底，上被古近系-新近系、白垩系地层呈不整合覆盖（表 1.2）。

下二叠统（P_1）：主要出露于拉干峡一带，为一套灰白色巨厚-块状灰岩、同性角砾状灰岩。上部为灰、灰黑色变质长石砂岩、粉砂岩、粉砂质板岩、千枚岩夹灰岩，厚度大于 2011m，顶部为下更新统砂砾岩，呈不整合覆盖。

三叠系（T）：区内三叠系地层发育较全，下、中、上统均有出露，为前第四系地层之主体，分布广泛。下三叠统（T_1），主要分布于龙羊峡-拉西瓦峡两岸，为一套浅海-海陆交互相复理石建造，主要岩性为：灰、深灰色中薄层中细粒砂岩板岩互层，夹凝灰质砂岩、板岩及不纯结晶灰岩、砂砾岩和少许千枚岩、灰绿色板状流纹岩，厚度大于 4844m；中三叠统（T_2），主要分带状板岩，总厚度大于 3299m；上三叠统（T_3），主要分布于龙羊峡峡谷中段，为一套中-酸性火山岩和碎屑岩沉积，拟分为三个较大喷发旋回。自下而上，第一旋回主要由安山质的熔岩角砾岩、凝灰熔岩和熔岩凝岩碎屑岩组成，厚度大于 121m；第二旋回由安山质凝岩组成，厚度大于 390m；第三旋回主要由蚀变的安山岩、安山质凝灰岩、熔岩凝灰岩、晶质凝灰岩及安山质凝灰熔岩夹少量变余英安质凝灰岩组成，厚度大于 1980m。综上所述，三叠系总厚度超过 12118m。

侏罗系（J）：分布于羊曲一带，下部为灰、灰绿色砾岩、砂岩、泥岩夹不定煤线；上部为紫红、灰绿色砂岩、泥岩夹含砂岩东砾岩，可见厚度为 145.4m，顶部被古近系-新近系呈角度不整合所覆盖。

白垩系（K）：主要分布在积石峡一带。为一套灰白色巨厚层-块层状泥砂质胶结的粗砂岩夹薄层泥砂岩。具斜层理和交错层理，沉积物质成分和厚度因地而异，变化较大。上部以浅红、砖红色及紫红色中-厚层细砂岩为主。部分为中粗粒砂岩；下部为紫褐、紫灰色含砾砂岩，中粗粒砂岩夹泥岩；底部则以杂色块层状砾岩为主。

新近系（N）：在区内广泛分布。主要分布在共和、贵德、群科、尖扎及循化盆地。为一套红色山麓-湖泊相碎屑岩建造，为区内主要的易滑地层。其中，古近系西宁群（Exn）主要分布于阿什贡、松坝、下李家、循化、大河家一带。为一套砖红、紫红、猪肝色砾岩、砂砾岩、夹含砾长石细砂岩、泥质砂岩、泥岩。岩性变化大，成分因地而异，岩屑含量不等。厚度变化甚大，尖扎一带厚度为 200m，主要岩性为砖红色、蓝灰色黏土质泥岩、黏土岩及粉砂岩夹泥灰岩；李家峡一带厚度为 1003m，自下而上，紫红色-橘红色砂砾岩、含砾砂岩、砂岩互层。松坝峡地区厚度为 730m，为一套紫红色、浅紫色、橘红色砾岩、砂砾岩、砂岩夹泥岩、泥灰岩，局部夹石膏薄层。新近系贵德群（Ngd）主要分布于曲沟、贵德、群科、尖扎和阿什贡、罗汉堂一带，为一套紫红、橘黄色泥岩、砂质泥岩、细砂岩、粉砂岩，局部夹泥质灰岩坂少量石膏，最大可见厚度为 730m。底部呈角底不整合于下三叠统，印支期花岗岩之上；顶部被下更新统、上更新统覆盖。尖扎、群科一带，上部为橘黄、土黄色及灰色砂岩、泥岩、砂砾岩互层，中部为灰绿、青灰色及杂色粉砂岩、粉砂质或钙质泥岩互层，夹有砂砾岩及砂岩透镜体、灰岩、泥灰岩，局部含生物化石；下部为暗橘红、橘黄色砂岩、粉砂岩、钙质泥岩。总厚度为1228m。与下伏新近系呈假整合接触，局部超覆于下元古界之上，上覆上更新统黄土状亚砂土。综上所述，古近系由东向西，沉积厚度由厚变薄，含石膏夹层由多变少，岩相变化迅速而明显，沉积规律清晰，交错层理和冲刷面普遍发育。

1.2.2 第四系地层及岩性

下更新统（Q_1）：下更新统为湖相沉积，主要分布于共和盆地、贵德盆地一带（表1.3）。共和盆地为一套土黄、灰黄色为主的粉砂质泥岩、粉砂岩夹杂色细砂岩及含砂砾石透镜体。盆地边缘地段为泥岩、细砂岩、砂砾岩互层，含钙质结核，砾岩呈半胶结。贵德盆地野藏草滩、夜狼滩一带，为一套砾岩、细粉砂岩夹砂岩，出露海拔高程一般为2800～3300m。化隆盆地乐羊桑，为一套灰白-淡橘黄色砾岩、砂砾岩夹有薄层砂岩、泥岩。下更新统出露厚度因地而异，白刺滩至拉干一带达405m，汪什科260m，贵德一带为340.95m。综上所述，下更新统在测区西部比较发育，分布广，沉积厚度大；向东厚度显著变薄，分布零星，该套地层为龙羊峡库区右岸主要的易滑地层。

中更新统（Q_2）：区内中更新统冰水相堆积物仅见于两处，一处在拉西瓦峡南岸山顶及巴卡台，另一处在扎马山北麓，分布高程为2800～3200m，面积为4.5km^2。岩性为分选、磨圆均较差的灰黄色砂岩、板岩、花岗岩等，砾石及砂组成的泥砾石及砂砾石层，上面有一层土黄色亚砂土，厚5～15m。

上更新统（Q_3）：上更新统在区内分布比较广泛，根据其成因划分为四种类型。

上更新统冲积物（Q_3^{al}）

呈条带状分布于黄河及各大支流Ⅲ～Ⅷ级阶地之上，由一套冲积物相岩性成，下部为砾石层，上部为细砂和粉砂，黄土、黄土状亚黏土层，厚度为5～30m。局部可见交错层，砾石成分复杂，分选性和磨圆度均佳。

上更新统冲洪积层（Q_3^{al-pl}）

主要分布于贵南、共和盆地、贵德盆地山前堆积，岩性为一套灰色砾石、砂及亚黏土层。分选和磨圆度较差，砾石成分因地而异，厚度一般大于30m。工作区由西向东，粒度由细逐渐变粗。

山麓洪积相堆积（Q_3^{pl}）

区内主要见于贵德盆地东侧山体边缘地带，为灰、土灰色砂砾石层夹含砾亚砂土透镜体，砾石成分复杂，砾径一般5～20cm，个别可达1.5m，多为棱角状、次棱角状，泥砂质充填，厚30～60m，密实度中等，为暂时性洪流之产物。

风积黄土（Q_3^{eol}）

主要分布于区内东部官亭盆地，披露于低山丘陵梁峁顶部及河谷谷坡之上，厚度为50～260m，其岩性为土黄色，浅灰黄色的粉砂。粉砂含量在70%以上，手差易碎，有明显砂感，结构微密均一，具大孔隙和垂直节理。据西北地质局青海综合地质大队水文地质队于20世纪60年代在民和丘陵地区取该层原状土样分析结果：砂16%～20%，粉土64%～72%，黏土11%～17%，有机质0.22%～0.58%，可溶盐6.3～27.5mg当量/100g，多属SO_4-Ca型。

全新统（Q_4）：区内全新统沉积物主要分布于黄河及其支流河谷地带，根据其成因，可划分为冲积型、冲洪积型、洪积型以及风积物。

冲积物（Q_4^{al}）

分布于黄河河谷及一级支流河谷地带，组成河漫滩及Ⅰ、Ⅱ级阶地，岩性主要为河床相砂砾卵石层及漫滩相粉砂、粉细砂、亚砂土、亚黏土等。黄河谷地砂卵砾石层分布均匀，砾石分选、磨圆度较好，砾径一般为5～10cm，大者可达20～70cm，多为浑圆、扁豆状、椭圆状，成分比较复杂。结构松散，一般具有二元结构，上部为黄色亚砂土、亚黏土，水平层理清晰，厚度一般为10～20m。据钻孔揭露，贵德盆地Ⅰ、Ⅱ级阶地沉积厚度为10.35～50m，官亭Ⅰ、Ⅱ级阶地沉积厚度为12.36～57.79m。其他一级支流砂砾石层的分选性和磨圆度相对较差，成分因地而异，粒度一般为3～15cm，大者可达30cm，结构松散，微具水平层理，厚度为10.25～45.15m。

冲洪积物（Q_4^{al-pl}）

主要分布于黄河二级和二级以上支流河谷之中及山前地带，岩性为灰、土灰色砂砾石层夹砂土透镜体，上部为含细砂亚砂土。砾石分选、磨圆均较差。结构松散，厚度变化较大，一般为10～30m。

洪积物（Q_4^{pl}）

分布于山麓及冲沟沟口一带，岩性为角砾、砾石、砂为主，夹亚砂土透镜体，分选性及磨圆度较差，砾径一般为1～3cm，大者30cm。厚度12～30m，为暂时性洪流裹携泥沙碎石之堆积，地貌上呈扇形。

风成堆积（Q_4^{eol}）

主要分布于共和盆地黄河左岸哆滩贡玛，左岸谷坡及木格滩。由米黄色中、细粒石英砂（80%以上）以及少量暗色矿物等组成，砂砾浑圆，粒径一般大于0.5mm，个别亦有较粗的，结构松散均一，厚度一般为20～40m，最大可达56m，地貌上常呈沙垄、新月形沙丘或沙滩等形式出现。

野外调查表明，研究区内的大部分巨型滑坡为新近系泥岩滑坡，新近系时期各断陷盆地沉积的新近系红层为晚更新世以来巨型滑坡的发育提供了丰富的物质条件，新近系泥岩地层和第四系半成岩及黄土地层为区内的主要易滑地层。

1.3 新构造活动与古地震

研究区位于我国南祁连块体和西秦岭块体的交接部位，地质构造复杂多样。横跨两大地貌单元，以青海南山-西秦岭北缘深大断裂带为界，以北为祁连山褶皱系的南祁连褶皱带，以南属秦岭褶皱系。构造线主要呈NWW-NW向、NNW向展布（图1.4），另外，还有SN向及NE向，旋卷构造线交织在一起，形成多层次的错综复杂的构造格局。依其形态特征、力学性质、生成时间、空间展布规律及成因联系，将区内各类构造形迹归纳划分为：祁吕系NWW向构造，河西NNW向构造及EW向构造、SN向构造、NE向构造等构造体系。

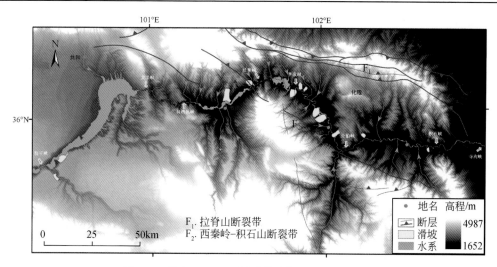

图 1.4　研究区 DEM、活动构造与巨型滑坡分布图

自高原隆升强烈影响到本区以来，区内各期构造运动都有不同程度的记录，应该说本区是一个史前中强震多发的地区。由于研究区人类文明史较短，地震记录匮乏，古地震研究工作尤其不足，从现有的地震记录看，区内震级普遍小于 5 级（图 1.5），现今也不具备中强震引发巨型滑坡的可能。但研究区地处青藏高原与黄土高原的过渡部位，自中更新世以来，包括活动断层和古（历史）地震等在内的构造活动在区内均有表现，应该说是一个史前中强震多发的地区，如距今 21 万 ~ 18 万年间，德恒隆隆起带、尖扎北断裂带等均发生活动（潘保田，1991，1994；潘保田等，1996；赵振明、刘百篪，2003），每一次构造运动强烈的

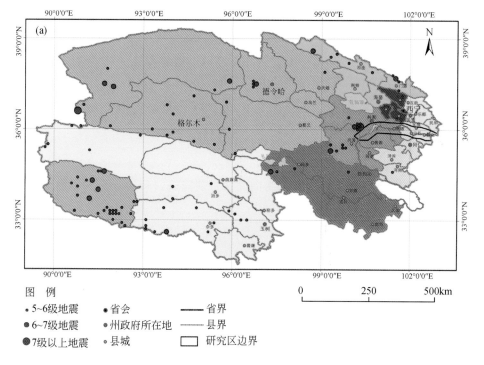

图 1.5　研究区地震震中分布图

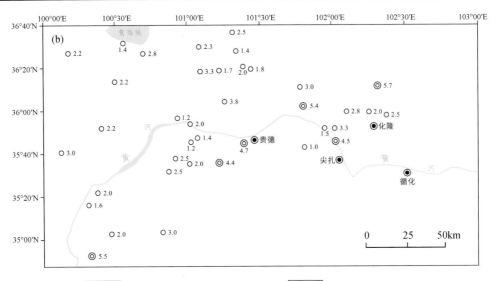

图 例 ⊚ 5.5 Ⅳ级以上强度地震震中位置及震级 ○ 3.0 Ⅳ级以下强度地震震中位置及震级

图 1.5 研究区地震震中分布图（续）

（a）青海省 1980 年至今>5 级地震震中分布图；（b）研究区地震历史记录分布图

时期伴随着一系列中、强地震的发生（周保，2010）；3792±43 ~ 3678±75a B. P.，官亭盆地发生了强烈的地震事件，造成了喇家遗址的毁灭，同时诱发了多处地震裂缝和砂土液化现象（夏正楷、杨晓燕，2003；夏正楷等，2003；杨晓燕等，2005）；1990 年，共和盆地西南缘及南缘隐伏断裂带上发生了 7.0 级地震，诱发了多处滑坡。全区现被划分为Ⅶ度烈度区（中国地震烈度区划图，1990）。

区内的主要断裂带是 NW-NNW 向的拉脊山断裂带和 NW 向的西秦岭–积石山断裂带，其他还有多隆沟断裂、拉西瓦断裂、尖扎东断裂等多条断裂，这些断裂多为区内盆地及隆起地带的边界。由于断层活动产生了一定宽度的破碎带，共和盆地、贵德盆地、群科–尖扎盆地、循化盆地和官亭盆地等各盆地内巨型滑坡发育，强烈的构造活动为滑坡发生创造了内动力地质条件。

1.3.1 区域新构造运动

距今 6700 万年以来，青藏高原在自南向北递进式隆升过程中，引发了高原北部一系列新近纪以来的构造变动事件和构造形迹。

研究区同一级夷平面分布高度的不同（表 1.4），反映了夷平面形成后的历史时期地壳上升幅度的差异。由于新构造运动频繁，而又剧烈地脉动式上升，在河谷地区造就了多级阶地，黄河阶地在分布上受断块运动差异性影响，于强烈上升的山地峡谷区和相对下降的盆地表现出阶地类型和级数之较大差异（表 1.5）。龙羊峡处于瓦里观山隆起带上，黄河北岸发育多级阶地，Ⅱ级以上皆为阶面较狭窄的基座阶级。说明了晚更新世以来，高原大面积整体上升过程中，由于内部隆拗运动影响，上升的速率亦有较大的差异。

另外，通过黄河北岸日月山、野牛山、拉脊山第三级夷平面的分布高度，由西向东逐渐递减的变化和测区各盆地黄河两岸同一级阶地的比高，由西向东（即由上游到下游）由高变低的渐变等规律性变化，还表现出新构造运动西翘东斜的特点，即掀升式上升。

表 1.4　各级夷平面分布地区及海拔高度统计表

夷平面级数	海拔高度/m			
	日月山	野牛山	拉脊山	扎马日梗山
一级	4200～4500	4500～4800	4000～4200	4500～4900
二级	3800～4000	4000～4200	3700～3900	3900～4400
三级	3600～4000	3600～3800	3000～3500	3600～3800
洪积扇发育状况	现代洪积扇顶，海拔高度3500m，坡度70‰	洪积扇顶海拔高度3480m，坡度120‰		

表 1.5　黄河上游地区地壳平原隆起速度统计表

地点	晚更新世初期以来			全新世以来		
	幅度/m	时间/万年	速度/(mm/a)	幅度/m	时间/万年	速度/(mm/a)
龙羊峡	500	20	2.5	80	1.2	6.7
松坝峡	615	20	3.1	70	1.2	5.8
李家峡	341	20	1.7	38	1.2	3.2
公伯峡	365	20	1.3	35	1.2	2.9
积石峡		20		28	1.2	2.3

1.3.2　不同时间和不同地区抬升速率差异

　　共和盆地、贵德盆地、尖扎盆地均未发现年龄早于 20 万年的阶地，只在东部的循环盆地发现较古老的黄河阶地，可能在 20 万年以前黄河的溯源侵蚀作用并未到达这些地区。根据黄河阶地反应的构造运动情况，循化盆地的抬升幅速率也不大。

　　根据赵振明和刘百篪（2003）调查研究的结果，认为黄河上游地区在 110 万～20 万年以来抬升幅度最大的地方在循化–积石峡，20 万～15 万年在托勒台–龙羊峡，15 万～8 万年最大的地方在循化，8 万～1 万年幅度最大的地方又转向龙羊峡（表 1.6、表 1.7）。整体上，幅度的峰值按照波浪式推移，并逐渐减小。从抬升速率分析（图 1.6、图 1.7），速率从共和向兰州逐渐减小，这可能就是整个青藏高原在抬升过程中能量在边缘地带的体现，其中，在 20 万～15 万年、1 万年以来具有一定规模的构造抬升。具体表现如下。

表 1.6　托勒台至积石峡各时段高原平均抬升幅度表

年代/万年	平均抬升幅度/m							
	托勒台	龙羊峡	尼那	贵德	李家峡	公伯峡	循化	积石峡
110～60							140	211
60～20							44	169
20～15	269	284	99	94	92	32	16	125

续表

年代/万年	平均抬升幅度/m							
	托勒台	龙羊峡	尼那	贵德	李家峡	公伯峡	循化	积石峡
15~8	82	91	101	64	59	30	125	80
8~1	60	91	51	48	50	30	20	60
1~0	12	34	10	15	17	15	20	20

表 1.7　托勒台至积石峡各时段高原的平均抬升速率

年代/万年	平均抬升速率/(mm/a)							
	托勒台	龙羊峡	尼那	贵德	李家峡	公伯峡	循化	积石峡
110~60							0.280	0.345
60~20							0.010	0.420
20~15	5.380	5.68	1.980	1.880	1.840	0.630	0.320	2.500
15~8	1.171	1.300	1.429	0.914	0.829	0.429	1.786	1.143
8~1	0.857	1.300	0.729	0.686	0.714	0.429	0.286	0.867
1~0	1.2	3.4	1	1.5	1.7	1.5	2.0	2.0

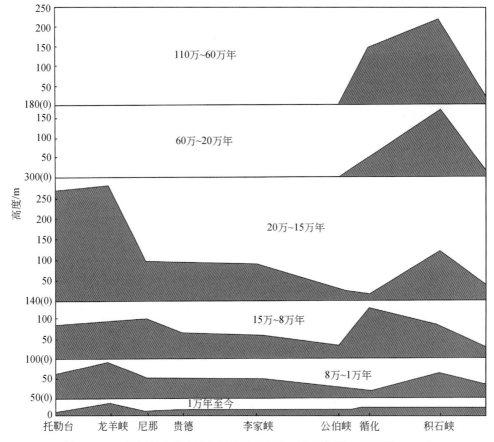

图 1.6　110 万年以来研究区各区段抬升幅度（据赵振明、刘百篪，2003）

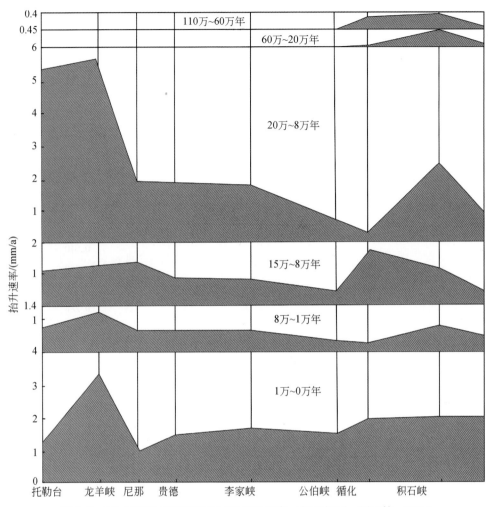

图 1.7　110 万年以来研究区各区段抬升速率（据赵振明、刘百篪，2003）

20 万 ~ 15 万年时间段，共和盆地受"共和运动"的影响最显著，是研究区内速率最快的地区，托勒台和龙羊峡地区的抬升均达到 5mm/a 以上，是贵德盆地抬升速率的 3 倍左右，是循化盆地抬升速率的 9 ~ 18 倍，但循化盆地最东段的积石峡的抬升速率却是全区仅次于共和盆地的地区，积石峡的抬升速率是循化盆地内部抬升速率的 4 ~ 8 倍。

15 万 ~ 8 万年时间段，区内各盆地的抬升速率趋于均衡，西部共和盆地、贵德盆地和尖扎盆地的抬升速率明显下降，尤其是共和盆地的抬升速率下降非常明显，但东部的循化盆地抬升速率明显增快，是 20 万 ~ 15 万年时间段的 5 ~ 6 倍，成为全区这一时间段内抬升幅度最大的地区。参考李家峡和公伯峡两处的抬升速率，认为尖扎盆地是全区抬升幅度最小的地区。

8 万 ~ 1 万年时间段，共和盆地抬升速率继续下降，与积石峡地区差不多一致，稍高于贵德盆地和尖扎盆地，而循化盆地的抬升速率又明显降低，成为全区抬升幅度最小的地区。

1 万年以来，各个地区的抬升速率均比 8 万 ~ 1 万年时期高，尤其是龙羊峡地区的抬升幅度增加最为明显，黄河 I 级阶地也基本上在这一时期形成。循化盆地和尖扎盆地抬升速率明显加快, 尤其是循化盆地, 抬升速率增加了 7 倍以上。

需要指出的是, 1 万年以来各个盆地的"抬升速率"非常接近, 这个"抬升速率"是根据黄河阶地的测量数据得出的, 黄河的最近一次下切可能与构造抬升关系不大, 可能与全新世以来气温升高导致冰雪融水增加, 从而导致黄河的水动能条件和侵蚀作用增强, 快速下切而形成最新一级阶地, 究竟这一期黄河阶地的形成能否反映构造抬升速率, 还有待商榷。

1.4　气候环境

末次间冰期以来, 青藏高原经历了多次的气候变化冷暖波动 (图1.8), 尤其是深海氧同位素第三阶段 (Marine Isotope Stage, MIS 3a) 时期, 高原地区气温升高, 降水量也显著增加, 出现了多期次的高湖面 (施雅风等, 2002; 施雅风、于革, 2003)。冰期时, 青藏高原大部分被冰雪所覆盖, 间冰期时, 随着气温升高, 高原产生了大量的冰川融水, 对黄河干流两岸侵蚀切割作用显著。黄河的快速下切必将造成地下水补给地表水, 同时, 间冰期或间冰阶时期, 高原降水量增大, 降雨入渗加剧了滑坡的发育, 雨水沿着后缘拉裂隙入渗, 增加了斜坡体自身的载荷, 加速了滑坡的发生。因此, 气候变化引起的降水量和冰雪融水是诱发滑坡的又一动力因素。

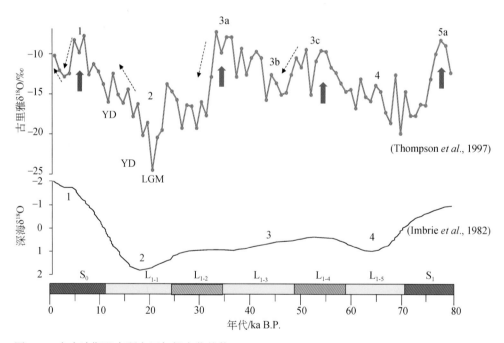

图 1.8　末次冰期以来研究区气候变化趋势 (LGM: Last Glacial Maximum, YD: Younger Dryas)

研究区属大陆性高原气候, 气候特点是"冬寒夏短日照长, 风多雨少、太阳辐射强", 全年降水量的80%集中在6~9月。年均气温为1.2~9℃, 极端最高气温为34.7℃, 极端最低气温为-29.9℃, 多年平均降水量为300~566.2mm。盛行西北和东南风, 多年平均风速为1.3~3.6m/s, 最大风速达16~24m/s。据共和、贵德、尖扎、循化、贵南、化隆等气象台站观测资料显示 (表1.8), 尖扎降水量最大。

表 1.8 研究区气象要素表

项目	黄河河谷区				山间盆地	
	共和	贵德	尖扎	循化	贵南	化隆
海拔高程/m	2862.5	2237.1	2084.6	1870.3	3000.0	2834.7
年均气温/℃	3.7	7.2	7.8	8.5	2.2	2.3
年均地温/℃	6.3	10.2	9.2	11.0		
最大季节冻土深度/m	1.17	1.13	0.82	0.79	1.42	1.38
降水量/(mm/a)	306.4	255.8	354.4	259.4	338.9	346.6
蒸发量/(mm/a)	1748.6	2096.4	1901.4	2136.8	1478.0	1210.1
相对湿度/%	49	51	50	53	52	60
无霜期/d	120	185	186	224	64~93	180
风速/(m/s)/风向	1.8/N	2.3/NE	1.8/W	3.6/ESE	2.5/SSE	2.0/SE

　　控制本区气候的主导因素是地势，区内年平均气温相对较低，降水量较小，蒸发量较大，属大陆性高原气候。随着地势升高而气温降低、降水量增加、蒸发量减少的规律十分明显（图 1.9）。根据区内各气象台站观测资料推算：河谷向南北两侧地势每升高 100m，年平均气温下降 0.5℃。按此规律推算：在海拔 4000m 以上高山带，年平均气温为-4.8℃，属岛状多年冻土分布带；地势每升高 100m，年平均降水量上升值为 16mm。按此规律推算，扎马日梗山及拉脊山区年降水量为 600~800mm，是本区的降水中心，这点与全区尖扎县降水量最大是一致的。

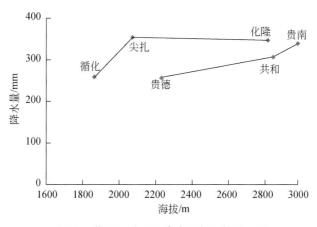

图 1.9 黄河上游地区降水量与地势关系图

1.5 水 文 地 质

　　黄河干流拉干峡-寺沟峡段，由西向东流经共和盆地、贵德盆地、尖扎盆地及循化盆地。在水文地质结构上，这些盆地都是新生界自流盆地。但是，在盆地与盆地之间都存在基底隆起的基岩山区段，同时又被黄河深切峡谷所贯穿，黄河是工作区及诸盆地地表水与地下水的侵蚀-循环基准面，因此，这些自流盆地都具有开启性质。

各盆地外围山区的水资源，主要是通过河流（地表径流和地下潜流）的形式进入盆地的，河流在盆地内地下水的形成中，特别是山前冲洪积平原及河谷冲积平原地下径流的形成起着主导作用。此外，大气降水、渠系渗漏在河谷冲积带状平原中也有重要补给作用。

区内地下水按赋存条件和水力特征，可分为第四系松散岩类孔隙潜水、新近系碎屑岩类孔隙裂隙水及基岩裂隙水。

第四系松散岩类孔隙潜水：主要分布于黄河及其支流河谷阶地中，部分分布于贵德东部的山前冲洪积扇群地带，由于阶地结构、含水层岩性和地貌部位的差异，导致了该类型地下水的补给和储水条件不同，使得各处含水岩组的富水性各有差异。河流 Ⅰ、Ⅱ 级阶地地下水较丰富，水量大于 $1000m^3/d$，Ⅲ 级以上高阶地及冲洪积扇群带地下水较贫乏，水量一般为 $100 \sim 1000m^3/d$，局部地带水量小于 $100m^3/d$。

新近系碎屑岩类孔隙裂隙水：主要分布于现代河网以下的新近系分布区及各盆地边缘低山丘陵区，但一般岩层含水性较弱，矿化度较高，水质差。贵德盆地分布于河网以下的覆盖型红色碎屑岩类，富水性相对较好，是一个典型的热自流水盆地。

基岩裂隙水：河段内基岩裂隙水主要赋存于白垩系砂岩、砂砾岩、三叠系砂板岩、古生界变质岩系及中生代各种侵入岩的风化构造裂隙中。受岩性、构造条件的影响，地下水富水性极不均匀，呈现出各向异性的特征。深断裂破碎带附近，地下水相对较富，主要靠大气降水补给，在沟脑及沟谷半腰中一般均有泉水泄出，其排泄受地貌条件所制约。

第2章 黄河上游滑坡泥石流时空分布

2.1 滑坡空间几何展布特征

利用 Google Earth 和各种高分卫星遥感影像（表 2.1）解译发现黄河上游寺沟峡—拉干峡段共发育各种类型的滑坡 508 处（包括 2008~2014 年野外实地调查的 116 处），将遥感影像和 1∶5 万的数字高程模型（DEM）叠加后获得了各滑坡的空间展布形态，滑坡堆积体的长度、宽度，前后缘的高程值，滑坡堆积体的坡度值以及坡向等信息，但无法获得滑坡体的厚度信息，滑坡的厚度需通过工程地质钻探和野外实地调查获得，作者在实地调查的基础上获得了 116 处滑坡的厚度信息。在遥感解译的基础上，我们选择了部分典型滑坡进行了野外详细调查和现场验证。研究区滑坡分布图见图 2.1。

表 2.1 滑坡遥感影像解译采用的卫星数据特征

数据类型	光谱特征	空间分辨率	接收时间	主要用途
QuickBird	可见光至近红外 4 个波段，全色 1 个波段	全色影像 0.61m，多光谱影像 2.4m	2006.8	灾害区滑坡信息提取
GeoEye	多光谱蓝、绿、红和近红外 4 个波段，全色 1 个波段	全色影像 0.41m，多光谱影像 1.65m	2007.5、2009.9、2012.3 等多期	滑坡发育宏观信息提取
ZY-3	多光谱 4 个波段，全色 1 个波段	全色影像 2.1m，多光谱影像 6m	2012.5	自然灾害防治、环境监测保护
ZY-1 02C	多光谱 3 个波段，全色 1 个波段	全色影像 2.36m，多光谱影像 10m	2012.4	地质灾害调查、监测等

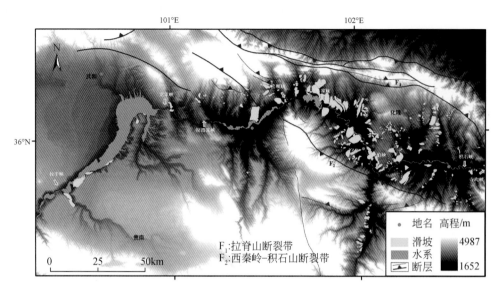

图 2.1　研究区滑坡分布图

2.1.1　滑坡空间形态展布特征

　　研究区的滑坡无论是在实地还是在遥感影像上，其形态特征非常明显，容易识别。滑坡后缘的平面形态呈现典型的圈椅状，后壁一般较陡，坡度为 15°～25°。滑坡前缘表现为舌状或长舌状，古滑坡和老滑坡前缘遭受了多次侵蚀，甚至连滑体大部或全部被冲蚀干净，仅保存后缘圈椅状形态和因侵蚀而残留的坡面较陡的少量滑体。在老滑坡坡脚处可见有高漫滩或阶地面。根据其空间展布形态特征，作者将其划分为圈椅形、半椭圆形、簸箕形、哑铃形、长舌形、矩形（席形、台阶形等）、长弧形（鞍形）、三角形（正三角形、倒三角形）、并排形、叠瓦形十种，每一类滑坡的代表性滑坡遥感影像的空间形态及详细信息见图 2.2 和表 2.2。

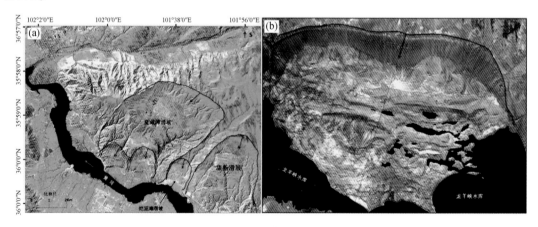

图 2.2　研究区滑坡体平面形态特征

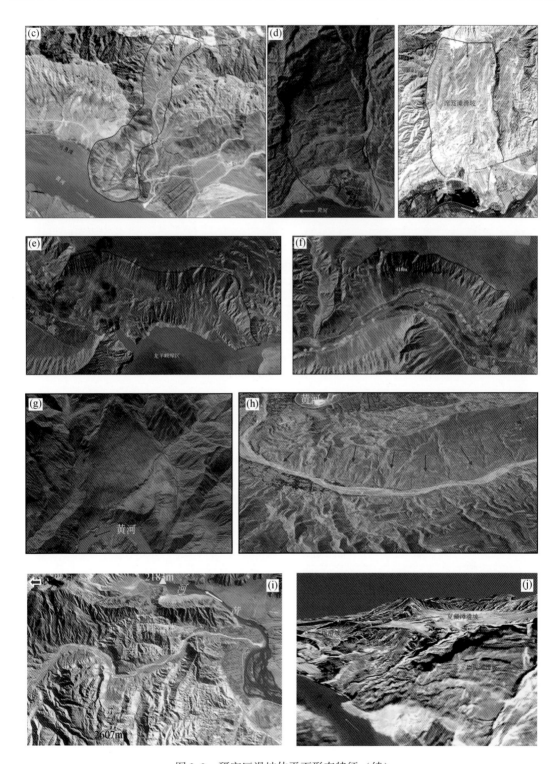

图 2.2　研究区滑坡体平面形态特征（续）

（a）圈椅形与半椭圆形；（b）簸箕形；（c）哑铃形；（d）舌形（长舌形和矩形）；

（e）鞍形；（f）长弧形；（g）正三角形；（h）并排形；（i）叠瓦形；（j）台阶形

表 2.2　代表性滑坡体分布位置及影像类型

编号	平面形态	代表性滑破	经纬度坐标	遥感影像类型	平面形态特征
(a)	圈椅形	夏藏滩滑坡	101°59′E，35°58′N	ZY-1 02C	侧缘与后缘形似圈椅
(a)	半椭圆形	康杨滑坡	101°47′E，36°00′N	ZY-1 02C	平面呈半椭圆
(b)	簸箕形	白刺滩滑坡	100°29′E，35°49′N	QB	滑体宽度较长度大
(c)	哑铃形	革匝滑坡	101°36′E，36°08′N	Google earth GeoEye	滑体长度大于宽度
(d)	矩形	席笈滩滑坡	101°26′E，36°06′N	ZY-3	形似矩形，后壁直立
(d)	长舌形	烂泥滩滑坡	101°58′E，35°59′N	Google earth GeoEye	后缘直立，长度较长
(e)	鞍形	芒拉河河口滑坡	100°27′E，35°42′N	GeoEye-2	后缘中部弯曲
(f)	长弧形	芒拉河左岸滑坡	100°26′E，35°43′N	Google earth GeoEye	侧缘与后壁形似弧形
(g)	三角形	戈龙布滑坡	102°36′E，49°12′N	Google earth GeoEye	呈正三角形或倒三角形
(h)	并排形	扎吉昂滑坡群	101°55′E，36°06′N	ZY-3	多个单体滑坡并排排列
(i)	叠瓦形	阿什贡滑坡	101°34′E，36°09′N	GeoEye-2	滑体中后部发生次级滑动
(j)	台阶形	夏藏滩滑坡	101°59′E，35°58′N	QB	滑体前部发生次级滑动

2.1.2　滑坡体的长、宽、面积、体积特征

根据遥感影像解译，作者统计了 508 处滑坡体的长度、宽度、坡度、面积、体积等信息，在对以上数据统计分区的基础上，得到了各滑坡体的长度、宽度、厚度、面积和体积的主要集中分布区间以及最集中的分布区。具体如下。

长度：长度指的是沿主滑方向的滑体前后缘的距离。研究区的滑坡体长度范围跨度较大，最小长度为 120m，最大为 6500m，多为 500~2200m。主要集中在 550~1500m，有 388 处，占滑坡总数的 76.4%，特别是长度为 550~1000m 的滑坡有 165 处，占 32.5%（表 2.3）。

表 2.3　滑坡体长度统计表

长度区间/m	≤550	551~970	971~1400	1401~2670	2671~4800	>4801
数量/个	111	165	113	92	22	5
占总数比例/%	21.9	32.5	22.2	18.1	4.3	1.0

宽度：滑坡体长度范围跨度亦较大，最小宽度为 90m，最大为 7200m，多为 560~2500m，主要集中在 600~1500m，有 405 处，占滑坡总数的 79.7%（表 2.4）。

表 2.4　滑坡体长度统计表

长度区间/m	≤560	561~1040	1041~1510	1501~2930	2931~5300	>5300
数量/个	175	144	89	71	23	6
占总数比例/%	34.5	28.3	17.5	14.1	4.5	1.1

长度与宽度的关系：研究区 508 处滑坡中，长度大于宽度的有 303 处，宽度大于长度的有 205 处。滑坡体长度 L 与宽度 W 之间存在一定关系，滑坡体长度与宽度均小于 1500m 时，

宽度与长度比接近 1，此类滑坡在研究区占 1/5 强；但大于 1500m 后，长与宽呈现此消彼长的线性关系，向两极化方向延展，但总体上长度增长的幅度要大于宽度的增加幅度，长宽比在 2 和 3.2 处出现峰值，反映部分滑坡体的长度是宽度的 2 倍、3 倍，甚至更多，作者将两类滑坡统计分析，二者均具有很好的相关性（图 2.3）。

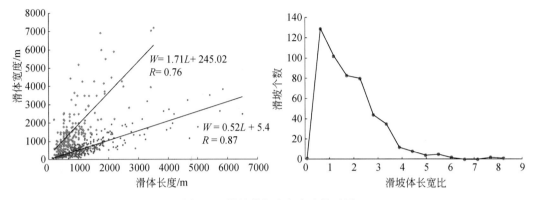

图 2.3　滑坡体长度与宽度关系图

统计发现，滑体长度大于宽度的滑坡数量较多，其主要分布在群科—尖扎盆地的黄河干流两岸，这些位置斜坡高差大，临空面开阔，因此，容易形成长度大的滑坡，如夏藏滩滑坡、康杨滑坡、烂泥滩滑坡、参果滩滑坡、锁子滑坡等，从体积上均属于巨型滑坡范畴，从物质组成类型上属于泥岩滑坡，平面形态上主要呈现为圈椅状、长舌形、巨型、哑铃形等，这类型滑坡滑动距离长，滑动速度大，为典型的高速远程滑坡类型（张明等，2010），部分堵塞黄河，形成巨大堰塞湖，在黄河对岸留下滑坡堆积体，如锁子滑坡和戈龙布滑坡；有些滑坡属于蠕滑类型，滑动距离短，滑动速度小，如公伯峡口的山根滑坡。

滑坡体宽度大于长度的滑坡主要分布在黄河干流两岸的共和盆地，如白刺滩滑坡，以及黄河支流的芒拉河左岸滑坡和芒拉河口滑坡等，黄河支流一般较窄，临空面有限，宽体滑坡发育，从物质组成类型上属于半固结成岩滑坡，平面形态上主要呈现为半椭圆形、簸箕形、鞍形、半弧形等，这类滑坡的滑动距离较短，后壁保存完整且直立陡峭。因此，这两类滑坡无论从滑体形态还是物质组成等方面区别均明显。

厚度：研究区内 116 处实地调查滑坡体的厚度最小值为 15m，最大值为 135m，平均厚度为 39.6m。根据滑坡堆积体的厚度划分标准（殷跃平等，2008），作者统计了实地调查的 116 处滑坡厚度情况，发现滑坡体的厚度主要集中在 30 ~ 50m，为深层滑坡，占调查总数的 67.2%；此外，大于 50m 的超深层滑坡有 25 个，主要为巨型滑坡，占调查总数的 21.6%，详见表 2.5 和图 2.4。

表 2.5　滑坡体厚度统计表

类别	数量	平均厚度/m	滑坡体厚度分级/m			
			浅层滑坡	中层滑坡	深层滑坡	超深层滑坡
			<10	10 ~ 25	25 ~ 50	>50
个数	116	39.6	0	13	78	25
所占比例/%			0	11.2	67.2	21.6

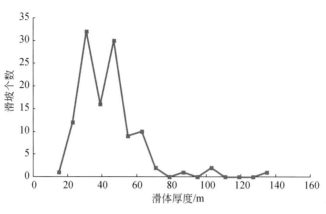

图 2.4　滑坡体厚度分布图

面积：508 处滑坡中，面积最小的为 0.01km^2，最大的为 16.26km^2，主要集中分布在 $0.01 \sim 4 \text{km}^2$ 范围内，其中面积为 $0.8 \sim 1.5 \text{km}^2$ 的滑坡就有 319 处，占绝大多数（图 2.5），主要分布在群科-尖扎盆地和黄河北岸的化隆盆地的小型山坡上，一般高差和临空面都不大，地层岩性上以黄土滑坡为主；面积大于 4km^2 的滑坡数量较少，主要分布在黄河干流和一些大型支流河谷两岸，如群科-尖扎盆地黄河南岸的夏藏滩滑坡 I 期，滑体面积为 14.12km^2。

体积：116 处滑坡的残留总体积为 98.35 亿 m^3，平均体积为 0.85 亿 m^3。残留体积峰值主要集中在四个区间：0.5 亿 ~ 4 亿 m^3、6 亿 ~ 8 亿 m^3、10 亿 ~ 12 亿 m^3 和 15 亿 ~ 17 亿 m^3（图 2.5），前两个区间和后两个区间分属特大型滑坡和巨型滑坡类别，尤其是大于 15 亿 m^3 的巨型滑坡在研究区泥岩地层中发育多处，如位于群科-尖扎盆地黄河右岸的夏藏滩滑坡 I 期和贵德盆地黄河左岸的席笈滩滑坡等，在其他地层中未见发育。

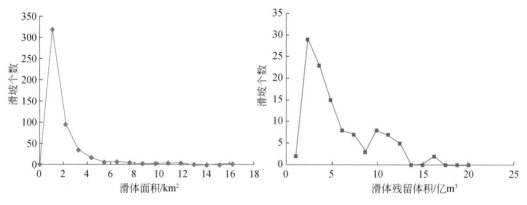

图 2.5　滑坡体面积与残留体积分布图

2.1.3　滑坡体的坡度特征

研究区滑体堆积物的平均坡度较小，大多数属于小角度滑坡，统计发现主要集中在 $15° \sim 40°$，尤以 $15° \sim 20°$ 和 $35° \sim 40°$ 发育数量最大（图 2.6），野外调查发现，$15° \sim 20°$

的滑坡大多已稳定，发生整体滑动的可能性很小。如群科–尖扎盆地的夏藏滩滑坡Ⅰ期：滑体后缓前陡，滑体中后部地面倾角为 8°，中部曾积水成湖，后期由于冲沟切割湖泊消失；前缘因发生次级解体滑坡，前缘因此较陡，达到 31°，目前滑坡整体处于稳定状态。另外一组 35°～40° 的滑坡较不稳定，在强降水和持续降水作用下复活的可能性极大，如李家峡上游黄河右岸的坎布拉公园路边滑坡，该滑坡后缘出现多处拉张裂缝，在降水作用下极不稳定，很可能对坎—贵公路和前缘的李家峡库区造成影响，需引起高度警惕。

此外统计发现，研究区滑坡体长度与坡度具有一定关系，滑坡体越长，其平均坡度就越小，否则就越大。具体分析如下。

一个斜坡体上，若斜坡的下滑力大于其自身的摩擦力则该斜坡体就很不稳定，在诱发因素作用下容易发生滑坡；若其下滑力小于其自身的摩擦力则该斜坡体较稳定，不易发生滑坡。

假定斜坡的下滑力为 f，斜坡的摩擦力为 $f_{摩}$，摩擦系数为 μ，斜坡自身重力在垂直于斜坡的分力为 N，斜坡的坡度为 α，斜坡体的长度为 L，其前后缘高差为 H，则有

$$\mu = f_{摩}/N$$

$$\alpha = H/L$$

根据相似三角形原理，则有

$$\mu \propto \alpha$$

根据上述公式有

$$\alpha \propto f_{摩}/N$$

对于同一个斜坡体而言，其 N 为固定值，则

$$\alpha \propto f_{摩}$$

根据力学原理，当 $f > f_{摩}$ 时，斜坡将下滑，反之则稳定。因此，当 α 大于一定角度时，滑坡将会发生，反之将稳定。

根据上述公式推导，反映目前长度大的滑坡体因其坡度较小已趋于稳定；而长度小的滑坡体，其坡度较小部分已趋于稳定，而坡度较大的部分则因其下滑力较大还未稳定，其前缘可能会再次复活解体，因此，明显位于拟合直线的上方（图 2.7）。

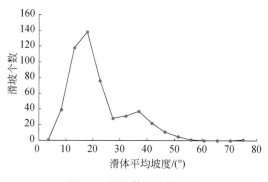

图 2.6　滑坡体坡度分布图

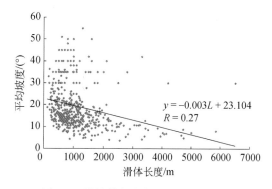

图 2.7　滑坡体长度与平均坡度关系图

2.1.4 滑坡体的高程分布特征

遥感影像统计显示研究区滑坡体前缘剪出口高程最小值为1510m，最大值为3187m；滑坡体后缘高程最小值为1972m，最大值为3363m；滑坡体平均高程最小值为1885m，最大值为3274m，高程值主要集中在2000~2800m，尤以2400~2800m滑坡发育数量最多，主要分布在西秦岭–积石山断裂和拉脊山断裂围限地块内的尖扎、循化盆地，贵德盆地相对较少，可能与贵德盆地降雨偏少、位于西秦岭–积石山断裂和拉脊山断裂围限地块外围有关。研究区的滑坡大多虽属古滑坡或老滑坡，但由于体积巨大，后期风化剥蚀改造作用有限，大多完整保留了滑坡体的基本特征，如滑体地形台阶状或叠瓦状明显，后缘直立，中部裂缝发育，如白刺滩滑坡和参果滩滑坡等，在高分辨率遥感影像上易于辨认。

滑体前缘剪出口与后缘高程差主要集中在150~400m，呈现双峰分布特征，分别以200m和300m附近滑坡数量最多，这些滑坡的规模一般偏小，多分布在黄河支流两岸和塬面上高差较小的山坡上。高差大于700m的滑坡主要沿黄河干流两岸分布，最大高程差为875m（图2.8），这与黄河两岸侵蚀切割的地貌高度差基本一致，黄河两岸的高陡边坡为其发育提供了充足的临空条件，在构造活动或强降水的作用下滑坡分阶段集中发育。

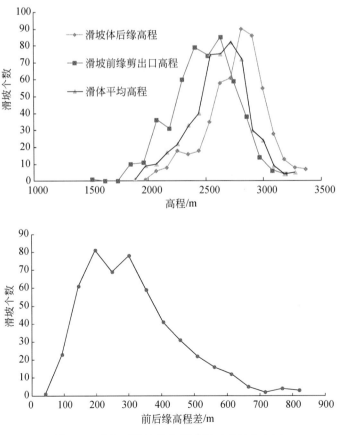

图2.8 研究区滑坡体高程及相对高差分布图

研究发现，研究区滑坡体的长度（L）与前后缘的相对高程差（H）总体呈现良好的线性关系，即滑坡前后缘的相对高程差越大，坡度越陡，滑坡体的长度就越长。根据其相关性，可将滑坡体的长度与前后缘高程差分为两类，第一类滑坡体的长度与高程差具有极好的相关性，相关系数达 0.77，这类滑坡通常发生在高陡边坡地区，反映了地形地貌对其控制性作用；另一类滑坡体虽然长度很长，但其前后缘高程差较小，这类滑坡通常发生在坡度较小的干流和支流地区，在诱发因素作用下，表现为蠕变、低角度滑坡（图 2.9）。

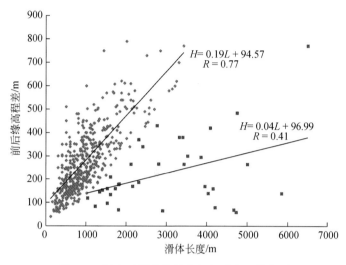

图 2.9　研究区滑坡体长度与相对高程分布图

2.2　滑坡分类研究

研究区滑坡数量多，分布广，这里将按照滑坡的物质组成、力学性质和诱发因素对研究区的滑坡进行分类（图 2.10）。

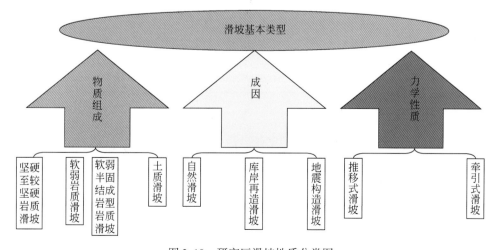

图 2.10　研究区滑坡性质分类图

2.2.1 按物质组成分类

根据滑坡组成物质及滑动面所通过的地层，可将河段内滑坡分为四种类型（表2.6）。

表2.6 研究区滑坡按物质组成和力学性质分类表

滑坡类型		分布位置	基本特征
按物质组成分类	坚硬至较坚硬岩质滑坡	黄河峡谷带，尤以公伯峡入口发育	该类滑坡剪出口高度高于现代河水位41～57m，相当于黄河Ⅳ级阶地拔河高度，多属早期推移式高速远程地震构造型滑坡；滑坡前缘呈碎屑流状态，后缘原岩物质保持较完整，负地形中有滑坡湖堆积物，滑壁沟蚀作用较强烈，主要分布在NNW向断裂带附近，均堵塞过黄河；典型代表为德恒隆滑坡，残留方量为21.45亿m³
	软弱岩质滑坡	盆地带，尤以尖扎-群科盆地最为发育	该类滑坡剪出口高度高于现代河水位42～45m，相当于黄河Ⅳ级阶地拔河高度，多属早期库岸再造型滑坡，推移式和牵引式滑坡均有分布，推移式滑坡均堵塞过黄河，滑壁沟蚀作用较强烈，负地形中有滑坡湖积物，滑床呈圆弧形、前缘多解体；典型代表为夏藏滩滑坡，残留方量为14.18亿m³
	半成岩岩质滑坡	龙羊峡库区右岸	指由Q_1^{al-1}地层构成的滑坡，该类滑坡剪出口高度高于现代河水位约17m，相当于黄河Ⅱ级阶地拔河高度，属晚期推移式高速远程滑坡，曾堵塞黄河，后缘有滑坡湖，滑壁保留较清晰，典型代表为白刺滩滑坡，残留方量为5.8亿m³
	土质滑坡	尖扎-群科盆地	该类型滑坡是指区内早期滑坡前缘再解体型晚期滑坡，前缘剪出口高度高于现代河水位11～14m，相当于黄河Ⅱ级阶地拔河高度，典型代表夏藏滩滑坡前缘解体的古日岗滑坡，残留方量为1.8亿m³
按力学性质分类	推移式滑坡	全河段均有分布，尤以尖扎-群科盆地最为发育	该类滑坡在其滑动过程中巨大的推力作用下，滑带土大面积片理化陶化现象明显，滑距一般大于5km，前缘完全解体呈碎屑流，后缘形成巨大的负地形成滑坡湖，滑坡均造成了堵河事件，早期滑坡最多；典型代表为夏藏滩滑坡
	牵引式滑坡	全河段均有分布，尖扎-群科盆地最发育	该类型滑坡是由于流水侵蚀或湖岸浪蚀作用下呈逐级牵引破坏，最终形成多级平台，平面形态多呈横展式，且具直线型后壁特点，典型代表为公伯峡口滑坡

1）坚硬至较坚硬岩质滑坡

主要分布于由古近系以前的坚硬至较坚硬砂岩、砂砾岩、片岩、片麻岩地层及各期侵入岩构成的峡谷带。滑体规模多在1亿～2亿³m³，最大近21.45亿m³，如多隆沟滑坡、戈龙布滑坡及新发现的德恒隆滑坡、锁子滑坡。

2）软弱岩质滑坡

主要分布于由新近系中、上新统红色泥岩、砂岩、砂砾岩夹不稳定的膏盐层构成的龙羊峡口查纳段、贵德盆地北部、群科-尖扎盆地、循化盆地及官亭盆地黄河岸坡带，尤以尖扎-群科盆地最发育，滑坡体方量最大的为夏藏滩滑坡，体积为14.18亿m³。

3）软弱半固结成岩型岩质滑坡

主要分布于由第四系下更新统砂砾岩、砂岩夹泥岩构成的龙羊峡库区右岸。该类型滑坡多为崩滑型高速滑坡，最大的白刺滩滑坡方量达 5.8 亿 m^3。

4）土质滑坡

土质滑坡是指区内早期滑坡受黄河侵蚀及晚期气候环境影响形成的再解体型滑坡。主要分布于尖扎盆地早期滑坡前缘带。如古日岗滑坡残留方量达 1.08 亿 m^3。

2.2.2　按力学性质分类

研究区滑坡按力学性质主要分为推移式滑坡和牵引式滑坡两大类（表 2.6）。

1）推移式滑坡

该类型滑坡为滑落旋转式近似圆弧形破坏，破坏时上部物质滑动挤压下部产生变形，且发展迅速，多为高速远程滑坡。其典型代表有白刺滩滑坡、夏藏滩滑坡、德恒隆滑坡、戈龙布早期滑坡等，残留方量均在 5 亿 m^3 以上，该类型滑坡最大的特点是：一方面其后缘反向地形中有滑坡湖相地层，另一方面大多为堵河滑坡。

2）牵引式滑坡

该类型滑坡多属滑动平移式折线滑坡。破坏时下部物质先滑动，使上部物质失去支撑而变形滑动。这类滑坡一般前缘多为错落式滑动，堆积物基本保持原岩结构特征，而后缘一般为浅层滑动，堆积物原岩结构破坏较严重，如循化的公伯峡口滑坡，甘都镇滑坡。

2.2.3　按诱发因素分类

1）自然滑坡

自然滑坡是指黄河流水切割形成高位临空后，在重力卸荷及降水共同作用下形成的巨型滑坡。这类滑坡主要分布在黄河与其支流交汇带以及除尖扎-群科盆地以外的其他盆地早期部分滑坡和晚期所有滑坡，如白刺滩滑坡、戈龙布滑坡等。

2）库岸再造型滑坡

库岸再造型滑坡是指黄河或其支流堰塞成湖后，因地下水水位及库水上升，浸润、崩解形成的库岸再造型滑坡。如循化的比塘沟滑坡、夏藏滩滑坡、贵德席笈滩滑坡以及尖扎盆地德恒隆以上河段早期所有滑坡等。

3）地震构造型滑坡

该类型滑坡主要指滑坡受控于构造结构面而形成的滑坡，我们认为这类滑坡应与地震作用关系密切。如德恒隆滑坡、锁子滑坡、戈龙布滑坡、泥鳅滑坡都受控于祁连山地块与西秦岭地块边界断裂斜坡交的 NNW 向断裂带，即伊黑龙断裂、尖扎东断裂、多龙沟断裂。

2.3　巨型滑坡空间分布特征

这 508 处滑坡体中，按照滑坡堆积体的方量进行分类（表 2.7），巨型滑坡（super large scale landslides，堆积体方量大于 1 亿 m^3）占 21 处（图 2.11，表 2.8），特大型滑坡（large scale landslides，堆积体方量大于0.1亿 m³）占92处，其余为大型滑坡及以下。作者对这21处巨型滑坡全部进行了实地详细调查，如夏藏滩滑坡、白刺滩滑坡、参果滩滑坡、烂泥滩滑坡等。认为这些巨型滑坡空间分布在各盆地、各区段、干流两岸很不均匀，其中，滑坡发育个数最多、残留总方量最多、密度强度最大的是群科–尖扎盆地，其物质组成主要为新近系泥岩滑坡，达到9处；其次为循化盆地3处，积石峡峡谷区3处，共和盆地3处，贵德盆地2处，官亭盆地1处。

表 2.7　滑坡分类表（据殷跃平等，2008）

有关因素	名称类别	特征说明
滑体厚度	浅层滑坡	滑坡体厚度在10m以内
	中层滑坡	滑坡体厚度在10~25m
	深层滑坡	滑坡体厚度在25~50m
	超深层滑坡	滑坡体厚度超过50m
运动形式	推移式滑坡	上部岩层滑动，挤压下部产生变形，滑动速度较快，滑体表面波状起伏，多见于有堆积物分布的斜坡地段
	牵引式滑坡	下部先滑，使上部失去支撑而变形滑动；一般速度较慢，多具上小下大的塔式外貌，横向张性裂隙发育，表面多呈阶梯状或陡坎状
发生年代	新滑坡	现今正在发生滑动的滑坡
	老滑坡	全新世以来发生滑动，现今整体稳定的滑坡
	古滑坡	全新世以前发生滑动的滑坡，现今整体稳定的滑坡
滑体体积	小型滑坡	<10万 m³
	中型滑坡	10万~100万 m³
	大型滑坡	100万~1000万 m³
	特大型滑坡	1000万~10000万 m³
	巨型滑坡	>10000万 m³

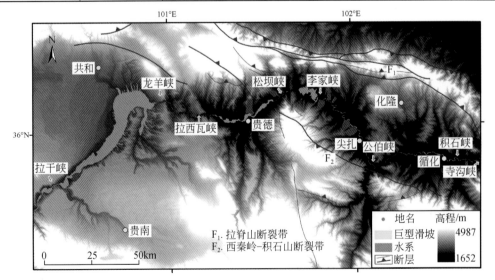

图 2.11　研究区 DEM、活动构造与巨型滑坡分布图

表 2.8　黄河上游巨型滑坡统计表

滑坡编号	滑坡名称	分布位置	经度	纬度	前缘与后缘相对高差/m	残留体积/亿 m³	坡度/(°)
HP1	茫拉河左岸滑坡		100°26′18″	35°43′56″	418	1.20	42
HP2	白刺滩滑坡	共和盆地	100°30′07″	35°49′11″	538	2.84	40
HP3	查那滑坡		100°48′49″	36°05′38″	350	1.27	35
HP4	阿什贡滑坡	贵德盆地	101°34′01″	36°09′07″	556	1.60	40
HP5	蓆笈滩滑坡		101°27′06″	36°03′44″	240	8.40	30
HP6	唐色村滑坡		101°48′55″	36°05′27″	790	1.20	35
HP7	曲河滩口滑坡		101°56′12″	36°00′28″	700	0.17	51
HP8	康扬滑坡		101°57′20″	36°00′05″	715	10.60	42
HP9	夏藏滩滑坡	群科–尖扎盆地	101°58′51″	36°08′51″	300	15.05	30
HP10	支平且东滑坡		102°03′45″	35°54′36″	608	0.10	20
HP11	参果滩滑坡		101°53′12″	36°06′32″	730	0.48	30
HP12	夏琼寺滑坡		101°53′46″	36°06′04″	300	0.35	30
HP13	烂泥滩滑坡		101°58′58″	35°59′55″	372	0.86	20
HP14	锁子滑坡		102°03′41″	35°54′40″	250	13.55	48
HP15	山根滑坡		102°32′53″	35°46′43″	400	1.08	25
HP16	察里岗滑坡	循化盆地	102°21′12″	35°53′57″	500	0.39	25
HP17	唐家卡滩滑坡		102°14′20″	35°14′20″	305	2.40	30
HP18	孟达乡滑坡		102°38′19″	35°49′48″	250	0.16	18
HP19	马儿坡东滑坡	积石峡峡谷区	102°35′18″	36°49′31″	350	0.42	50
HP20	戈龙布滑坡		102°36′45″	35°49′46″	875	1.19	51
HP21	八大山滑坡	官亭盆地	102°55′03″	35°22′05″	350	0.66	35

　　野外实地调查和遥感影像分析发现,研究区的巨型滑坡的滑体前缘与后缘宽度、滑体长度与宽度相近,滑坡堆积物后缘顶部和前缘剪出口之间的相对高程差有三个峰值,分别位于350m、550m 和 750m,最大可达 875m(图 2.12),这与黄河干流两岸各盆地高陡边坡的相对高差结果基本一致。大多数滑坡后壁保存较好,滑坡体坡度多在 25°~40°(图 2.13),如位于群科–尖扎盆地的夏藏滩滑坡,该滑坡滑体平均坡度为 26.4°,该滑坡滑动过程中造成前缘地形反倾,滑坡体中部积水形成深度为 26.4m 的滑坡湖。

　　黄河上游寺沟峡—拉干峡段受地形地貌、地层岩性、活动构造、气候变化等环境因素的影响和制约,滑坡的分布具有区域不均衡性。通过遥感影像和实地调查发现,研究区的滑坡主要集中分布在群科–尖扎盆地,占调查总数的 29.3%,其次为循化盆地、共和盆地、官亭盆地、贵德盆地、拉西瓦峡、李家峡、积石峡、公伯峡等地。黄河南岸滑坡较北岸多,如南岸的贵德盆地、群科–尖扎盆地等地特大型、巨型滑坡大规模、高强度发育,而北岸滑坡相对较少。滑坡的空间展布特征与研究区的地形地貌、活动构造、气候变化等因素有密切联系。滑坡形成发育过程中,一个或几个因素叠加可能起主要控制作用。

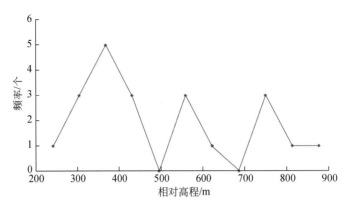

图 2.12　研究区滑体前后缘相对高差

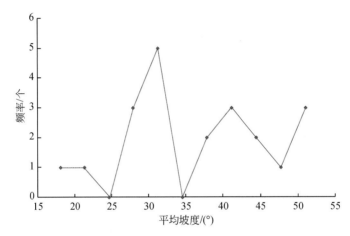

图 2.13　研究区滑坡平均坡度统计图

从滑坡发育的年代上分析，研究区特大型、巨型滑坡以古滑坡、老滑坡最为发育，且滑距较远，属于高速远程滑坡类型，部分滑坡的滑坡体曾堵塞黄河，在黄河对岸留下大量滑坡残留体，如积石峡峡谷区的戈龙布滑坡（半固结成岩滑坡）、群科–尖扎盆地的锁子滑坡（基岩滑坡）和夏藏滩滑坡（泥岩滑坡）。

通过图 2.11～图 2.13 和表 2.8 调查发现，研究区的巨型滑坡在空间展布形态上主要有以下特征。

（1）巨型滑坡主要分布在西秦岭积石山断裂与拉脊山断裂所围限的区域内（图 2.11），且以尖扎盆地最为发育，约占总数的 1/3，表现为区域上分布的集中性。黄河上游地区地貌总体展现为积石山和拉脊山基岩带状山地围限的新近系红层盆地，黄河贯穿盆地，形成深切河谷，青藏高原的阶段性抬升造成黄河阶段性强烈下切，沿河谷形成多级阶地，而两侧新近系红层出现大量向黄河河谷方向倾滑的正断层，在有临空面存在的地方，这些正断层成为巨型滑坡的滑动面。

（2）受岩性差异制约，黄河左右岸巨型滑坡分布差异明显。如贵德盆地的巨型滑坡主要分布在左岸，主要为新近系泥岩滑坡，右岸为变质砂砾岩，泥石流广布，巨型滑坡不发育；群科–尖扎盆地巨型滑坡主要分布在右岸，也为新近系泥岩滑坡，左岸主要为山前冲洪积扇，巨型滑坡发育数量较少。盆地河谷区的地层岩性主要为新近系泥岩和第四系黄土、冲洪积物等，而盆地之间的山区则为基岩地层，因此，盆地内河谷区新近系地层也是巨型滑坡发育数量最多的地层（图1.3）。

（3）受河流侧蚀作用制约，研究区内的巨型滑坡主要发生在黄河凹岸、河道拐弯处等地，如群科-尖扎盆地的烂泥滩滑坡和康东滑坡（图2.14）、积石峡峡谷区的戈龙布滑坡均发生在黄河的凹岸，同时，发生在河道拐弯处的滑坡容易堵塞黄河形成堰塞湖。另外，滑坡发生后堆积体改变河道，向凸岸堆积，成为可开发区。

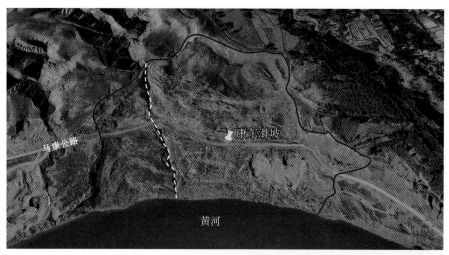

图 2.14 康东滑坡全貌（Google）及前缘堆积体

康东滑坡位于康杨水电站下方 1.37km 处，具体位置为 101°56′24.56″E，36°02′42.15″N，滑坡后缘坡顶海拔为 2110m，前缘公伯峡水库水面海拔为 2026m，垂直落差为 84m，斜坡坡度约 8°～10°，滑坡体长约 390m，宽约 460m，厚约 15m，整体呈簸箕状，体积为 269 万 m^3（图2.14）。滑体前缘为公伯峡水库库尾，紧邻康杨水电站下方，受康杨水电站水位影响较大，同时位于黄河凹岸，受黄河侧蚀作用明显，黄河不断冲刷掏空凹岸物质堆积于凸岸。受水库库水位涨落和降雨耦合影响，坡体每年均出现不同程度的蠕滑变形，滑坡体上的公路、电线杆均被严重破坏，同时，前缘河道也受影响。

（4）滑坡发育受区内植被影响明显，区内新近系泥岩区植被普遍不发育，而河谷区和基岩山区植被发育较好，因此，巨型滑坡主要发育在新近系泥岩区，反映了古滑坡发育程度除和岩性有关外，还与植被发育程度有一定关系。

（5）巨型古滑坡多表现为多期次发育性质，如群科-尖扎盆地的夏藏滩滑坡前缘又发生了 2 处次级解体滑坡，贵德盆地的席笈滩和阿什贡滑坡也表现为 2 期活动性质。另外，巨型滑坡多以滑坡群的形式分布，如夏藏滩滑坡群、锁子滑坡群、阿什贡滑坡群等。

（6）巨型滑坡的空间形态特征与其稳定性密切相关，如正三角形表明其已发生活动，滑体能量得到释放，如积石峡库区的戈龙布滑坡；而倒三角形滑坡与之相反，极不稳定。

（7）巨型滑坡前缘高程与阶地关系密切（图 2.15）。从 21 个巨型滑坡的前缘高程分布情况来看，集中分布在 2000～2200m 的高程段上。由于坡脚部位是剪应力最集中的部位（陈剑，2005），因此，大型滑坡的前缘高程通常位于河床的高程附近。

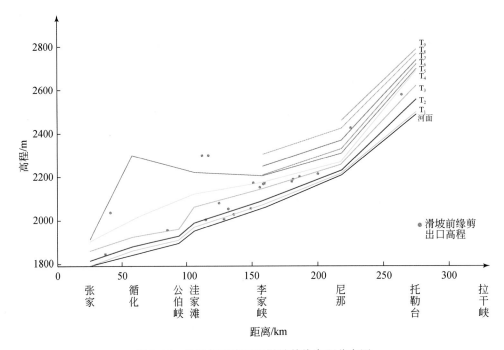

图 2.15　阶地与干流巨型滑坡前缘高程分布图

2.4　泥石流空间分布特征

黄河上游地区的泥石流较发育，普遍具有分布广、数量较多、发生频率高的特点。以贵德县和化隆县的泥石流沟为最多（图 2.16），危害也最为严重，其他地区也有零星分布。据青海省贵德县地质灾害详细调查报告显示，仅贵德县就发育有 307 条泥石流沟。贵德县泥石流的分布一类集中在黄河两岸干流区，如西久公路沿线席笈滩村、希望台、二连村、阿什贡村一带，泥石流堆积区在黄河岸边，海拔为 2200m。另一类为黄河支流两侧，如莫曲沟河、高红崖河和农春河两侧泥石流堆积区，海拔为 2300～2700m。还有一类为高山区泥石流，由于山体基岩破碎，在强烈的雨水冲刷作用下，岩块和泥沙顺坡或沟直下，堆积于坡脚和沟口，冲毁房屋，掩没农田。如拉西瓦镇叶后浪村一带泥石流，海拔为 3100m。

研究区发育规模最大、最为典型的一条泥石流沟是贵德的二连新村泥石流，该泥石流位于阿什贡西侧的黄河河谷左岸，曾在 1961 年、1972 年、1976 年、1982 年夏季爆发的规模最大，灾害也最为严重，泥石流扇覆盖面积达 75 万 m³，淹没良田 1200 亩，堵塞交通，迫使西宁到贵德公路三次大改造。钻孔资料显示泥石流后缘深为 42m，中部厚 27m，总体积为 6120 万 m^3。

研究区另外一条影响较大的泥石流是阿什贡泥石流群，其分布在贵德县尕让乡黄河滩村至阿什贡村一带，黄河左岸，共发育有 8 条泥石流沟，分别为阿什贡村–社沟、阿什贡西支沟、海加隆沟、哑巴圈沟、大梁沟、下台沟、达毛沟、希望台北沟。沿线有西久公路、村庄和农田分布。1974 年 8 月 30 日晚 9 时 30 分，贵德县尕让乡黄河滩村北部一条冲沟发生泥石流灾害，泥石流将该村 17 亩麦田冲毁，淹埋公路 400m，厚 0.6m，淤埋量达 $1440m^3$，造成交通中断两个多小时，村中 6 户村民的 60 间房屋遭到破坏，其中，两户人家的 17 间房屋倒塌，致使两人死亡。直接经济损失为 5 万元。

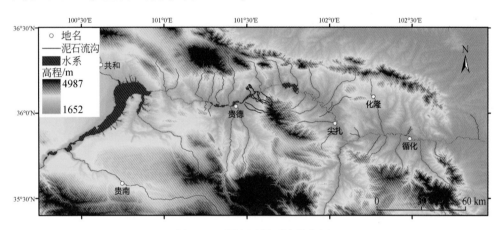

图 2.16　研究区泥石流分布图

2.4.1　贵德盆地泥石流空间特征

贵德盆地东部是泥石流最发育的地区，泥石流沟多发源于北侧的拉脊山和东南侧的扎马山，形成区的海拔多为 3000 ~ 3500m，东南侧扎马山上发育的部分泥石流形成区海拔接近 3800m。黄河两岸的泥石流均十分发育，且形成巨大的堆积扇。这些泥石流普遍呈现出多期次发育特征，其泥石流扇也表现出多期次的堆积特征。现代泥石流沟切穿古洪积扇，在古洪积扇上形成了现代泥石流堆积扇。而盆地西部的泥石流相对较少，为零星分布的现代泥石流沟，在时间上也没有表现出明显的多期次发育特征。

90% 左右的泥石流分布于黄河两岸的丘陵区，由于近期隆升及强烈侵蚀冲刷作用，地形切割较深，侵蚀强烈，支沟呈树枝状分布，山坡坡度大于 35°，沟道狭窄，沟道纵坡降大，一般为 140‰ ~ 500‰。总的来看，丘陵区地形切割深，高差大，坡度陡，为泥石流创造了有利的地形地貌条件。

盆地内的大多数泥石流沟集中分布在盆地东部黄河北岸的席笈滩–阿什贡一带和黄河南岸的扎马杂日山，盆地西部的泥石流很少发育。泥石流沟最密集的地区在黄河北岸二连村一带，而黄河南岸的扎马杂日山上发育的泥石流规模一般比北岸新近系贵德群地层发育的泥石流规模大，从遥感图像上看，南岸的泥石流扇将扎马杂日山体剥蚀形成若干个并列的汇水区，泥石流流域区面积可达 $40km^2$ 以上，最大的泥石流流域区面积达 $123.62km^2$。

区内共有 8 条泥石流沟的长度超过 10km，其中 7 条分布在黄河南岸，最长的泥石流沟长度可达21km，黄河南岸泥石流扇的规模较大，有两个覆盖面积超过 5km² 的大型泥石流扇，而北侧泥石流扇的规模较小与全新世以来黄河对北岸岸坡的频繁改造有关，北岸的古泥石流扇受到较强的剥蚀作用，残存的面积较小。黄河北岸泥石流多数发育在海拔 3000m 的新近系泥岩区，而南岸的泥石流形成区为海拔超过 3800m 的扎马杂日山顶。区内泥石流堆积扇表现出明显的分期发育特征，早期泥石流扇被后期发育的泥石流沟切穿，晚期泥石流扇覆盖在早期泥石流扇之上。

从区内滑坡和泥石流的地形坡度分布情况看，绝大多数的滑坡分布在坡度介于 20°～40°的地区，盆地东部扎马杂日山泥石流的形成区不仅海拔高，其地形坡度往往大于40°，岩体和碎屑物质具有重力势能向动能转换的良好条件。

1）形成区

盆地内泥石流形成区位于沟谷上游地区，其地形多为三面环山一面出口的瓢形或漏斗状，地形比较开阔，四周山高坡陡，沟床纵坡最陡，汇水面积较宽；山坡上岩体裸露破碎，植被稀疏，松散固体物质丰富，常有滑坡和崩塌存在。在大暴雨作用下，山坡上的松散物饱和后，失去稳定向沟中滑动，随着势能集储，泥沙等物质沿沟向下游运动，这个阶段也是泥石流的形成阶段。

2）侵蚀流通区

侵蚀流通区位于沟谷中下游地区，其沟道顺直，纵坡较上游缓，沟谷较窄，两侧山坡陡峻，沟道长度较形成区短，泥石流进入沟道后，推动沟谷内的堆积物运动，使泥石流流量逐渐增大，此时沟谷内所有固体物质全部被掀起，将松散物质向沟口输送。

3）堆积区

沉积区位于沟谷出口区，该区地形开阔，纵坡平缓，水流速度减缓，势能在出沟口后全部释放，泥石流至此扩散，泥石大量堆积，常形成堆积扇。流石流堆积扇体最大，泥流次之，水石流最小。

现代泥石流扇为现代泥石流沟切穿古泥石流扇在其上堆积的明显区别于古泥石流扇结构的堆积体。研究区内共有 15 处较大的现代泥石流堆积扇，最小的面积为数万平方米，最大的面积达 2.35km²。

研究区内共有 5 处较大的古泥石流扇，与现代泥石流扇相比，面积普遍较大，切堆积厚度大。黄河南岸扎马杂日山上形成的两条大泥石流沟在黄河岸边形成了两个面积大于 5km² 的泥石流扇，这两条大型泥石流沟的流域区面积均超过 50km²。

2.4.2　贵德盆地二连村泥流群

阿什贡西、二连村、大梁沟三处泥流群均位于黄河北岸尕让河冲积扇西侧，由于它们的结构和发育特征基本类似，且泥石流的流域区彼此相邻，因此，把它们并称为二连村泥流群。

二连村泥流群沿黄河北岸并列分布，三条主泥流沟均穿过晚更新世形成的古泥流扇，最深下切达数十米（表2.9）。早期泥流扇表面凹凸不平，布满落水洞（图2.17），晚期泥流扇堆积在黄河阶地之上，现代泥流堆积物又覆盖在晚期泥流扇之上，并逐渐成为晚期泥流扇的一部分（图2.18）。二连村泥流群受地形地貌影响显著，形成区、流通区、堆积区发育特征明显，属于黏性泥流，正处于发展活跃期，受降雨影响明显，发生频率高、周期短。

表 2.9　阿什贡西、二连村、大梁沟泥石流规模统计

名称	汇水面积/km²	流通区长度/m	堆积区面积/km²	主沟长度/km
阿什贡西沟	5.5	910	0.33	6.3
二连村沟	6.7	860	1.03	8.2
大梁沟	9.6	760	0.83	6.8

图 2.17　二连村古洪积扇表面布满落水洞

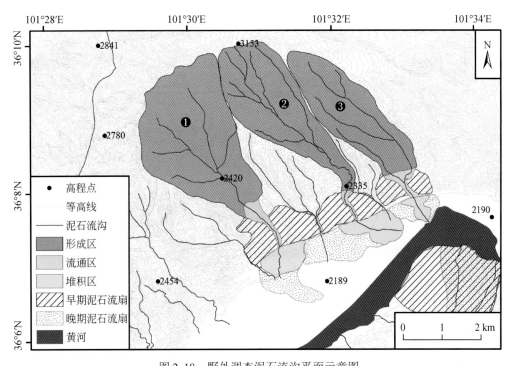

图 2.18　野外调查泥石流沟平面示意图

❶大梁泥石流沟；❷二连村泥石流沟；❸阿什贡西泥石流沟

形成区：形成区位于沟谷后山脊下方，地形破碎，沟壑纵横，侵蚀强烈，最高点海拔为3156m，相对高差约800m，地形为三面环山一面出口的瓢形状，后部沟壁坡度大于60°，多条冲沟似树枝状向主沟汇水，主沟道纵坡降为160‰~260‰，长度约2.3km。山坡上岩体裸露破碎，植被覆盖率不足2%，在降雨或融雪情况下，坡体上的松散风化层饱水后失稳滑动，形成区物源丰富。

流通区：流通区位于沟谷中下游地区，沟谷呈现典型的"V"型谷，两侧坡度均在60°以上，长度为2.5km，深50~120m（马寅生，2003），坡体陡峻，岩体风化和松散残坡积体上发生的崩塌滑坡堆积体为泥流增加了更多的物源，泥流进入沟道后，推动沟谷内的堆积物向下运动，使泥流流量逐渐增大，更重要的是，该泥流沟经过一个质地疏松、落水洞发育的末次冰期晚期形成的古泥流扇，该泥流扇无植被覆盖，表层风化强烈，落水洞发育，洪积扇上的碎屑物质被携带向沟口搬运，淤高沟床，堵塞涵洞。

堆积区：堆积区为一缓倾斜的扇状地貌，前缘直达黄河河床。进入堆积区后，泥石流沟谷明显拓宽，变浅（图2.19）。据地质钻探资料，该泥石流曾多次发生活动，形成了多期泥石流堆积物，堆积扇从后缘的42m逐渐减薄到前缘的3.8m，至少发生了五次沉积相变（马寅生，2003），沟口堆积扇每次泥石流后被淤高0.2~0.3m。目前的三处泥石流扇覆盖面积达2.2km²，堆积扇体方量为300万m³，严重威胁着堆积区公路、农田以及河道的安全。从堆积期次可知该泥石流扇的形成具有很强的持续性，加强防范势在必行。对比发现，该地区黄河两岸的泥（石）流扇有较好的发育期次一致性，均呈现多期的古、老、现代泥（石）流发育期次过程，如二连泥石流扇与对岸的高尔夫球场泥石流扇。

图2.19　晚期泥流扇上的冲沟

2.4.3　贵德盆地泥石流危害

盆地内泥石流的危害对象主要有交通道路、当地村民的生命财产、水利设施、通信设施、农田等。区内泥石流共造成死亡5人，伤5人，直接经济损失11374.28万元。

2007 年 7 月 18 日（星期四）下午 16 时左右，贵德县河西镇多雷仓村 4 社北侧那隆沟发生大规模泥石流灾害，导致多雷仓村 4 社 40 户村民不同程度受灾，淤埋冬小麦 120 亩，露天辣椒 40 亩，果园 8 亩，冲毁渠道 6km，河堤 1km，直接经济损失 34.8 万元。

1997 年 8 月 5 日早晨 3 时，贵德县境内普降特大暴雨，降水量超过 50mm，造成全县大部分地区受灾，冲毁渠道，淹没农田，堵塞交通，直接经济损失为 5848.8 万元。暴雨引发了尕让一带山沟暴发泥石流灾害，致使沿途 19 个村庄受到不同程度的灾害，导致 5 人死亡，死亡牲畜 7 头，毁耕地 1148 亩，毁房 69 间，掩埋道路 500m，围墙 30m，毁坏自来水管道 56m，淤埋电灌站机房 2 座，毁坏机组 3 台，淤埋水渠 750m 等，直接经济损失为 1053.19 万元。

泥石流群的主要威胁对象是黄河谷地的村庄的人民生命财产安全，尤其是黄河北岸的二连村、席笈滩村、希望台村以及黄河南岸的查达村，均位于大型泥石流沟的沟口。

此外，泥石流还严重影响了西宁-贵德公路，公路的贵德—阿什贡段穿过经过诸多泥石流沟口，泥石流的活动对公路造成了严重的破坏。

从目前区内泥石流活动状况来看，黄河北岸二连村-阿什贡一带泥石流较为活跃，沟口堆积扇不断增高，每年都在堆积扇上清理冲沟。冲沟不断增高，沟坡不稳定，处于旺盛期。上游地区沟壑纵横，岩土体破碎，水土流失严重，沟道中发育有滑坡等灾害，由于地形陡峻，沟中松散物质在降雨作用下有可能再次启动。形成新一期泥石流。

2.5　巨型滑坡时间分布特征

2.5.1　巨型滑坡年龄样品采集测试

巨型滑坡形成年代的测定方法主要有直接法和间接法两种。

滑坡发育年代学样品采集方法以直接取得滑坡带土样品为最佳，在中国调查局国土资源大调查项目的支持下，我们在研究区的夏藏滩滑坡和参果滩滑坡的滑坡体上实施了多处工程地质钻探工作，利用钻探取得的滑坡滑带土样品直接进行了年代学测试；但研究区内的滑坡堆积体厚度较大，多数无法直接取得滑坡滑带（面）土进行年代学测试，对无法直接获得滑带的样品，我们利用滑坡体与上下覆黄土、黏土粉砂层的叠置关系进行年龄间接测定工作（图 2.20），如利用滑坡体上覆黄土底部样品、滑坡体覆盖河流阶地顶部样品和堰塞湖（滑坡湖）湖相地层底部样品测年，间接推测古（老）滑坡发生的年代。

直接法以研究区的夏藏滩滑坡为例，间接法以席笈滩滑坡和戈龙布滑坡为例进行说明。

参果滩滑坡：

参果滩滑坡位于黄河左岸康扬水电站库尾带，是尖扎、群科盆地最具典型的新近系红层巨型滑坡之一（图 2.21），该段坡体属中高山区，海拔为 2000～2700m，原始坡高为 700～800m，坡度为 40°～45°，坡体由新近系泥岩、泥质砂岩组成，岩体疏松破碎，裂隙发育。沿滑坡 "V" 型冲沟发育，切深为 10～15m，斜坡顶部分布有不连续的黄土及底砾石层，黄

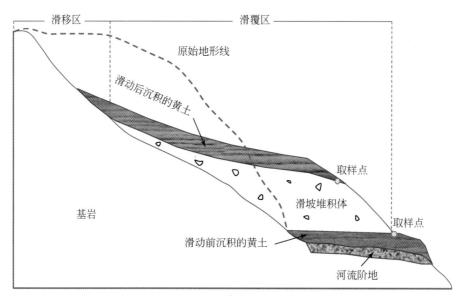

图 2.20　研究区滑坡年代间接样品采集示意图

土厚为 10 ~ 15m，具大孔隙及垂直节理，底砾石层厚 5 ~ 8m，具钙质胶结。冲沟中有地下水出露。滑坡区面积为 1.76km²，残留方量为 1.5 亿 m³。该滑坡平面形态不规则，后壁高陡，两侧边界经后期风化剥蚀不太明显，滑坡体切穿黄河Ⅳ级阶地，覆于Ⅱ级阶地之上，曾堵塞黄河，滑体表部残留有三级台阶，台地形态不规则，宽 20 ~ 50m，第二级台阶于 1985 年前

图 2.21　参果滩滑坡全貌图

后曾经活动，向下错距 3m，致使滑坡中后部原滑体堆积物挤压变形，该滑体中前缘曾经过黄河水的面蚀，基本夷平，现状处于稳定状态。但滑坡中后部残留体厚度较大，滑体泥岩力学强度低，遇水易软化，在降雨等不利因素影响下，仍有再次滑动的可能，威胁参果滩村人民生命财产安全。

该滑坡共发育两期，其中 Ⅰ 期曾部分堵塞黄河，滑体前缘后来又发生滑动，称为 Ⅱ期。在滑坡 Ⅰ 期中部钻孔取滑带土样品 1 个，滑带土是在滑坡发生的过程中形成的，因此，滑带土样品的年龄就是滑坡发生的年龄，取样点坐标为 $36°06'57''N$，$101°49'22''E$（图 2.22）。

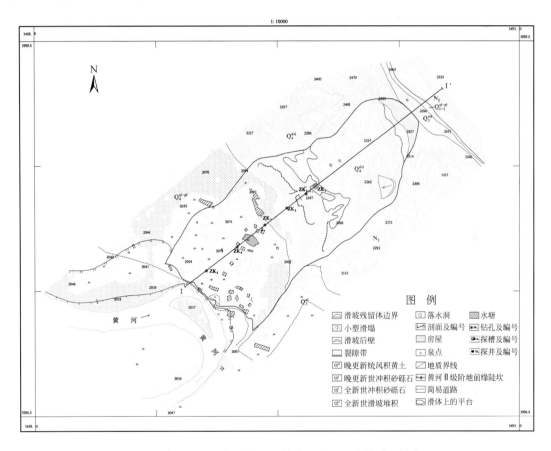

图 2.22　参果滩滑坡年龄样品取样位置图（·为钻孔取样位置）

夏藏滩滑坡：位于尖扎盆地黄河南岸，该滑坡体整体呈圈椅状，东西长 4356m、南北宽 3126m，平均厚 104.0m，面积 $10.5×10^6 m^2$，体积约 14 亿 m^3。作者在该滑坡体上沿主滑方向布设了 3 处钻孔（图 2.23、图 2.24），并在 ZK_1（$35°58'32.42''N$，$101°58'23.02''E$）和 ZK_3（$35°59'19.39''N$，$101°59'56.94''E$）孔获得了滑坡的滑带土，ZK_1 孔深为 112.5m，其中在 $86.8 \sim 106.5m$ 处见到滑带的磨光面和擦痕，岩性为强风化泥岩（图 2.25）；ZK_3 孔深为 66.6m，其中在 $55.8 \sim 61.3m$ 处见有多处滑动形成的磨光面，伴有擦痕压痕等，岩性同样为强风化泥岩（图 2.26）。样品在中国地震局地质研究所电子自旋共振实验室（ESR）测试完成，测试结果见表 2.10。

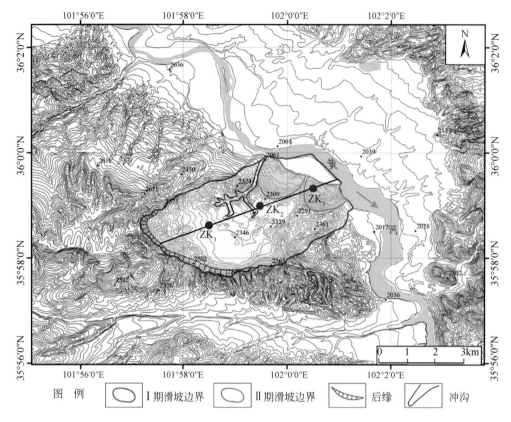

图 2.23　夏藏滩滑坡钻孔位置图

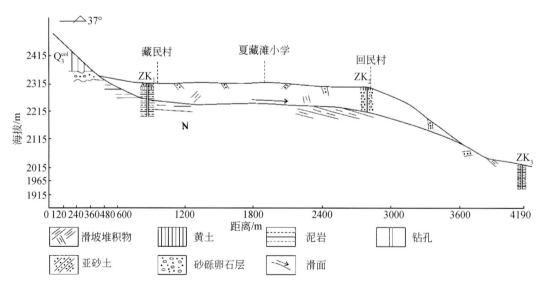

图 2.24　夏藏滩滑坡南岸剖面图（剖面位置见图 2.23）

图 2.25 夏藏滩滑坡 ZK$_1$ 孔滑带土样品

图 2.26 夏藏滩滑坡 ZK$_3$ 孔滑带土样品

表 2.10 夏藏滩滑坡滑带土 ESR 年代测试结果

室内号	野外号	样品物质	古剂量/Gy	年剂量/(Gy/ka)	年龄/ka
10068	ZK$_1$-29	滑带土	204±20	4.13	49±5
10069	ZK$_3$-18	滑带土	119±11	4.17	28±3

席笈滩滑坡：该滑坡位于贵德盆地中部黄河北岸、黄河一级支流农春河东侧的山区与河谷的过渡地带，后缘地形高陡，最大高程为 3150m，前缘延伸至黄河岸边，高程约 2220m，相对高差达 900 多米。该滑坡堆积体长约 7200m，宽约 3500m，厚约 65m，方量达 8.4 亿 m^3，为一新近系泥岩巨型滑坡（图 2.27）。其前缘、中部和左侧缘分别发生了多个解体滑坡，表现出多期发育的特征。我们在野外调查发现，前缘的滑坡堆积体（36°03′40.31″N，101°27′03.39″E）覆盖在黄河Ⅱ级阶地的黏土粉-砂层之上（图 2.28），因此可以利用黏土-粉砂层沉积结束的时间近似代替滑坡的发生时间。作者在该出露剖面取粉砂层顶部样品送美国 Beta Analytic 实验室进行 ^{14}C 年龄测定，结果为 6140a B. P.，故推测滑坡的发生时间应晚于 6100a B. P.。

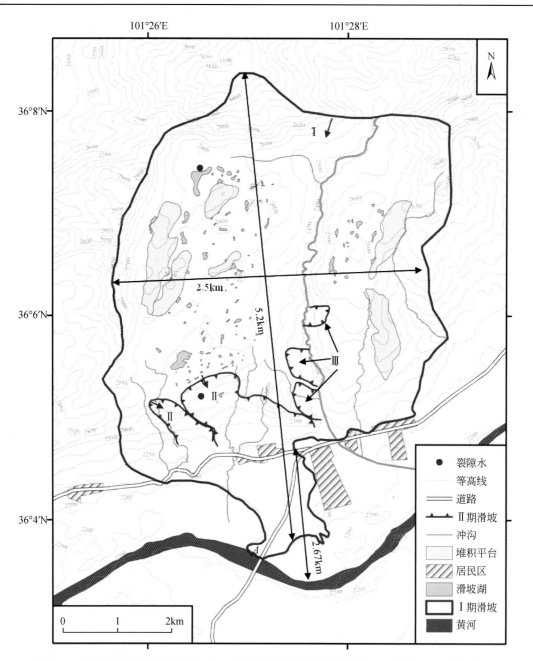

图 2.27　席笈滩滑坡平面图（Ⅰ、Ⅱ、Ⅲ分别为滑坡发育先后期次，A为图 2.28 所在位置）

戈龙布滑坡：该滑坡位于黄河上游积石峡水库骆驼岭西侧黄河大拐弯处，为一白垩系砂砾岩滑坡，滑坡堆积体分布于积石峡的狐跳峡两岸，该巨型滑坡分两期发生，晚期滑坡前缘剪出口高程为 1860m，高出现代河水位 45m，相当于黄河Ⅳ级阶地拔河高度（李小林等，2011）。滑坡后缘高程 2100m，后壁顶界高程 2360m，总落差 500m。滑壁高差 240m，主滑方向为 51°。滑体长 1100m，宽 1200m，平均厚度为 90m，总体积为 1.2 亿 m³，方量上属于巨型滑坡。作者在野外调查发现该滑坡发生后堵塞黄河（吴庆龙等，2009），形成了厚度为 34m 的湖相纹泥层（图 2.29），该套地层层理发育，岩性属于泛白色的粉砂黏土沉积，其色

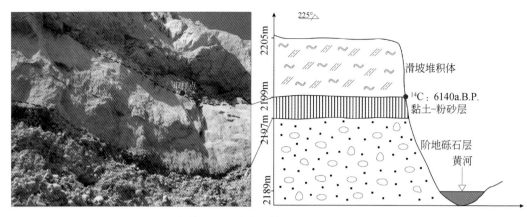

图 2.28　席笈滩滑坡前缘滑体与黄河Ⅱ级阶地接触关系

调与这一带广泛出露的紫褐色白垩系沉积岩形成鲜明的对比。该套湖相层是由于滑坡发生后形成的，故湖相层形成的年龄应该与滑坡发生的时间接近，^{14}C 结果显示堰塞坝体湖相层底部年龄为 9100±40a B. P.，指示戈龙布晚期滑坡发生的时间为末次冰消期向全新世转换期。

图 2.29　戈龙布滑坡堵河形成的湖相层沉积

　　康杨滑坡：滑坡发生后，由于存在高陡的后壁和侧壁，滑坡体表面相对于两侧原始地形较低，容易接受后期稳定的风成黄土粉尘连续堆积，故而滑坡体上覆黄土底部的沉积年龄应该与滑坡发生的年代相当，因此，通过测定滑坡体上覆黄土底部的年代来推定滑坡发生的年代，代表型滑坡如康杨滑坡，该滑坡发生后残留的高阶地砾石层之上开始接受黄土粉尘堆积，故取砾石层顶部黄土底部样品，近似为滑坡发生的年代，取样点坐标为 36°01′02″N，101°58′08″E。

　　结合前人在研究区对滑坡已开展的测年工作，作者完成了研究区巨型滑坡发生年代表（表 2.11）。

表 2.11　研究区巨型滑坡发生年代表

序号	样品编号	滑坡名称	滑坡年龄/a B. P. （测年方法）	资料来源
1	SGT	参果滩滑坡	24000±2000 （ESR）	
2	XZT-1	夏藏滩滑坡Ⅰ期	49000±5000 （ESR）	

续表

序号	样品编号	滑坡名称	滑坡年龄/a B. P. （测年方法）	资料来源
3	XZT-2	夏藏滩滑坡Ⅱ期	28000±3000（ESR）	
4	MRP	马尔坡滑坡	9100±40（^{14}C）	
5	CN	查纳滑坡	1943	
6	LNT	烂泥滩滑坡	2005	
7	BCT	白刺滩滑坡	5000（OSL）	李小林等，2007
8	BDS	八大山滑坡	4600±400（OSL）	
9	KY	康杨滑坡前缘	33200±2500（OSL）	
10	XJT-2	席笈滩滑坡Ⅱ期	4900±400（OSL）	
11	TSC	唐色村滑坡	32900±2400（OSL）	周保，2010
12	CLG	察里岗滑坡	53000±4000（OSL）	
13	ZJA	扎吉昂滑坡	4572±29（^{14}C）	
14	ZHQD	支乎且东滑坡	9711±35（^{14}C）	
15	MDX	孟达乡滑坡	3700	刘高等，2008

2.5.2　巨型滑坡发育分期研究

通过作者对研究区古（老）滑坡的年代学测试结果和滑坡与河流阶地关系野外实地调查分析，并结合前人在研究区已有的研究工作基础，认为黄河上游寺沟峡—拉干峡段特大型、巨型滑坡在时间上主要有五个发育期。

1）53000～49000a B. P.

群科—尖扎盆地的夏藏滩滑坡Ⅰ期的钻孔滑带土 OSL 年龄为49000±5000a B. P.，野外调查认为该滑坡覆盖于黄河Ⅳ级阶地上。同位于该盆地的化隆县甘都镇的查里岗滑坡的 OSL 年龄为53000±4000a B. P.，根据前面的分析和研究区前人成果比对认为群科-尖扎盆地的多处滑坡发育在黄河的Ⅳ级阶地上，如李家峡下游黄河左岸的夏琼寺滑坡。综合分析认为这一期古滑坡发生的年代为 4.9 万～5.3 万年，位于晚更新世黄土-古土壤气候旋回的 L$_{1-4}$（Loess）时期。

2）33000～24000a B. P.

群科—尖扎盆地的参果滩滑坡 ESR 年龄为24000±2000a B. P.、康杨滑坡的 ESR 年龄为33200±2500a B. P.、夏藏滩滑坡Ⅱ期（夏藏滩滑坡Ⅰ期的前缘解体滑坡）ESR 年龄为28000±2000a B. P.、李家峡下游的唐色村滑坡 OSL 年龄为32900±2400a B. P. 等。野外调查发现这一期古滑坡的滑坡体覆盖在黄河Ⅲ级河流阶地上。综合研究认为这一期古滑坡的发育年代为2.4 万～3.3 万年，位于晚更新世黄土-古土壤气候旋回的 L$_{1-2}$时期。

3）10000～8000a B. P.

积石峡峡谷区的马尔坡滑坡湖相层底部年龄测定结果显示，该老滑坡^{14}C 年龄为9100±40a B. P.。前人资料显示群科-尖扎盆地的支乎且东滑坡^{14}C 年龄为9711±35a B. P.（周保，

2010），黄河积石峡水电站水库在 8500a B. P. 有一次老滑坡事件发生（彭建兵，1997）。综合分析认为这一时期可能有一期老滑坡发生，时间段为 Late glacial/Holocene（末次冰期晚期/全新世）转换期。

4）5000～3500a B. P.

位于贵德盆地的席笈滩滑坡Ⅱ期 OSL 年龄为 4900±400a B. P.、积石峡地区的孟达乡滑坡发育年代为 3700a B. P.、官亭盆地的八大山滑坡 OSL 年龄为 4600±400a B. P.、群科—尖扎盆地的扎吉昂滑坡 ^{14}C 年龄为 4572±29a B. P.。推测研究区在 3500～5000a 又发生了一期老滑坡，时间段位于 Holocene Megathermal（全新世适宜期）。

5）现代

近年来，由于人类工程活动逐渐增强，给本已脆弱的黄河上游地区的地质环境造成了较为严重的破坏，一些工程改变了斜坡的应力状态，在降雨的触发下部分古（老）滑坡的前缘因人类工程活动再次发生滑动，如发生于 2005 年 8 月 25 日的烂泥滩滑坡。该地区由于修建公路，开挖坡脚，加之 2005 年 8 月 24 日连续降水 8h，降水量达 35mm。在降雨的触发作用下导致了烂泥滩滑坡的发生。滑坡后壁清晰，错距约 35m，前缘鼓张，堆积体方量为 1.1 亿 m³。另外一处为位于共和盆地的查纳滑坡，发生于 1943 年。

2.5.3　泥石流时间分布特征

从大尺度上来说，我国第四纪泥石流的活跃发育期主要有七次（李永化，2002），分别为 1.8M～1.6Ma B. P.、0.7Ma B. P.、0.5Ma B. P.、0.14M～80000a B. P.、40000～25000a B. P.、8000～5000a B. P. 和 200a B. P. 以来，分别对应于早更新世早期的温暖期、中更新世初期温暖期、倒数第二次间冰期、末次间冰期、末次冰期间冰阶、全新世大暖期和近期（表 2.12）。泥石流与冰川、黄土-古土壤、沙漠等的发展与演化协调一致地反映了我国第四纪期间气候变化的历史。

表 2.12　中国泥石流发育分期与古气候对应关系表

泥石流发育期数	发育年龄	古气候期
Ⅰ	1.8M～1.6Ma B. P.	早更新世早期的温暖期
Ⅱ	0.7Ma B. P.	中更新世初期温暖期
Ⅲ	0.5Ma B. P.	倒数第二次间冰期
Ⅳ	0.14M～80000a B. P.	末次间冰期
Ⅴ	40000～25000a B. P.	末次冰期间冰阶
Ⅵ	8000～5000a B. P.	全新世大暖期
Ⅶ	200a B. P.	近期

从小尺度来说，贵德盆地内泥石流等地质灾害的发生具有时间上的周期性，而在一年时间周期中，滑坡和泥石流多集中在冰雪融期和汛期发生。研究区的泥石流发生时间具有如下特征。

1）在时间上具有明显的周期性

从近 50 年发生记录来看，目前贵德盆地有记载地质灾害共发生 27 起，最严重的年份集中在 1968~1981 年间，共发生七起，占 26%；第二相对集中年份在 1989~1997 年间，共发生 6 起，占 22%；2002~2008 年间，共发生 14 起，占 52%（毕海良，2009）。从统计看，贵德盆地地质灾害发生具有明显周期性，一般每十年为一个发育高峰期，这与该地区降雨强度的周期有着密切关联。

2）在雨季集中发生

根据调查统计，区内地质灾害有 95% 以上发生在 6~9 月的雨季，尤其是 7~8 月发生最多，滑坡发生最多的月份和降水量最多的月份基本一致。地表水的侵蚀、冲刷和地下水对土体完整性的破坏，是产生滑坡、崩塌和泥石流的主要外部动力条件之一。例如，2007 年 7 月 18 日、19 日、20 日贵德盆地普降大雨，多处地段发生滑坡、崩塌和泥石流等地质灾害。据当地气象部门提供的资料，2007 年 7 月 1~19 日，降水量已达到 58.4mm，其中 18 日的最大降水量为 13.8mm，且连续 9 天持续降雨，降雨沿裂隙下渗，不仅增加了岩土体重量，而且加大了静水压力，导致滑坡或崩塌。持续降雨引发洪水，冲刷沟中泥沙，引发泥石流灾害。

3）在冰雪融化季节发生

青藏高原春季冰雪融化时节，往往也是滑坡复发重要季节。由于岩石裂隙中水的冻结增大其体积，结果导致现存裂隙的加宽，并产生新的裂隙，因而降低岩石的稳定性。根据调查统计，区内地质灾害有 10% 左右发生在 3~4 月的冰雪融化季节。滑坡的主要原因是由于冰雪融化后，大量的冰雪融水沿上部黄土裂隙下渗至泥岩接触面，水的静水压力、动水压力对岩体边坡，特别是岩层裂隙产生劈裂效应，水的存在降低了岩体的下应力，也降低了剪应力，使斜坡岩体的抗剪强度降低，向不稳定方向发展，同时水对岩石起到软化作用，从而使山体产生滑动。

2.6　小　　结

通过对黄河上游滑坡泥流的空间平面形态、展布特征和时空分布规律研究，主要有以下六点认识。

（1）黄河上游地区滑坡遥感影像特征明显，通过影像遥感解译和野外调查，共发现各种类型的滑坡体 508 处，其中，巨型滑坡 24 处，特大型滑坡 92 处，且以群科-尖扎盆地分布数量最多；滑坡的空间展布形态主要有圈椅形、半椭圆形、簸箕形、哑铃形、长舌形、矩形（席形、台阶形等）、长弧形（鞍形）、三角形（正三角形、倒三角形）、并排形、叠瓦形十种。

（2）滑坡堆积体的长、宽主要集中在 550~1500m 和 600~1500m，且长、宽呈两极化方向延展；厚度以大于 50m 的深层滑坡为主，面积分布不均；滑体平均高程主要集中在 2000~2800m，且以 2400~2800m 滑坡发育数量最多，前后缘相对高程差集中在 150~400m 和 750m 附近。滑体平均坡度主要分布在 15°~20°，滑坡体的长度与前后缘的相对高程差和滑体平均坡度呈良好的线性关系。

（3）巨型滑坡主要分布在西秦岭积石山断裂与拉脊山断裂所围限的尖扎盆地区域内，受岩性差异、河流侧蚀作用等不同因素制约，巨型滑坡空间分布特征具有明显的地区差异性。

（4）巨型古滑坡多表现为多期次发育性质，且多以滑坡群的形式分布，如夏藏滩滑坡群、锁子滑坡群、阿什贡滑坡群等均经历了多期次滑动过程。

（5）按滑坡的物质组成可将区内滑坡分为坚硬至较坚硬岩质滑坡、软弱岩质滑坡、软弱半固结成岩型岩质滑坡、土质滑坡四类，按力学性质可分为推移式和牵引式滑坡两类，按诱发因素可分为自然滑坡、库岸再造型滑坡和地震构造型滑坡三类。

（6）利用滑坡钻孔滑带土和滑坡体与上下覆黄土关系开展了多处滑坡体的年代学测定工作，并从时间尺度上划分了古（老）滑坡的主要发育期，分别为 53000～49000a B. P.、33000～24000a B. P.、9000a B. P. 前后、5000～3500a B. P. 和现代。

第3章　黄河上游典型巨型滑坡群演化过程

从地貌学观点分析，古滑坡形成演化也是地貌演化过程的一种具体表现形式，最直观的表现是微地貌的变化，滑坡演化的不同阶段也有不同的地貌反映，同时滑坡的稳定性也受地貌形态变化的影响。大型滑坡通常密集分布在大型的地貌阶梯附近，构造-岩性-地貌组合条件控制着滑坡灾害的形成与分布，特别是深切的河谷地貌受河流下蚀和侧蚀作用影响，边坡前缘易发生滑坡、阻塞甚至改变河道，因此，河谷地貌演化和滑坡发育有着密切联系，目前关于滑坡的研究往往从滑坡体的工程地质条件入手，较少从地质环境演变、地貌演化的角度来研究滑坡的发育过程，而搞清楚古滑坡的地质地貌演变过程，能够全面认识古滑坡的发育机制、主控因素及稳定性等问题。

区内巨型滑坡群分布广泛，且表现为多期次演化性质，分析其演化过程，利用过去的地质历史事件指导未来地质灾害防治工作具有重大意义。黄河上游中段发育了多处多期次的滑坡群，本章将分别以群科-尖扎盆地的夏藏滩滑坡群、贵德盆地的阿什贡滑坡群和席笈滩滑坡群为例，在野外详细调查、工程地质勘查、样品采集测试和遥感解译的基础上，从滑坡群的空间形态、分布特征、先后期次关系等方面讨论巨型滑坡的演化过程，并提出滑坡灾害防治对策建议，以期为黄河上游地区区域地质灾害防灾减灾提供地质依据。

3.1　夏藏滩滑坡群

夏藏滩滑坡群位于研究区的群科-尖扎盆地的黄河南岸，黄河由西向东从李家峡流入尖扎盆地，从公伯峡流出，整个盆地呈 NW 向展布，长约 45km，均宽约 5km，面积约220km^2。尖扎盆地位于青藏高原东北缘 I 、II 级阶梯的过渡带，河谷区高陡边坡发育，古滑坡、老滑坡和现代滑坡事件高发频发，是我国地质灾害的高易发区。尤其是该地区的古滑坡以其数量多、规模大、集中分布、动力机制复杂、活跃性强、多期次演化等特点在全球范围内都具有典型性和代表性。

尖扎盆地在地质构造上总体受 NNW 向的拉脊山断裂与 NW 向的西秦岭-积石山断裂所围限，河谷区出现大量向黄河河谷方向倾滑的正断层，在有临空面存在的地方，这些正断层成为巨型滑坡的滑动面，区域性多条深大断裂的强烈挤压活动引发古地震，形成了大规模表生重力滑动构造以及大量次生拉张裂隙，为盆地内巨型滑坡的形成提供了内动力地质条件。受多期次高原的间歇性抬升和高原上的冰雪融水等制约，造就了盆地内黄河的强烈下切，在河谷区形成了高差达 900m，坡度为 20°～60° 的高陡边坡，高差大、坡度陡的地形地貌特征为巨型滑坡发育提供了开阔的临空条件。盆地内新近系沉积的厚层泥岩为晚更新世以来巨型滑坡的发育提供了丰富的物质条件。

末次间冰期以来，该地区经历了多次气候冷暖波动，尤其是 MIS 3a 时期，高原地区气温升高，降水量也显著增加，出现了"高温大降水事件"和多期次的高湖面。冰期时，青藏高原大部分被冰雪所覆盖，间冰期时，随着气温升高，高原产生了大量的冰川融水，对黄河干流两岸侵蚀切割作用显著。黄河的快速下切必将造成地下水补给地表水，同时，间冰期或间冰阶时期，高原降水量增大，降雨入渗加剧了滑坡的发育，雨水沿着后缘拉裂隙入渗，增加了斜坡体自身的载荷，加速了滑坡的发生。因此，气候变化引起的温暖湿润期丰富的降水和冰雪融水也是诱发巨型滑坡的又一动力因素，往往成为一些巨型滑坡的直接触发因素。

在上述内外动力地质作用触发下，尖扎盆地内巨型滑坡广泛发育，成因机制上较为典型的滑坡，如位于黄河左岸锁子村的锁子滑坡、德恒隆滑坡和黄河南岸夏藏滩村的夏藏滩滑坡等，前者属于下远古界的片麻岩滑坡，而后者则属于新近系地层的泥岩滑坡，尤其是锁子滑坡发生后堵塞黄河形成的巨大堰塞湖与夏藏滩Ⅰ期滑坡的发生有密切关系，其形成的湖相纹泥层范围一直延伸到李家峡附近。

位于该区域的夏藏滩巨型滑坡，地质历史时期曾多次发生大规模滑动，目前滑坡体中后部已被改造为居民区和农田，但由于滑坡体本身的不稳定性，带来了居民区房屋墙体开裂、农田沉陷、灌溉漏水、渠道毁坏、沟岸塌滑等一系列环境地质问题，引起了人们的重视。

夏藏滩滑坡群由夏藏滩滑坡、烂泥滩滑坡和康杨滑坡所组成，其中，夏藏滩滑坡又由Ⅰ、Ⅱ两期组成。夏藏滩滑坡在发育期次、形成演化、灾害防治等方面均具有典型性和代表性，因此，这里将重点介绍夏藏滩滑坡的变形演化过程。

3.1.1　夏藏滩巨型滑坡发育特征

1. 滑坡体形态特征及发育期次

遥感影像显示，夏藏滩巨型滑坡分为两期滑动，其中Ⅰ期滑坡为整体滑动，其周界在平面上形似"圈椅型"，东、西、南三面以山脊为界（图 3.1），总体地势西南高东北低，滑体在剖面上为凹形，表面呈阶形，残留滑体分布在黄河南岸和北岸，其中绝大部分分布在南岸，野外调查和工程地质钻探揭示南岸残留滑体东西长 4356m、南北宽 3126m，平均厚 104.0m，面积为 $10.5×10^6 m^2$，体积为 14.56 亿 m^3；北岸滩心村附近的残留滑体长为 550m，宽约为 80m，厚度约为 11m，体积约为 $4.84×10^5 m^3$。Ⅰ期滑坡整体地形从后缘到前缘呈现陡→缓→陡→缓趋势，整体坡度为 14°，滑坡倾向为 60°，后缘高程为 2820m，前缘高程为

图 3.1　夏藏滩滑坡圈椅状地形和移民村位置

2001m，前后缘高差819m。其中，后缘地形相对高差为120~160m，坡度为25°~30°。滑坡体从剪出口到最前缘（滩心村）的运动距离为6920m，因此，Ⅰ期滑坡属于一处远程巨型滑坡。Ⅱ期滑坡为Ⅰ期滑坡前缘的解体型次级滑坡，滑体长约1.31km，两个次级滑坡体宽约2.4km。

Ⅰ期滑坡滑体共发育两级平台，表层为黄土沉积物，中后部为第一级平台，台面平坦、开阔，坡角为2°左右，台长2340m，宽3140m；台面高程为2345m，台前缘坡高近220m。台面北侧发育一条侵蚀冲沟，湖相地层清晰可见，冲沟呈"树枝"展布，断面呈"V"型，主沟长近2.0km，沟谷切割深20~70m，沟内地形破碎，无植被覆盖，因滑体松散，固结程度差，水土流失严重，灌溉困难，中南部现为夏藏滩移民安置区。第二级平台分布于近前缘部位，规模较小，平台长420m，宽350m，因后期人类活动陡坎不明显，呈斜坡地形，坡角为22°，高差为50m，部分已辟为人工耕地。Ⅱ期滑坡顶部距滑坡前缘高差480m。

2. 滑体和滑带土物质组成

滑坡表层堆积物主要是上更新统（Q_3^{eol}）风积黄土，零乱，浅黄—灰黄色，疏松可塑、垂直节理发育，固结较差，遇水易湿陷。深层堆积物由上新世紫红色泥岩、泥质砂岩或砂泥岩互层组成，伏于黄土之下，在滑坡范围内部分出露。其中Ⅰ期滑坡主要由新近系临夏组（N_2l）泥岩、砂岩组成，顶部局部地段出露第四系下更新统冲积（Q_1^{al}）卵石，表部多为上更新统风积（Q_3^{eol}）黄土覆盖；中部地形较平坦，倾角为2°~8°，地层岩性主要为第四系上更新统风积（Q_3^{eol}）黄土和第四系全新统湖相纹泥层；前缘坡脚为黄河冲积扇和河漫滩，主要由全新统冲积（Q_4^{al}）黄土状粉土和卵石组成。

在该Ⅰ期滑坡体的后缘和中部、Ⅱ期滑坡的中部各布设工程地质钻孔1处，通过钻孔，揭露了两期滑坡的滑带土、磨光面、擦痕等信息（图3.2）。其中，ZK_1孔位于Ⅰ期滑坡体的后部，孔深112.5m，其中，在86.8~106.5m处见到滑带的磨光面和擦痕，滑带土结构破碎，呈碎裂状或块裂状，浅黄色稍湿，表面粗糙，岩性为强风化泥岩；ZK_3孔位于Ⅱ期滑坡堆积体的中部，孔深66.6m，其中，在55.8~61.3m处见有多处滑动形成的磨光面，伴有擦痕压痕等，岩性也为强风化泥岩。两个钻孔的滑带土样品在中国地震局地质研究所电子自旋共振实验室（ESR）测试完成，年代测试结果见表3.1。

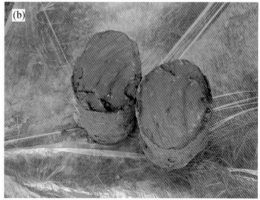

图3.2 夏藏滩巨型滑坡 ZK_1（a）和 ZK_3（b）孔滑带土样品

表 3.1 夏藏滩巨型滑坡滑带土年代测试结果

室内号	野外号	样品类型	古剂量/Gy	年剂量/(Gy/ka)	年龄/ka
10068	ZK_1-29	滑带土	204±20	4.13	49±5
10069	ZK_3-18	滑带土	119±11	4.17	28±3

3. 滑坡运动分区和速度估算

根据滑坡的运动及堆积特征，我们将其分为滑源区、堆积区和滑覆区三个部分（图 3.3）。

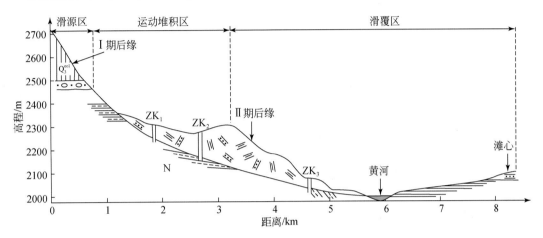

图 3.3 夏藏滩滑坡运动分区图（剖面位置见图 2.23）

滑源区：滑坡源区位于夏藏滩滑坡后缘，地形陡峻，坡度约 25°。滑坡体物质主要为新近系的泥岩黏性土夹磨圆度较好的碎块石，后缘顶部高程为 2820m，剪出口高程为 2374m，源区纵长为 3150m，横宽约 145m。滑坡发生后，后缘形成 60°~85°的陡壁，高差达 450m。

堆积区：滑坡剪出后，NE 向沿着斜坡向下高速滑动，前缘一直到达黄河对岸，在滑坡堆积体的中缘地形发生反倾凸起，由于反倾地形在堆积区的中部形成一个巨大凹地形，其成为后期汇水的沉积区，也成为目前夏藏滩居民区和农田区。堆积区宽度约 3430m，长度约 2520m，厚度约 80~100m。

滑覆区：滑坡体的覆盖区位于黄河河道及黄河北岸的群科滩心等地，前缘盖在一套红白相间的黏土层上，由于黄河水的作用，滑体铲刮搅动了河流相二元结构顶部的白色黏土层，形成了波浪状构造。由于滑体覆盖，黄河河谷在滑坡体一侧明显突出挤占河道。滑覆区宽度约 3430m，长度约 4350m。可见，滑坡在各个区的宽度大致相当。

夏藏滩滑坡的运动速度和滑动距离可利用 Scheidegger（1973）提出的公式进行计算：

$$V=\sqrt{2g(H-f\times L)} \tag{3.1}$$

$$f=H_{\max}/L_{\max} \tag{3.2}$$

式中，V 为估算点的运动速度；g 为重力加速度；H 为滑坡后缘顶部到滑程上估算点的垂直高差；L 为滑坡后缘到滑程上估算点的水平距离；f 为滑坡后缘顶点至滑坡运动到最远点的斜率（也叫等效摩擦系数，f 值一般与滑坡体积有关，体积越大，f 值就越小，运动性就越强）。根据式（3.1）和式（3.2），能够计算出滑坡体到达滑程上任一点的运动速度。

对夏藏滩滑坡而言，后缘顶部高程为 2694m，剪出口高程为 2387m，对岸滩心滑体高程为2081m，滑坡的滑动最大距离为8.16km，后缘距剪出口为1.18km。

因此，$f=H_{max}/L_{max}=613/8160=0.075$，滑坡在剪出口启动的速度为66.11m/s，属于高速运动滑坡。因此，夏藏滩I期滑坡属于一处高速远程巨型滑坡。

3.1.2　夏藏滩巨型滑坡演化过程

夏藏滩巨型滑坡具有多期活动性质，其中I期滑坡为整体滑动，其发生时间为49000±5000a（即50ka B.P. 左右）（表3.1），II期滑坡包括两个小滑坡，均为I期的前缘解体滑坡，发生时间约为28000±2000a（即30ka B.P. 左右）。根据地形地貌演化规律及周边地形比较结果，作者认为夏藏滩滑坡的地形演化过程主要由四个阶段组成（图3.4）。

1）第一阶段：古滑坡"孕育"阶段

伴随着青藏高原抬升和黄河侵蚀下切，黄河两岸岸坡形成了最大高差达900m的高陡边坡，同时，MIS5阶段以来，高原处于弱暖期，降水量较大，另外群科-尖扎盆地下游的锁子滑坡堵塞黄河形成巨大堰塞湖，滑坡前缘浸入水中，造成滑体土体饱和；高陡边坡、强降水和黄河堰塞湖为夏藏滩古滑坡发育提供了诱发条件。夏藏滩滑坡发生前的古地形和滑坡东侧边界处的地形相似［图3.4（a）］，由于50ka B.P. 以来，该地区的微地形地貌未发生差异性的强烈抬升变化，故认为50ka B.P. 左右，滑坡的后缘边界高程为2694m。

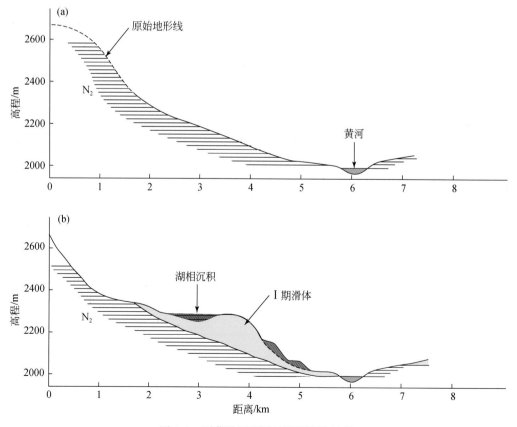

图3.4　夏藏滩巨型滑坡地形演化过程

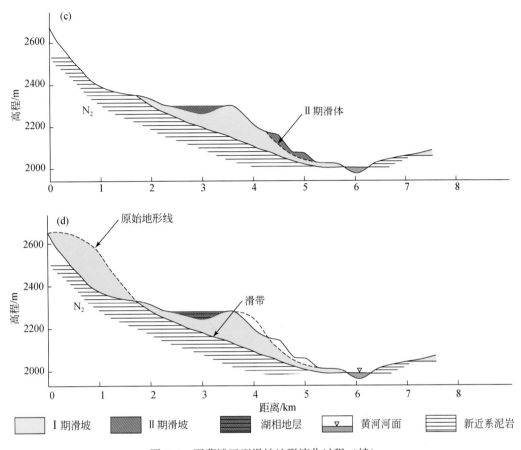

图 3.4　夏藏滩巨型滑坡地形演化过程（续）

2）第二阶段：Ⅰ期滑坡发生，滑体中后部"滑坡湖"形成

50ka B. P. 左右，夏藏滩Ⅰ期滑坡发生整体滑动，滑坡的运动距离约为6.92km，滑体前缘到达黄河北岸的滩心村附近，滑坡在高速滑动过程中前缘受阻地形发生反倾，滑坡体中后部呈现洼地，洼地积水后形成厚度约30m的"滑坡湖"［图3.4（b）］。这一期滑坡堆积体未在黄河河谷区形成大规模的堰塞湖和湖相地层。

3）第三阶段：Ⅱ期解体滑坡发生，现代河谷地貌基本形成

30ka B. P. 前后，由于黄河在Ⅰ期滑坡前缘不断地侧蚀和下切，临空面进一步加大，在Ⅰ期滑坡前缘发生了两处次级的解体型滑坡［图3.4（c）］，规模较小，野外未发现这一期滑坡对应的湖相层，因此，这一期滑坡未发生明显的堵河事件。

4）第四阶段：Ⅰ期滑坡中后部的"滑坡湖"消失，现代地形形成

距今1.1ka B. P. 前后，Ⅰ期滑体中的滑坡湖溃决（湖相层沉积结束），其原因可能是末次冰期向全新世过渡期，温度迅速升高，降水量增大，滑坡周边的汇水量明显增加，水量过大形成冲沟而溃决。此后再未发生大的滑坡事件，地形地貌和现代接近。Ⅰ期和Ⅱ期滑坡发生前后该滑坡区整体地形地貌演化过程见图3.4（d）。

3.1.3 夏藏滩巨型滑坡形成机制

夏藏滩I期滑坡为高速远程巨型滑坡，滑坡目前残留方量达14亿 m³，如此巨大的新近系泥岩滑坡是如何启动并发生高速滑动的，作者认为其启动主要受控于气候变化和水库水位波动两个因素，下面分别进行讨论。

1. 气候变化诱发

I期滑坡发生于50ka B. P. 左右，研究区从58ka B. P. 开始缓慢进入了深海氧同位素3a阶段，温度开始缓慢升高。川西若尔盖地区的花粉记录也显示从58ka B. P. 开始进入间冰阶的异常高温期，降水量随之增大，随着青藏高原冰川融雪和降水量的增加，黄河干流两岸斜坡的侵蚀作用得到了空前增强，形成了高差达900多米的高陡边坡。由前面的讨论可知，滑坡发生后滑体中部形成了深度达30m的滑坡湖，可见滑坡发生后的一个较长时期，该地区的降水量都非常大。因此，有理由相信气候变化中的极端降水和因气温升高造成的冰雪融水可能对这一期滑坡的发生起到了重要的触发作用。

2. 锁子滑坡堰塞湖库水位下降激发

野外调查发现，I期滑坡的滑体从黄河南岸越过河道到达北岸的滩心村附近。从公路边切开的地层剖面（图3.5）可看出该剖面地层明显分为三个部分。

图 3.5 夏藏滩滑坡黄河北岸滩心剖面

（1）上部为夏藏滩I期滑坡的滑体，顶部高程2108m，岩性为新近系泥岩和碎石土的混杂堆积物，杂乱无章，无层理，目前残留体长度约为550m，宽度约为80m，厚度为11m。

（2）中部为滑坡运动过程中铲刮的黄河河床白色黏土粉砂层或浅水相（湖滨相）的粗粒湖泊纹泥层，厚度为 1～3m，其由于挤压撞击而发生褶皱，推测当时处于堰塞湖泊水位下降过程中，或已完全下降。

（3）下部为水平层序非常好的晚更新世湖相层，夹杂有砾石透镜体，这套地层明显与周边的新近系红黏土层在物质组成、颜色、粒度等方面不符。该套地层出露地表的部分厚度为 23m。作者通过钻探发现该湖相层向下还有 25m，湖相层下部为河床的磨圆度非常好的砾砂层。该套水平地层并非新近系泥岩，其物质来源于附近山上新近系泥岩近源搬运堆积后经过了长时间还原环境改造。

进一步调查发现，该剖面下部的水平地层为群科–尖扎盆地黄河下游锁子滑坡堵河形成的堰塞湖的湖相层，该套地层在锁子滑坡上游一直到李家峡口的黄河两岸均有分布，其是由该盆地内黄河北岸的锁子滑坡和德恒隆基岩滑坡发生后曾长时间堵塞黄河而形成，根据李家峡口残留的湖相层顶部高程（2199m）计算，堰塞湖沿河长度为 45.2km，面积为 212.5km²（图 3.6）。郭小花（2012）通过详细的光释光（OSL）定年得出锁子滑坡和德恒隆滑坡的发生时间是 80k～100ka B.P.，并认为滑坡堰塞湖持续了较长时期，与我们认为锁子滑坡发生的年龄 87k～72ka B.P. 一致。夏藏滩 I 期滑坡的发生时间是 50ka B.P.，发生在锁子滑坡之后，因此，推测锁子滑坡堰塞湖续存期间，由于侵蚀基准面抬升，在夏藏滩河谷前缘形成一

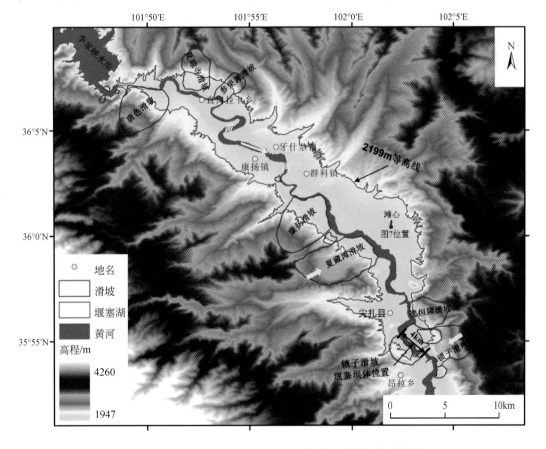

图 3.6　尖扎盆地特大型–巨型滑坡与锁子滑坡堰塞湖范围

个托力。后期因堰塞湖水位下降，夏藏滩地区河流基准面下降，夏藏滩滑坡前缘失去支撑而发生 I 期滑坡，由于滑坡体运动过程中有水的浮力浮托作用，故滑动了较远的距离，因此，其也属于库水位波动型滑坡，这种因库水位下降引发的滑坡在我国三峡库区较常见。

综合气候变化和堰塞湖库水位下降两个方面因素，作者认为 I 期滑坡是因 50ka B. P. 左右 MIS 3c 阶段的强降水和锁子滑坡堰塞湖库水位下降共同诱发，其中温暖湿润期的降水入渗到泥岩深部形成贯通滑带，而库水位下降为滑坡发生提供了充足的临空条件。II 期滑坡是 MIS 3a 湿润期的集中降雨诱发。从发生年代上分析，锁子滑坡发生时间早于夏藏滩 I 期滑坡 3 万 ~5 万年，从滩心剖面地层接触关系分析，夏藏滩滑坡应该发生在锁子堰塞湖的后期或者堰塞湖消失以后，故锁子滑坡堰塞湖的持续时间可能小于 3 万年。

3.1.4　夏藏滩滑坡稳定性数值计算

目前边坡稳定性分析的方法很多，可以归纳为如下几种：经验法、数理统计法、物理模拟法及定量评价法等。其中定量评价法又包括地质分析法、极限平衡法和数值分析法。如著名的瑞典条分法、毕肖普法、SARMA 法、剩余推力法、瑞典圆弧法、SPENCER 法、JANBU 法等都是极限平衡法中的一种。近年来，随着计算机技术的发展，数值计算方法在边坡稳定性分析中应用也越来越多，如有限差分法（FDM）、有限单元法（FEM）、边界元法（BEM）、离散单元法（DEM）、半解析元法（HAEM）、有限分析法（FAM）（用于地下水、气运移）等，这里采用了有限差分方法，借助岩土工程计算软件 FLAC^{3D}（Fast Lagrangian Analysis of Continua in 3 Dimensions 连续体的快速拉格朗日分析），将滑坡稳定性问题简化为平面应变问题，建立稳定性分析的数值模型，项目将研究夏藏滩古滑坡在降雨条件下的边坡稳定性。

1. 数值模型的建立

1）数值计算模型建立

FLAC^{3D}在前处理上存在以下不足，造成了其建模的不便性：

（1）模型的建立只能靠数据文件来实现，不是很直观，不能如 ANSYS 或 ALGOR 等有限元软件，可以直接进行图形的处理。

（2）对于比较复杂的工程模型，在建模时需要各控制点详细的数据，容易出错，检查起来也不是很容易。

（3）花费时间长。

（4）不符合人们在建模时的习惯。

由于夏藏滩地质情况复杂，FLAC^{3D}建模不方便，为此我们采用 ANSYS 与 FLAC^{3D}之间的接口程序，实现了 FLAC^{3D}建模的直观化、形象化、自动化。

2）CAD 图形的建立

根据所提供的工程地质模型，考虑数值计算所需要的简化等，建立简化后的 CAD 图形，或对已有的 CAD 图形进行编辑、修改处理，使要赋予不同力学参数的部分形成一个闭合的图形块，并输出以 SAT 为扩展名的文件。

3）网格划分

将 SAT 格式文件调入 ANSYS，由不同的图形块生成不同的面，然后进行网格的划分。

在调入时，尽量不要使用缺省的格式，以免线与线之间不闭合而不能生成面（否则，就得进行拓扑修改）。网格的划分可以采用自动划分的形式，让系统自动判断所需划分的网格数；也可以手工进行操作，根据模型中不同网格密度的需要，进行控制线段所分数目或者网格尺寸的限制。网格生成后，不同的面元要赋予不同的参数加以区分。最后，再进行节点和单元信息的输出，生成节点信息文件 NODE. DAT 和单元信息文件 ELE. DAT。

4）FLAD^{3D}模型数据文件的生成

要将 ANSYS 所生成的节点和单元信息文件能为 FLAC^{3D}利用，中间必须有一个接口程序，以实现两者之间数据的交换，使得 ANSYS 所提供的节点和单元信息格式能与 FLAC^{3D}对应起来，从而建立起 FLAC^{3D}的数据模型。这个接口程序也是实现 FLAC^{3D}建模直观化、自动化、快捷化的关键所在。

接口程序采用 Visual Fortran 5.0 编写，目前已经考虑了以下几点。

（1）实现了 FLAC^{3D}中常用的 BRICK、WEDGE 模块与 ANSYS 的转换；

（2）可以实现针对体或面的单个或多个 INTERFACE（界面元）的生成，并对不同的 INTERFACE 赋以不同的 ID 号；

（3）针对不同力学参数或不同开挖步骤的模块，采用不同的 GROUP，赋予不同的 GROUP 名；

（4）如有必要，也可以直接在接口程序中给模型赋予力学参数、边界条件以及初始条件等。

5）计算参数的选取

数值计算中，计算参数的获取往往是一个很重要也很繁琐的工作，它关系着计算的成功与否，决定了计算结果的可信度。我们根据滑坡钻孔岩心资料（表3.2）和室内岩石力学试验得到的夏藏滩滑坡滑带土物理力学性质参数（表3.3）选取计算参数。

表 3.2　夏藏滩滑坡钻孔岩芯描述（钻孔位置见图3.3）

序号	钻孔编号	岩性描述
1	ZK$_1$	0~20.9m 为湖相沉积物，其中 0~11.4m 为粉土；11.4~18.5m 为卵石；18.5~20.9m 为粉土。20.9~86.8m 为滑坡体堆积物：该滑坡体地层岩性堆积混乱，其主要岩性有粉质黏土、圆砾、卵石、强风化泥岩等；局部小块体间见有被扰动而形成的磨光面伴有擦痕等现象。86.8~106.5m 为滑坡滑动带：构成滑动带的主要岩性为强风化泥岩，岩芯上见有多处滑动形成的磨光面，伴有擦痕压痕等。106.5~112.5m 为滑床：构成滑床的主要岩性为强风化泥岩，成岩性中等，岩体较完整，岩芯多呈长柱状，锤击声哑，锤击易碎，构成滑动带的主要岩性为强风化泥岩，岩芯上见有多处滑动形成的磨光面，伴有擦痕压痕等
2	ZK$_2$	0~55.8m 为滑坡体堆积物：该滑坡体地层岩性堆积混乱，其主要岩性有粉土、粉质黏土、圆砾、卵石、全风化和强风化泥岩等；局部小块体间见有被扰动而形成的磨光面伴有擦痕等现象。55.8~61.3m 为滑坡滑动带：构成滑动带的主要岩性为强风化泥岩，岩芯上见有多处滑动形成的磨光面，伴有擦痕压痕等。61.3~66.6m 为滑床：构成滑床的主要岩性为强风化泥岩和弱风化粉细砂岩，成岩性较好，岩体较完整，岩芯多呈长柱状，泥岩锤击声哑，锤击易碎，粉细砂岩锤击声脆，锤击可碎

表3.3　夏藏滩滑坡的滑带土物理力学性质指标表

岩土名称	物理力学指标	样本数/个	最大值	最小值	平均值
碎石土	天然含水量 $W/\%$	6	20.8	7.2	13.0
	天然重度 $\rho/(\mathrm{KN/m^3})$	6	21.5	18.6	19.9
	干重度 $\rho_d/(\mathrm{KN/m^3})$	6	20.0	16.4	17.7
	比重 Gs	6	2.71	2.70	2.71
	天然孔隙比 E_o	6	0.64	0.33	0.52
	饱和度 $S_r/\%$	6	98.2	40.7	68
	液限 $W_c/\%$	6	30.9	24.1	28.2
	塑限 $W_p/\%$	6	19.4	15.4	17.2
	塑性指数 I_p	6	12.8	8.7	10.9
	液性指数 I_L	6	0.02	0.0	0.0
固结快剪	内摩擦角 $\varphi/(°)$	7	33.8	30.0	31.0
	内聚力 C/kPa	7	85.0	36.0	59.7
饱和固结快剪	内摩擦角 $\varphi/(°)$	7	30.6	26.7	28.2
	内聚力 C/kPa	7	57.8	41.1	48.4

2. 夏藏滩古滑坡滑动过程模拟重现

根据前文所述思路和钻孔资料，将由接口程序输出的数据文件，调入 FLAC^{3D}，并加入模型的边界条件（约束边坡左右边界 X 方向位移和下边界 Y 方向位移）、初始条件以及岩土体的相关力学参数，即可建立夏藏滩古滑坡Ⅰ期和Ⅱ期数值计算模型，如图 3.7 和图 3.8 所示。

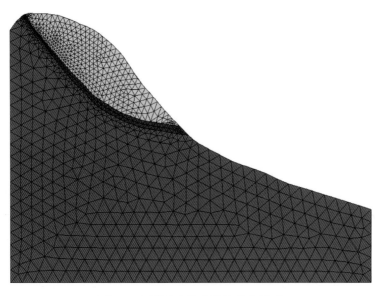

图 3.7　夏藏滩Ⅰ期古滑坡数值模型

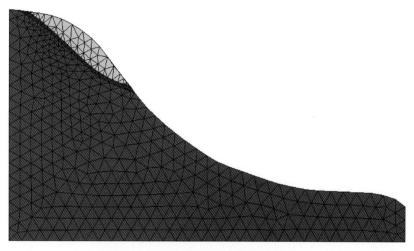

图 3.8　夏藏滩 II 期古滑坡数值模型

数值计算模型的强度准则采用摩尔–库仑准则，对模型采用施加重力作用下的载荷情况，通过自编程序运用强度折减法实现夏藏滩古滑坡滑动过程的模拟重现。强度折减法中边坡稳定的安全系数定义为：使边坡刚好达到临界破坏状态时，对岩、土体的抗剪强度进行折减的程度，即通过折减岩土体的强度指标（C 和 φ），安全系数为岩土体的实际抗剪强度与临界破坏时的折减后剪切强度的比值。通过施加边界条件和载荷，模拟夏藏滩古滑坡在降雨作用下，由于岩土体强度的弱化而导致的滑坡过程，得到夏藏滩古滑坡剪切应变增量等值线图、X 方向位移等值线图，以及最大位移节点 X 方向位移随时步的监测曲线如图 3.9 ~ 图 3.14 所示。

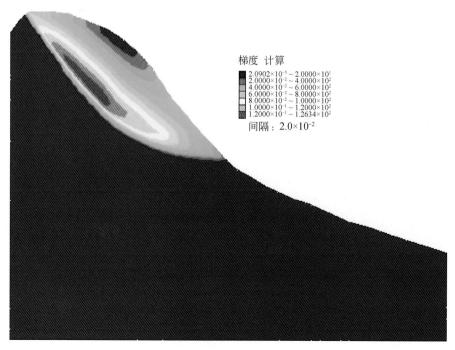

图 3.9　夏藏滩 I 期古滑坡剪切应变增量等值线图

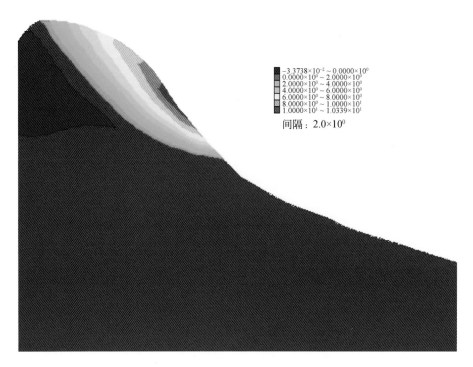

图 3.10　夏藏滩 I 期古滑坡 X 方向位移等值线图

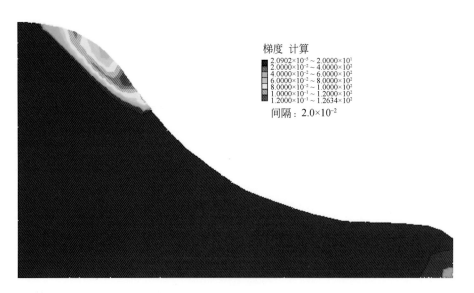

图 3.11　夏藏滩 II 期古滑坡剪切应变增量等值线图

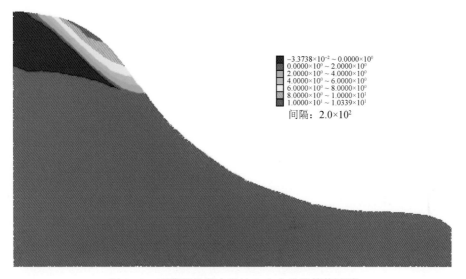

图 3.12　夏藏滩 II 期古滑坡 X 方向位移等值线图

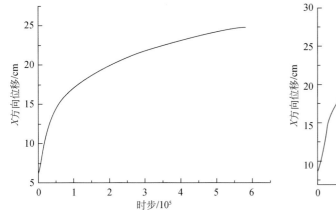

图 3.13　夏藏滩 I 期古滑坡 X 方向位移监测曲线

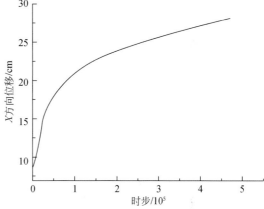

图 3.14　夏藏滩 II 期古滑坡 X 方向位移监测曲线

　　从上述几个图可以看出，对于夏藏滩 I 期和 II 期古滑坡数值模拟结果，向坡外方向（X 方向）位移分布规律与总位移分布规律大体一致，无论是剪切应变增量还是 X 方向位移图，分布基本上都符合实际情况。从两次滑坡的最大节点位移监测点坡外 X 方向位移跟踪曲线中可看出，初期位移曲线呈较大幅度变化，随着迭代的进行位移逐渐增大，最终趋于稳定，且 I 期和 II 期沿 X 方向的最大位移分别达到了 25cm 和 28cm。相应在滑坡后缘部位也出现了大面积的拉应力，拉应力值也已经超出此处泥岩岩体的抗拉强度，另外，较大的剪应力区基本出现在滑坡前缘附近。X 方向位移高值区主要集中在滑带以上区域，从整个剪切应变增量分布图看，滑带分布在滑坡部分基岩（主要在泥岩部分）里，塑性区几乎贯通整个滑带，滑带以下的网格基本都处于弹性状态。结合现场地质调查和已有研究工作，综合分析后认为，降雨诱发的坡体移动变形，一方面直接加剧了陡崖坡体的崩滑趋势，另一方面其导致了后缘裂缝的产生，进而为降雨入渗、软弱夹层劣化提供了条件，最终导致坡体失稳。由此可见，该边坡由于降雨作用导致岩土体强度降低，从而引发了夏藏滩古滑坡的形成，这与勘察分析所得到的滑坡形成演化结果是很吻合的。

3. 夏藏滩古滑坡当前滑坡稳定性评估

夏藏滩滑坡经过之前的 Ⅰ 期和 Ⅱ 期滑动后，选取当前滑坡的典型剖面以对夏藏滩当前滑坡的稳定性进行分析，根据夏藏滩当前地形和钻孔资料，建立夏藏滩滑坡模型，如图 3.15 所示。

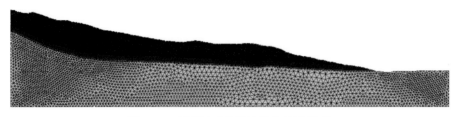

图 3.15　夏藏滩当前滑坡数值计算模型

对模型按照实际情况来施加边界条件（约束边坡左右边界 X 方向位移和下边界 Y 方向位移）和重力载荷，强度准则依旧采用摩尔库伦准则，计算得到该边坡的 X 方向位移和剪切应变增量等值线图，如图 3.16 和图 3.17 所示。由图 3.16 可知，该边坡仅在滑坡前缘出现一点塑性区，这一点也可以从 X 方向位移跟踪曲线得到验证，仅在相应的区域产生相对较大的水平方向位移，这与剪切应变增量分布图有较好的一致性。从塑性区分布图即可以看出，夏藏滩当前边坡稳定性较好。

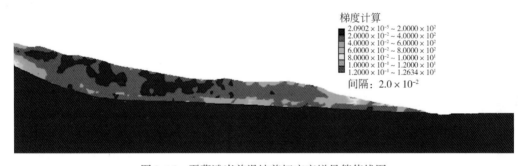

图 3.16　夏藏滩当前滑坡剪切应变增量等值线图

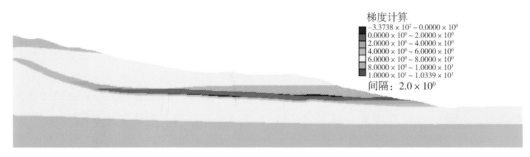

图 3.17　夏藏滩当前滑坡 X 方向位移等值线图

从滑坡前缘的最大节点位移监测点坡外 X 方向位移跟踪曲线（图 3.18）中可看出，初期位移曲线呈较大幅度变化，随着迭代的进行，位移逐渐减小，最终趋于稳定，说明天然状态下坡体变形呈趋于稳定的变化趋势，水平位移随着计算时步的增加最终趋于稳定，说明该边坡是稳定的，不会产生无限制的滑动变形，由重力作用，该边坡变形和应力发生调整，但滑坡整体已经达到自我平衡。由 FLAC^{3D} 分析结果表明，该滑坡体整体稳定。

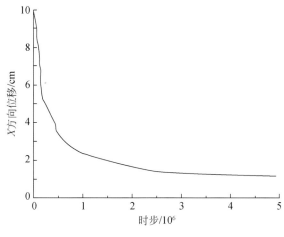

图 3.18　X 方向位移跟踪曲线

3.2　阿什贡滑坡群

河流阶地的发展演化记录了河流流域环境的演变过程，河流的发育史也是古岸坡的演变史，同时包括滑坡的演变史，河流区的滑坡形成发育受控于河谷的形成发展。河谷区古滑坡发育特征及演化过程研究能够了解滑坡的发育过程、影响范围及其触发因素，将为现代滑坡灾害研究提供启示。前人就滑坡对河流地貌演化过程的制约及响应研究已进行了大量工作，如刘雪梅（2010）开展了三峡库区万州区地貌特征及滑坡演化过程研究，陈国金等（2013）进行了长江三峡库区滑坡发育与河道演变的地质过程分析，陈松等（2008）研究了三峡库区黄土坡滑坡发生的地质作用过程。同时，古滑坡的诱发因素也是研究的热点问题，如徐则民等（2013）认为程海断裂带控制下的地震是寨子村古滑坡的诱发因素，谢守益等（1999）认为黄蜡石滑坡群演化的主要发育期对应于古气候的暖期。研究地貌演化对地质灾害的孕灾过程以及滑坡对地貌的改造模式对于认识一个地区的滑坡形成机理和后期防治减灾对策制定具有现实意义。根据最新的尕让河阶地、尕让滑坡、阿什贡滑坡及革匝滑坡的现场和室内研究工作，从尕让河谷岸坡发育史、滑坡群的发育期次、滑坡与河谷作用过程等方面研究了阿什贡滑坡群的演化过程，结果对于认识滑坡与河谷演化过程、河谷区滑坡稳定性分析具有重要意义。

本节要研究的阿什贡滑坡群位于贵德盆地东部的黄河左岸，由尕让滑坡、阿什贡滑坡和革匝滑坡三个部分组成。其中，尕让滑坡规模最大，形成年代也最老，其前缘挤占尕让河河道，造成尕让河道向南偏移。革匝滑坡最年轻，滑坡堆积体覆盖于黄河河漫滩上，阿什贡滑坡的形成时间介于两者之间。这里将分析三处滑坡的规模、演化期次、形态学和相互关系。

阿什贡滑坡群中的尕让滑坡、阿什贡滑坡均发生在尕让河谷区，而阶地记录了河流的发育演化过程，因此，通过研究尕让河谷区的阶地地形地貌能够确定滑坡的先后发生次序、过程及效应。

3.2.1 尕让河阶地序列

贵德盆地尕让河阶地位于青藏高原东北缘，通过野外观测以及利用遥感影像分析初步厘定了尕让河流域的河流阶地基本分布和发育特征，通过阶地黄土剖面取样，测量样品磁化率、粒度指标，利用土壤有机碳 ^{14}C 测年结合阶地黄土沉积物粒度特征分析，探讨了阶地发育环境和形成时代。

1. 河流阶地研究意义

河流阶地是河流地貌系统的有机组成部分，成为所属流域演变的主要信息载体之一，其发育以及形成特征对气候变化和构造活动等因素的反应比较敏感（高红山、潘保田，2005；胡春生等，2006；苗琦等，2012a，2012b；刘兴旺等，2013）。其自身发展演变不同程度地记录了流域环境的演变过程，区域或局部构造抬升、气候变化，以及由此引起的河流水量和泥沙量等都可能造成河流下切形成阶地。在河流阶地沉积研究方面，注重对河流阶地的成因综合研究，其中气候的影响很大（潘保田等，2007），另外，构造对阶地形成也起到了重要作用，但是其他因素在一定程度上对河流阶地的形成和后期的演变有着重要的作用（潘保田，1994）。

黄河水系的诞生与演化同青藏高原的隆升的密切影响（潘保田等，2006）。贵德盆地地处青藏高原东北部，受青藏高原隆升影响，地壳一直在迅速抬升，那么这种抬升就会被这里的河流阶地所记录，因此，研究尕让沟的河流阶地有助于对高原北部第四纪时期隆升过程、期次、强度的了解。另外，这里广布的古近系–新近系河湖相沉积，在第四纪晚期由于构造抬升和气候的影响，发育了大量的巨型滑坡，不仅重塑了河谷地貌，而且对河谷内的人类活动构成了巨大威胁。因此，研究尕让沟的河谷阶地和巨型滑坡不仅有助于我们对拉脊山脉南麓构造抬升过程的了解，且尕让河作为黄河在研究区内的一级支流，具有重要的研究意义。

2. 河流阶地研究思路

河流阶地分布于河流两旁，故需要沿河流上游至下游连续野外观测，确定阶地的分布特征及形态。利用野外观测，在软件 Google Earth 上标出阶地分布面积与海拔等特征，利用其特征作出河流阶地位相图。并在阶地剖面上取样以分析其年龄与岩性特征，结合位相图用以确定阶地形成时代与形成原因。

3. 尕让和阶地分布特征

尕让河作为黄河的一级支流，位于黄河的北侧，起源于拉脊山南麓，途径大滩、千户、大磨、尕让、阿什贡等村庄，于阿什贡村南汇入黄河，流域面积达 237.6m^2，长度为 36.5km，平均坡降为 4.0%，多年平均流量为 0.55m^3/s。

根据遥感解译和野外考察分析，绘制出了尕让河流域的阶地分布，通过遥感发现沿河两岸至少发育了七级基座和堆积阶地（图 3.19），但由于河流流经人口居住地，经人工改造影响较大,许多地段疑似阶地被改造为农田,或者修建公路等民用设施,给阶地的分布研究造成一定的干扰,野外能够明显看到五级阶地(图3.20),但由拉脊山南麓至阿什贡村南海拔逐渐降低,从3255m降至2300m,河流两侧阶地呈不对称分布。其中Ⅰ级阶地(T₁)距现代河床面约4m,Ⅱ级阶地(T₂)与Ⅰ级阶地高差为7~10m,Ⅲ级阶地(T₃)距Ⅱ级阶地的高差为25~35m,Ⅳ级阶地(T₄)距Ⅲ级阶地高差为35~45m,Ⅴ级阶地(T₅)距Ⅳ级阶地高差约100m,河漫滩仅在滑体左侧缘零星可见,各阶地顶面覆盖有1~2.5m的薄层黄土。阿什贡滑坡的中部埋藏了一个古河道,该古河道是沿背斜东翼的近轴部地带发育的,与南北两岸的正常河谷段自然相接。

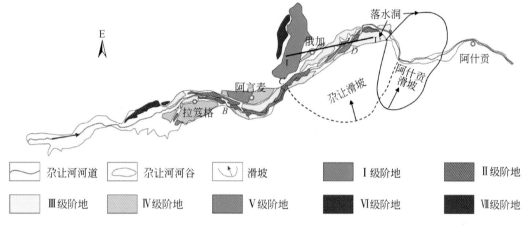

图 3.19 尕让河阶地分布平面图

图 3.20 尕让河典型河流阶地

T₁主要分布在河漫滩上部,距今时代最新,也是人类活动最为活跃的地区,主要为居民区和耕地。二元结构明显,砾石磨圆度较好,主要为气候控制下的堆积阶地。

野外发现 T_2 的堆积物披覆在阿什贡滑坡的滑坡堆积体上，推测其形成在阿什贡滑坡发生之后，在尕让河左岸、阿什贡滑坡左边界的 T_2 顶部样品 [14]C 年龄为 4.4ka B. P. ，因此 T_2 的形成年代为 4.4ka B. P. 。T_2 在区内分布地点较少，这可能和阿什贡滑坡堵塞尕让河后上游形成堰塞湖有关，由于堰塞湖的存在，主要沉积了一套湖相地层，而阶地不发育。

T_3 在尕让河两岸均有大量展布（图 3.19），顶部平坦且发育了大量的降落漏斗和落水洞，地貌特征与二连古洪积扇的顶部完全一致，而后者的形成年代为 16ka B. P. （[14]C），因此，推测尕让河 T_3 的形成年代为 16ka B. P. ，形成原因可能是末次冰期最盛期（LGM）结束后快速升温，冰雪融水携带的上游物质堆积而成，因此，T_3 属于气候控制下的堆积阶地。

T_4—T_7 仅在尕让河的单侧分布，且阶地顶部呈现一定的坡度，推测为构造控制的构造阶地。因此，尕让河的阶地成因可能是由构造运动和气候变化共同控制，构造抬升为河流提供了下切空间，气候变化则控制着河流侧蚀堆积。

为了研究尕让河河流阶地的基本特点，我们挑选四处较为典型的横剖面进行细节描述，依次为拉脊山隧道口南侧、加拉沟南侧、尕让乡南侧、阿什贡滑坡北侧。并在 Google Earth 上截取其剖面高程，结合野外观测所得剖面地层结构做河流阶地剖面图。

1）拉脊山隧道口南侧

观察点位于拉脊山南麓，海拔为 3208m，此处发育有三级阶地，有盘旋公路经过。其中，Ⅰ 级阶地分布范围较小，仅沿尕让河分布，Ⅱ 级阶地面积较大，公路两侧Ⅲ 级阶地被冲积扇所覆盖。另外，此处发育有一小型洪积扇，与Ⅱ 级阶地面等高，疑似为冰雪消融水搬运的物质对原来的Ⅲ 级阶地改造所致。洪积扇西北侧有一高出洪积扇的平梁，可能为夷平面。

Ⅲ 级阶地下部为黄土层，厚度未知，上部为粉砂质，顶部杂草茂盛，上有大量滚石。Ⅱ 级阶地下部为黄土层，夹有跳跃沙；上部为砾石层，厚为 20 ~ 30cm，砾石磨圆较好，分选差，粒径介于 5 ~ 15cm，成分多为花岗岩，另有少量砂岩；顶部为厚约 20cm 的粉砂和土壤层，粉砂为土黄色，厚为 10cm，土壤层夹有草根等腐殖质，呈黄褐色。Ⅰ 级阶地河拔高度 1m 左右，下部为厚约 65cm 的砾石层，砾石分选、磨圆均中等，粒径介于 3 ~ 5cm，混杂堆积；上部为细粒粉砂，偶夹树根等杂物。由其沉积特征可知，此处 Ⅰ 级和 Ⅱ 级阶地为堆积阶地（图 3.21）。

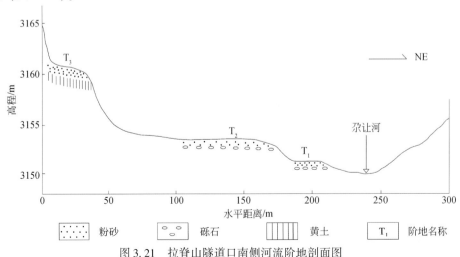

图 3.21　拉脊山隧道口南侧河流阶地剖面图

2）加拉沟南侧

在尕让河右岸，发育有Ⅰ级阶地，其上有树木生长，河拔高度约为2m，左侧Ⅰ级阶地发育不明显，与河漫滩交互呈过渡现象，总体Ⅰ级阶地分布范围小。Ⅱ级阶地较Ⅰ级阶地高为2～3m，且分布较广，阶地面十分平坦，经过人工改造，上部为农田。Ⅲ级阶地位于一处平梁上，距离观察点较远。

Ⅲ级阶地剖面上植被茂盛，仅可见有上部粉砂层出露。Ⅱ级阶地下部为沉积沙层，粒径均匀；中部为砾石层，厚约40cm，砾石磨圆较好，成分多为安山岩、凝灰岩；上部为粉砂层，土褐色，顶部为土壤层，富含腐殖质，植被茂盛，表层分布有粒径较大的滚石。Ⅰ级阶地下部发育混杂堆积的砾石层，厚为30～35cm，上部为细粒黏土层，呈黑褐色。此处阶地具有典型的堆积阶地特征（图3.22）。

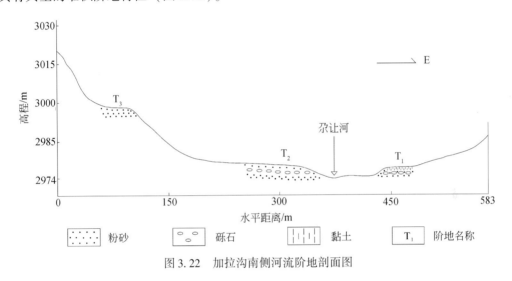

图3.22　加拉沟南侧河流阶地剖面图

3）尕让乡南侧

Ⅲ级阶地顶部被改造为农田，地势较高。公路由Ⅱ级阶地上穿过，公路两侧均有阶地出露，其上部公路两侧亦有农作物及树木等植被。Ⅰ级阶地仅沿河一侧有少许分布。

Ⅲ级阶地下部为砾石层，与红土混杂堆积，上部为古近系-新近系红土，呈红褐色，粒度均匀。Ⅱ级阶地下部有厚达1.2m的砾石层，砾石磨圆较好，呈定向排列，分选较差，粒径介于2～15cm，成分多为泥岩、砂砾岩等；中部有一层灰褐色的黏土层，厚度约为15cm，颜色变化均匀，成层分布；上部为红褐色红土与粉砂，粒径均匀，偶夹灰褐色砾石。Ⅰ级阶地下部为砾石层，厚度为20～30cm，上部为沉积砂层，粒度细密均匀。由其沉积特征可知，此处亦为Ⅲ级堆积阶地（图3.23）。

4）阿什贡滑坡北侧

Ⅲ级阶地位于公路西侧，具有堰塞湖湖相沉积特点，因阿什贡滑坡所造成的堰塞湖，使河流阶地转化为湖积阶地所致。该处阶地面积大，顶部湖相地层物质来自富含碳酸钙的古近系-新近系地层，雨水的冲刷使阶地顶面形成许多落水洞。由于滑坡作用，只存在疑似Ⅱ级阶地位于尕让沟西侧。Ⅰ级阶地沿河流一侧零星分布，位于阿什贡滑坡北侧，在阿什贡滑坡处，沟宽不到100m，且在公路旁Ⅰ级阶地消失，只发育有河漫滩。

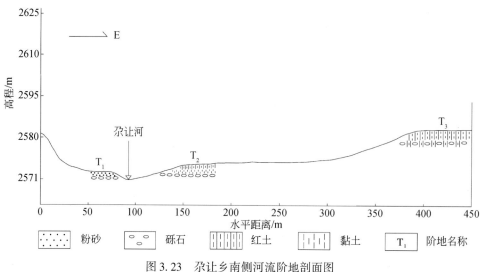

图 3.23 尕让乡南侧河流阶地剖面图

Ⅲ级阶地顶部覆盖有厚度约为 2m 左右的黄土；下部为粉砂质湖相层沉积，湖相层厚度较大，其中夹有少许砾石层。疑似Ⅱ级阶地主要由沉积粉砂组成。Ⅰ级阶地发育有典型的二元结构，可见明显的粉砂层与砾石层，上部粉砂粒度均匀，而下部夹杂大量砾石，粒径差别大，具有明显的冲、洪积特征。滑坡北侧河流上游方向有少许Ⅰ级阶地，为粉砂质水平地层，厚度约为 2m，偶夹有砾石。由沉积特征可知，Ⅰ级阶地与改造之前的Ⅲ级阶地均为堆积阶地（图 3.24）。

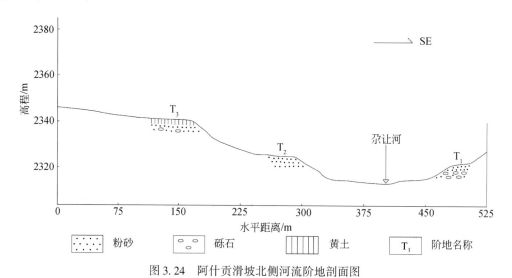

图 3.24 阿什贡滑坡北侧河流阶地剖面图

4. 尕让河Ⅰ级阶地形成时代

在阿什贡滑坡北侧发育有Ⅰ级阶地，阶地剖面结构简单，多为黄土，偶夹砾石厚度约为 4m。在其顶部取 [14]C 样 ASG-01，送往美国 Beta 实验室。样品预处理按标准酸洗方法提取沉积物有机质，然后按 AMS 标准 [14]C 测量年龄。[14]C 测量年龄利用 [13]C 进行同位素分馏校正得到同位素校正年龄后，再根据 INTCAL13 数据库进行校正得到日历校正年龄，最后给出了其 2σ 区间范围。测量结果可知一级阶地年龄为距今为 4980~5005a，位于 5.0ka 左右的全新世适宜期。

5. 尕让河阶地揭示的新构造运动

为了便于对尕让河河流阶地及演变进行研究，对纵剖面进行了详细研究，做出了 I~III 级河流阶地位相图（图3.25）。分析认为尕让河阶地的形成过程具有以下特征。

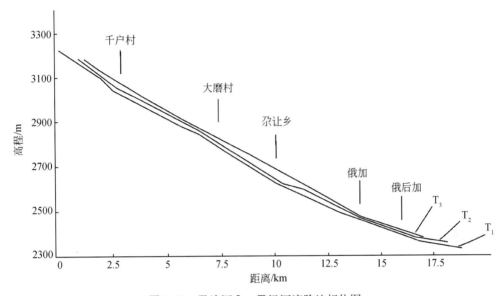

图 3.25 尕让河 I~III 级河流阶地相位图

（1）间歇性：尕让河流域地段先后经过三次河流下切，形成三级阶地。

（2）差异性：III 级阶地在拉脊山隧道口南侧、加拉沟南侧、尕让乡南侧、阿什贡滑坡北侧的河拔高度依次为 12m、26m、14m、25m，抬升速度均有所区别，反映了尕让沟 III 级阶地发育以来各段间存在近东西向断裂构造的差异抬升。而三者的 I 级阶地和 II 级阶地的河拔高度相近，可见后两次河流下切速度大致相同。

（3）对称性：尕让河从上游到下游海拔逐渐降低，但是河岸两侧保存的阶地，相对应的海拔基本一致，如俄加段的 II 级阶地在河流西侧为 2449m，在河流东侧为 2451m。在河流两岸观测，未发现同级阶地海拔相差较大的情况。

3.2.2 阿什贡滑坡群形成期次及发育特征

阿什贡滑坡群位于贵德盆地东部，盆地南北两侧分别受贵南南山断裂和拉脊山南侧断裂控制，属于典型的新生代断陷盆地（潘保田，1994），盆地基底由元古界、三叠系地层组成，上覆古近系-新近系紫红色砂砾岩、砂岩和粉砂质泥岩的西宁群，在西宁群之上不整合地覆盖了一套总厚度大于1000m以砂砾岩、泥岩为主的贵德群、第四系共和组和残坡积地层（宋春晖等，2003；Liu *et al*.，2013），同时受尕让-阿什贡断裂和倒淌河-阿什贡-德贝断裂影响，太古—元古代的变质岩逆冲到新近系贵德群红色碎屑岩之上（马寅生，2003）。在地质构造上属于祁连、昆仑和秦岭三大褶皱造山带的交汇部位，在青藏高原隆升的过程中经历了多期次的抬升和夷平运动（张智勇等，2003）。早中新世时期，受喜马拉雅运动第二幕影响，盆地内的西宁群地层发生强烈褶皱变形，表现为地面隆起并遭受切割和剥蚀，现在阿什贡村公路边仍保留有非常完整的背斜褶皱和新近系砂砾岩组成的丹霞地貌。

阿什贡滑坡群由发育在贵德组中部及上部地层组成的斜坡上，倒淌河—天水断裂带和尕让断裂从盆地东部穿过，两断裂交汇处背斜小断裂、节理、裂隙十分发育，岩体完整性极差。黄河从革匝滑体前缘流过，尕让河在滑坡西北侧流过（古河道在滑体中部），因此，尕让滑坡群处在两条河流合围的三角地带，滑体两侧临空面较大，在河流侧蚀作用下，尕让河谷区发生进一步滑动的可能性较大。

1. 尕让滑坡发育特征

尕让滑坡位于尕让河下游的西岸，呈半圆形，后壁直立，后缘高程为 3096m，前缘高程为 2340m，高差为 756m，前后缘均长 7.7km，均宽 6.44km，厚度为 50~80m，滑坡体面积为 28.73km²，体积为 17.24 亿 m³，滑动距离为 1.44km，岩性主要为西宁群地层，碳酸盐含量高，颜色发白，按运动方式分类其属于一处推移式巨型滑坡［图 3.26（a）］，其方量是目前各种报道中滑坡堆积体方量最大的。

图 3.26　尕让滑坡、阿什贡滑坡及革匝滑坡遥感影像图

滑坡发生前，尕让河谷平均宽度为 1.5km，滑坡发生后，前缘滑体挤占尕让河河床，导致尕让滑坡前缘河谷阶地宽度缩小、阶地级数减少，目前河谷最窄处仅 320m。并将尕让河河道向东移动 1.44km，在尕让滑坡的前缘普遍发育三级阶地，说明尕让滑坡形成于尕让河三级阶地之前。滑坡体上发育大小冲沟 50 余条，冲沟两侧发生次一级滑坡崩塌。

尕让滑坡发育次级泥岩滑坡四处（图 3.27），以Ⅱ号滑坡滑动距离最远，方量最大，Ⅱ号滑坡体长 700m，宽 210m，主滑方向为 181°，前缘为一堆积平台，滑体上拉裂缝宽为 3 ～ 4m，后壁光滑，中部堆积大量松散堆积体，与Ⅲ号滑坡堆积体在前缘连为一片，这两处滑坡在降雨诱发下有进一步下滑的可能。

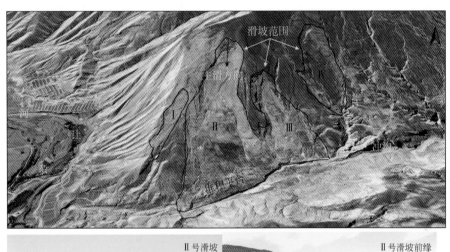

图 3.27　尕让滑坡左边界次级滑坡分布图

尕让滑坡前缘为尕让滑坡的左边界冲沟，切割深为 70 ～ 100m，这些次级滑坡可能是在降雨诱发下沿着斜坡重力下滑。

2. 阿什贡滑坡发育期次

阿什贡滑坡位于贵德县阿什贡村东侧，即李家峡水库库尾左岸阿什贡河的下游河段，距黄河约 1km。滑坡体位于新近系贵德组中上部的地层组成的斜坡上，山体受区域构造控制，呈 NW 向展布，相对海拔高程为 300m，山体靠近滑坡地带地势较陡，地形坡度一般为 35° ～ 55°，少数地段受后期水流切割形成直立陡坎。该滑坡发育有两期，Ⅰ期滑坡体长度为 4030m，宽度约 2920m，平均厚度约 50m，总方量为 5.88 亿 m³，Ⅱ期滑坡 1800m，宽约 780m，平均厚度约 30m，总方量为 0.42 亿 m³，Ⅰ期滑坡属于巨型滑坡，Ⅱ期滑坡属于特大型滑坡，其位于Ⅰ期滑坡滑体中部，属于Ⅰ期滑坡的解体滑坡，两期滑坡的边界均清楚（图3.28、图3.29），由Ⅰ期滑坡触发的革匝滑坡前缘披覆于黄河河漫滩上。

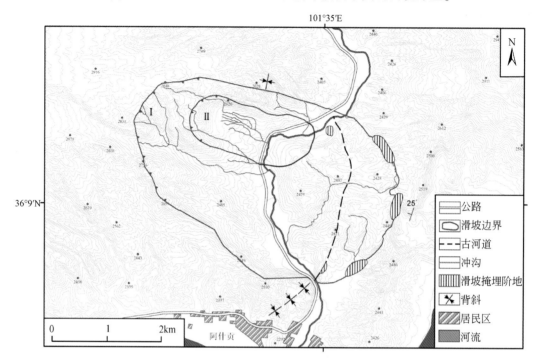

图3.28　阿什贡滑坡平面图

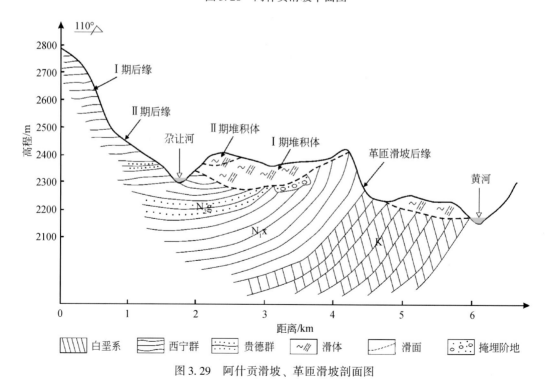

图3.29　阿什贡滑坡、革匝滑坡剖面图

Ⅰ期滑坡后缘呈明显的圈椅状，高 120m 的基岩陡壁由缓倾坡外的新近系贵德组中部地层组成，其产状为 110°∠12°，滑体呈一规则的扇形展布，中后部形成一向滑床反斜的凹地，从纵向剖面上看形成两级台阶，宽分别为 50m 和 40m，台面微向后壁倾斜，中部形成一圆顶状"山包"堆积体，前缘处有一剥蚀后的斜坡台面，由于后期堆积台面已形成斜坡。滑体内岩层的成层性及完整性良好，大体上仍保持着原岩的向斜产状，仅轴部的位置前移了约 230m，多处可见因逆冲爬坡（最大爬坡高度可达 70～80m）而产生的局部牵引现象，滑坡前缘残留体距黄河约 1km，Ⅰ期滑坡滑体埋藏了一个古河道，前缘多处出露有尕让河阶地堆积物，该古河道是沿向斜东翼的近轴部地带发育的，完全能与南北两岸的正常河谷段自然相接。

3. 革匝滑坡

革匝滑坡位于黄河左岸，滑体岩性为破碎的变质岩，后缘为一巨型凹坑，整体为哑铃型，滑坡后壁与阿什贡滑坡前缘滑体相连接，滑体长 1460m，后缘宽 880m，滑体中部宽 320m，前缘宽 500m，前缘形成鼓包并覆盖在黄河左岸的河漫滩上［图 3.26（c）］，滑体覆盖在贵德古堰塞湖的湖相纹泥层上，纹泥层顶部年龄为 13ka B. P. （^{14}C），因此，革匝滑坡的年代应该晚于 13ka B. P. 。

4. 阿什贡滑坡与尕让河阶地的关系

阿什贡Ⅰ期滑坡将尕让河的Ⅲ级阶地向东推动 1.4km，直接反映了该滑坡形成于尕让河Ⅲ级阶地之后［图 3.30（a）］，目前滑坡前缘残留的尕让河Ⅲ级阶地主要由新近系泥岩、砾岩组成，堆积体上落水洞、沉降露斗发育［图 3.30（b）］，与同一地区的二连村古洪积扇在物质组成、宏观地貌特征、植被状况上等完全相同［图 3.30（c）］，且均位于黄河左岸同为近源搬运的洪积物，因此，其形成时代相同或接近，故推测尕让河Ⅲ级阶地也形成于 16ka B. P. 的末次冰消期。同时，尕让河Ⅱ级阶地堆积物披覆在阿什贡Ⅰ期滑坡的滑坡体上，反映了Ⅱ级阶地形成于Ⅰ期滑坡之后。根据滑体与阶地地层、沉积物的叠置、接触关系，认为阿什贡Ⅰ期滑坡的形成时代晚于 16ka B. P. ，且介于尕让河发育的Ⅱ～Ⅲ级阶地之间，是一个以古河谷为临空面以砂岩-泥岩互层为滑动面的巨型推移式古滑坡。阿什贡Ⅱ期滑坡发生后再次堵塞河道，但因这次堵塞的时间不长，没有形成较大范围的湖相沉积。

5. 阿什贡滑坡与尕让河地貌过程

阿什贡Ⅰ期滑坡发生后铲刮了尕让沟Ⅲ级阶地上的泥流堆积物，并 NE 向将尕让河严重堵塞，在其上游形成巨大堰塞湖，根据湖相层顶部的高程圈定了古堰塞湖的范围，堰塞湖面积为 4.42km²，长度为 3.42km［图 3.31（a）］，Ⅰ期滑坡堰塞坝体宽度为 2.76km，坝体底部水位深度约 74m，野外调查发现，湖相纹泥层极其发育，河谷两岸多处残留白色的湖积平台，厚度可达 30～40m，颜色上与邻近的白垩系的暗红色泥岩、砂岩差异明显，指示其经过了较长时间尺度的沉积过程，也反映了堰塞坝体的稳定与坚固，测量发现 1m 内沉积了 31 层厚度 0.3～12cm 的纹泥层［图 3.31（b）］。纹泥层顶部（高程：2357m，也是尕让河Ⅲ级阶地顶部高程）粉沙黏土中砂砾石含量高，硬度大，指示堰塞湖晚期水动力条件较强。因此，阿什贡Ⅰ期滑坡发生后，从根本上改变了该地区的宏观地貌特征，即改变了河道的流向、形

图 3.30　尕让沟阶地与二连村阶地地貌对比

（a）尕让沟Ⅲ级阶地面及落水洞；（b）阿什贡滑坡前缘落水洞；
（c）二连村Ⅲ级阶地面古洪积扇落水洞；（d）阿什贡Ⅱ期滑坡堰塞体位置及宽度

成了巨大堰塞湖和巨厚湖相纹泥层、中断了尕让河阶地的正常沉积、触发了前缘革匝滑坡的发生。由于Ⅰ期滑坡堰塞体溃决后，滑坡体中部遭受河流的侧向侵蚀而发生了Ⅱ期滑坡，Ⅱ期滑坡同样堵塞了尕让河，坝体宽度至少为220m［图 3.30（d）］，但未改变河道流向，堵河时间也较短，未在上游形成明显的湖相沉积层。

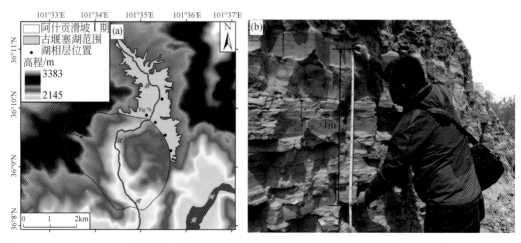

图 3.31　阿什贡滑坡堰塞湖范围及纹泥层水平层理

6. 阿什贡滑坡与革匝滑坡的关系

通过资源 3 号、Google 高分遥感影像和野外调查分析，认为阿什贡滑坡 I 期发生后，前缘高速撞击了黄河岸坡上的贵德群地层，并触发了黄河左岸革匝滑坡的发生，革匝滑坡发生后，在后缘留下了一个长约 710m，宽约 650m 的豁口。因此，阿什贡滑坡 I 期发生时触发了革匝滑坡的孕育、发生。

7. 革匝滑坡与黄河的关系

革匝滑坡的前缘滑体直接披覆在黄河 T_1、T_2 之上，且滑坡碎屑物覆盖在松巴峡左、右岸滑坡堰塞湖的湖相层上，作者曾对该湖相层顶部进行了 ^{14}C 测年，年龄为 13ka，因此，革匝滑坡的形成时间应晚于 13ka B. P. 。赵振明和刘百篪（2003）认为黄河在该地区 I 级阶地的年代为 10ka B. P. ，而革匝滑坡的滑体覆盖在 T_1 上，故其形成时代又晚于 10ka B. P. ，因此，推测其形成时代为全新世以来，根据遥感影像分析认为滑坡体的边界线是盖在右边水岸线上的，说明滑坡形成时代非常新，应该发生时间为中晚全新世。革匝滑坡在高速运动过程中，前缘部分滑体被堆入河中，将黄河河床向南移动约 300m，后来在上游水流搬运下，前缘滑体向下游左岸堆积，形成了目前的 L 型滑坡地貌。

3.2.3　阿什贡地区地貌与滑坡演化

中晚更新世以来，尕让河发育形成 [图 3.32（a）]，在高原持续抬升下河床不断下切，

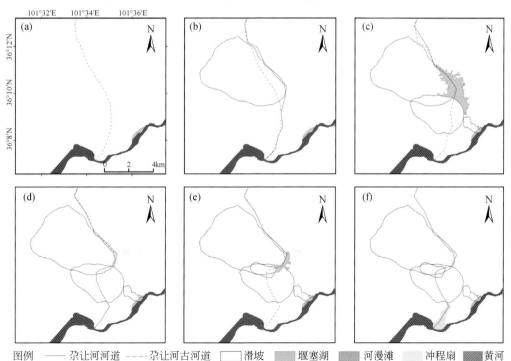

图例 —— 尕让河河道 ---- 尕让河古河道 □ 滑坡 ▨ 堰塞湖 ▨ 河漫滩 □ 冲程扇 ▨ 黄河

图 3.32　尕让河谷地貌演化与滑坡发育关系图

河西岸的斜坡不断遭受河流的侧蚀作用而形成临空面，在构造地震或降雨（冰雪融水）诱发下，尕让滑坡发生并将尕让河河床向东移动1.4km［图3.32（b）］。新仙女木事件（Young Drays）进入全新世以来，温度迅速升高，降雨量和冰雪融水增多（李长安等，2002），尕让河水量增大，尕让滑坡的右前缘侵蚀明显增强，这一时期发生了阿什贡滑坡Ⅰ期且严重堵塞尕让河形成了堰塞湖，滑坡堵河事件发生前，尕让河古河槽大致处于该滑坡上、下游边界中部直线相连位置，阿什贡滑坡Ⅰ期前缘触发了革匝滑坡形成［图3.32（c）］，形成了滑坡链，这一事件应该在全新世大暖期。堰塞坝溃决后，在阿什贡峡谷区发育了两级阶地，尕让河地貌格局基本形成［图3.20（d）］，由于尕让河谷不断向凹岸侵蚀，在尕让河拐弯处阿什贡Ⅰ期滑坡体中部又发生了次级解体滑坡，并再次将尕让河堵塞形成了堰塞湖［图3.32（e）］，与Ⅰ期的滑坡堰塞湖相比，Ⅱ期的滑坡堰塞湖范围明显较小。Ⅱ期的滑坡堰塞坝持续时间较短，冲开后滑体堆积物被河水携带搬运到下游的黄河河漫滩上，形成了河流冲积扇［图3.32（f）］，其高程明显高于两侧的黄河Ⅰ级阶地。

因此，阿什贡滑坡群的发育先后次序可以总结为：尕让滑坡→尕让河Ⅲ级阶地形成→阿什贡滑坡Ⅰ期→革匝滑坡→堰塞湖及湖相层发育→尕让沟Ⅱ级阶地形成→阿什贡滑坡Ⅱ期→现代河道。

3.2.4 　阿什贡滑坡群形成机制

贵德地区在新近系以来，受高原强烈隆升和盆地沉降影响，滑坡原始区形成了切割深度达300m的陡坡，地形坡度达35°~55°，在后期水流作用下，斜坡处冲沟发育，使山体完整性遭到破坏，南侧与西侧的黄河及尕让河使山体处于三角形临空状况，这种地形地貌条件为滑坡的形成与发展提供了地形地貌条件。同时，受滑坡右边界晚更新世以来一直活动的阿什贡-德欠寺逆冲断裂的强烈挤压变形影响，岩体完整性、强度大大下降，为滑坡发育提供了活动构造条件。

阿什贡滑坡群是一个滑动次数多、历经时间长、彼此叠置交错成因复杂的巨型滑坡群，研究发现其形成演化过程与气候变化的暖湿气候期相对应。其中尕让滑坡表面褶皱密布，属于降雨诱发型滑坡，形成时间为16ka B.P. 之前，形成时间很可能在末次冰期最盛期（LGM）以来的冰雪消融期。全新世以来，冰雪融水和降雨进一步增加，更加降低了滑坡的稳定性。因此，阿什贡Ⅰ期滑坡受控于活动断裂和降水的耦合作用而发生，而革匝滑坡属于阿什贡Ⅰ期滑坡触发形成。阿什贡Ⅱ期滑坡发生在堰塞湖溃决后，由于滑坡坝溃决，Ⅰ期滑坡中部失去支撑而发生了小规模滑动。

因此，阿什贡滑坡群的发育先后次序可以总结为：尕让滑坡→尕让河Ⅲ级阶地形成→阿什贡滑坡Ⅰ期→革匝滑坡→堰塞湖及湖相层发育→尕让沟Ⅱ级阶地形成→阿什贡滑坡Ⅱ期→现代河道。

3.2.5 　阿什贡滑坡群稳定性分析

阿什贡Ⅰ期滑坡发生后，滑床微向坡内倾斜，且其位于李家峡水库库尾，滑坡前缘海拔高程为2250m，比水库正常蓄水位2180m还高70m，水库蓄水对其稳定性无影响，因此Ⅰ期滑坡总体不具备再次发生滑动的地形条件；但阿什贡Ⅱ期滑体中部受尕让河侵蚀切割影响，河床两侧滑体有进一步解体的可能性，威胁尕让河道和西宁久治公路，同时滑坡体中部为贵德国家地质公园，人口较密集，须加强防范滑坡灾害。

3.3　席笈滩滑坡群

3.3.1　滑坡区地质环境

1. 地形地貌

受青藏高原强烈隆升及断块差异升降影响（Li，1991），在经历了漫长的地质历史时期地层沉积过程之后（徐增连等，2013），贵德盆地沉积结束，黄河河谷周边山坡抬升，黄河快速下切，强烈的剥蚀作用将大量碎屑物源源源不断输入盆地中，盆地内形成多级阶地（潘保田，1994；杨达源等，1996；赵振明、刘百篪，2003；苗琦等，2012a，2012b），同时也形成高陡边坡，为崩塌、滑坡的形成提供了地形地貌条件。

滑坡区在地形地貌上位于贵德盆地中部黄河北岸、黄河一级支流农春河东侧的山区与河谷的过渡地带，后缘地形高陡，最大高程为3150m，前缘延伸至黄河岸边，高程约为2220m，相对高差达900多米。主滑坡西侧为一期较老的古滑坡，只残留下高差约为300m的滑坡后壁。

2. 地层岩性

滑坡区基底地层岩性主要是元古界（Pt）和三叠系（T）地层，上覆古近系紫红色砂砾岩、砂岩和粉砂质泥岩的西宁群，在西宁群之上不整合覆盖了一套总厚度大于1000m以砂砾岩、泥岩为主的贵德组、第四系共和组和残坡积地层（宋春晖等，2003；刘少峰等，2007；Liu et al.，2013）。黄河河谷区以晚更新统、全新统冲积洪积地层为主，在个别地区有湖积层和中更新统冰水堆积层出露。

滑坡区出露的地层分别是上新统贵德组和全新统冲洪积层（图3.33）。滑床为上新统贵德组的泥岩、砂岩及泥灰岩，呈层状结构，单层厚度为0.3~0.5m，风化严重，产状为358°∠3°；滑体前缘覆盖在黄河Ⅱ级阶地之上，阶地呈现典型的二元结构，下部为磨圆度较好的砾石层，上部为水成细砂-粉砂堆积层。

3. 断裂及新构造运动

区内新构造活动主要表现为大面积抬升与拗陷差异运动，青藏高原的抬升运动奠定了贵德盆地的现有地貌格局，使黄河两岸底砾石层抬升至侵蚀基准面以上数十至数百米（Craddock et al.，2010；Zhang et al.，2014）。滑坡区在构造上处于阿什贡-德钦寺断层的下盘，该断层走向为290°，倾角为53°~57°，在尕让村一带断裂宽2~3m，该断裂在区域上将三叠系砂板岩地层逆冲于新近系泥砂岩地层之上。断裂从滑坡后壁通过（图3.33），具有明显的顺扭特征。断裂延伸100km以上，在滑坡体东北数公里处的阿什贡地区可见新近系

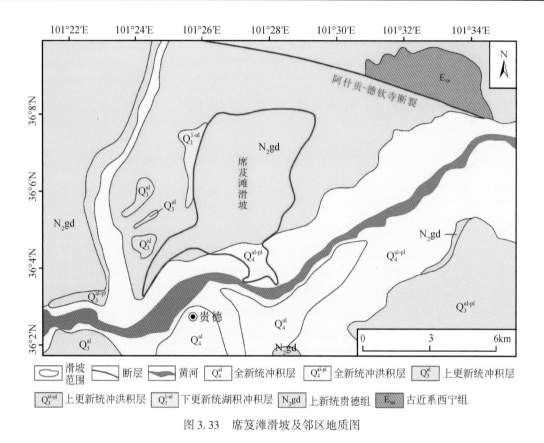

图 3.33　席笈滩滑坡及邻区地质图

地层受到破坏，岩层陡立倾斜（毕海良，2009）。

3.3.2　滑坡空间展布与发育期次

1. 席笈滩巨型滑坡空间展布

　　作者利用遥感岩相学分析原理和古滑坡地貌的圈椅状形态或滑动特征，根据地貌之间的相互切穿、改造、破坏、覆盖、掩埋等关系判断它们发生的先后次序，并在野外实地精细调查的基础上，认为席笈滩巨型滑坡在空间上主要有四个发育期次（图 3.34）。

　　Ⅰ期古滑坡后壁较陡，其堆积体覆盖在黄河Ⅱ级阶地上，滑体右半部分已被Ⅱ期滑坡体破坏切割，只保留了西侧的一部分，因此，推测Ⅱ期滑坡发生在Ⅰ期古滑坡之后。从平面形态上看，Ⅱ期滑坡堆积体面积和方量最大，平面形态也较完整，Ⅱ期滑坡堆积体长约为7200m，宽约为3500m，厚约为65m，方量达 8.4 亿 m³，为一新近系泥岩巨型滑坡（毕海良等，2009）。其前缘、中部和右侧缘分别发生了多个Ⅲ期和Ⅳ期解体滑坡，表现为多期滑动的空间展布特征。Ⅱ期滑体上大型冲沟极其发育，沟深从数十至百余米不等，冲沟不断将滑体上的物质剥蚀搬运到黄河中，在极端天气条件下易引发泥石流灾害。最大的一条冲沟是位于滑体左侧的黑峡沟，其最大下切深度达到 114m。Ⅱ期滑坡的滑坡体主要分为两级较大的平台，一级平台位于滑体中后部，宽约为4000m，长约为3400m。平台上有多处堆积台地，

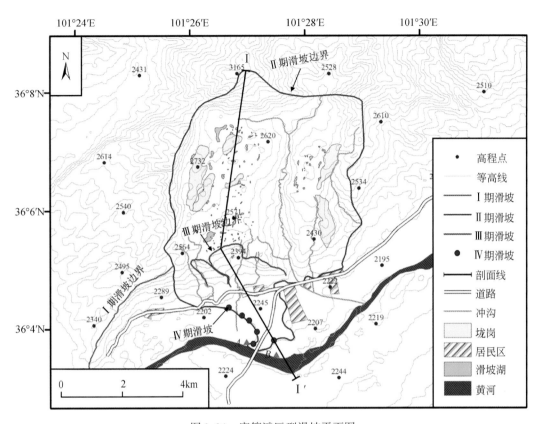

图 3.34　席笈滩巨型滑坡平面图

Ⅰ-Ⅰ′ 为图 3.35 剖面位置，*A* 和 *B* 点分别为图 3.38*A*、*B* 位置

受滑动过程地形反翘制约，残留滑体表面出现 3 处垄岗，长为 1600 ~ 1800m，宽约为 300m，垄岗之间为洼地，面积一般为 1 ~ 2km²，绝大多数洼地内没有积水，但植被较为茂盛，反映滑坡体内部地下水较为丰富。Ⅱ期滑坡堆积体中部发育的两级平台之间是一个高差约为300m 的陡坎，调查发现其是两处Ⅲ期滑坡体的后壁，Ⅲ期滑坡方量明显小于Ⅱ期母体滑坡，属于Ⅱ期滑体中部堆积体的次级解体型滑坡，Ⅲ期滑坡堆积体上裂隙密布，这些裂隙正逐步发育成冲沟。二级平台位于滑体前部，长约为2090m，宽约为1030m，顶部非常平坦，已被改造为农田和居民区；滑体前缘一直延伸至黄河北岸，覆盖在黄河Ⅰ级阶地之上，受黄河多次侵蚀作用，形成Ⅰ级高为20 ~ 30m 的陡坎，陡坎下为黄河河漫滩，在陡坎处发育了多处小型崩塌滑坡，多为近年来发生的现代滑坡（即Ⅳ期滑坡；图 3.35）。

2. 席笈滩巨型滑坡发育期次

第Ⅰ期：Ⅰ期滑坡的后壁高差约300m，现代残留的后壁长约为4.5km，从后壁顶部到黄河阶地的距离只有1km，说明滑坡的滑距短而宽度大。滑坡后壁只有西侧部分得以保留，东侧部分被后来发生的席笈滩Ⅱ期滑坡的滑体掩埋和覆盖［图 3.36（a）］，在现代保存完好的Ⅱ期滑坡堆积体大平台下，也有一级明显的陡坎，其顶部高程以及高差均与西侧保存完好的陡壁几乎一致，推测Ⅱ期滑坡体上的这级陡坎原本为Ⅰ期滑坡后壁。滑坡堆积物杂乱无章，呈阶梯状座落，与黄河Ⅰ级阶地和河漫滩接触（图 3.37）。

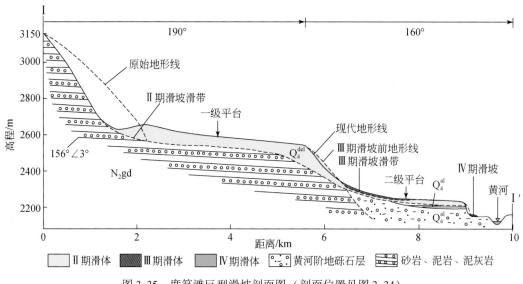

图 3.35 席笈滩巨型滑坡剖面图（剖面位置见图 3.34）

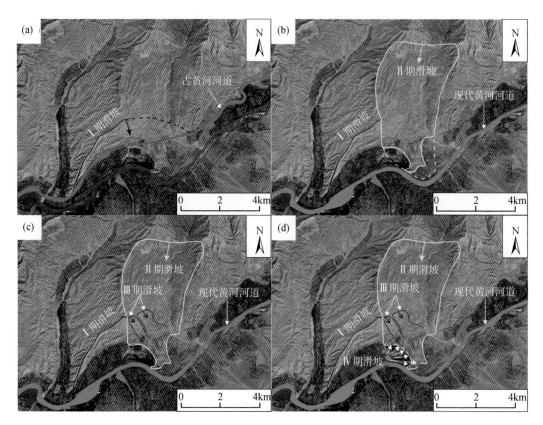

图 3.36 席笈滩巨型滑坡分期发育特征

影像来自 Google Earth，图中红色虚线为 I 滑坡后壁被 II 期滑坡破坏部分，
黄色虚线为 II 期滑坡滑体被黄河和冲沟剥蚀掉的部分

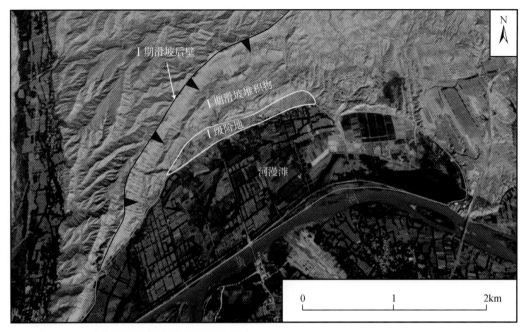

图 3.37　席笈滩Ⅰ期滑坡与黄河Ⅰ级阶地、河漫滩的接触关系（影像来自 Google Earth）

第Ⅱ期：Ⅱ期滑坡为现存的滑坡主体部分，长达 7.2km，宽约为 3.5km，厚度约为 65m，估算方量为 8.4 亿 m³，滑体将黄河河道向东南方向推移 [图 3.36（b）]，因为滑坡覆盖在黄河Ⅰ级阶地之上，滑体前缘较为平坦。通过遥感图像解译和野外实地调查发现，在滑体下游原本沿山脚 EW 向流动的黄河古河道被废弃，黄河绕开滑体，在滑坡前缘发生了近 90°的转向。

滑体前缘的剖面（图 3.34 中 A 处）顶部为滑坡堆积物，厚约为 6m，宽约为 120m，岩性为泥岩、砾石，杂乱无章；滑体下部为滑带土，滑带土与下覆细砂–粉砂层界面上有多条擦痕和磨光面，滑带土下面为黄河Ⅰ级阶地，具有典型的二元结构，下层为砾石层，出露厚约 8m，上层为细砂–粉砂层，厚约 2.1m。此外，在滑体前缘黄河右岸找到一处无滑坡堆积物覆盖的黄河Ⅰ级阶地剖面（图 3.34 中 B 处），其构造与滑体下面的黄河阶地剖面有很好的对应关系（图 3.37），两个剖面河流阶地二元结构的上层细砂–粉砂层的厚度均约为 2m，剖面揭示滑坡堆积物覆盖在黄河阶地之上，表明滑坡堆积物一直延伸到现代黄河岸边。

由于Ⅱ期滑坡堆积体覆盖在黄河Ⅰ级阶地的二元结构之上，推测滑坡发生后，河流相的二元沉积中断，因此，可以利用二元结构顶部的细砂–粉砂层沉积的时间指示席笈滩Ⅱ期滑坡的发生时间（图 3.38）。作者在滑坡体覆盖的Ⅰ级阶地二元结构上部（拔河高度 10m）细砂–粉砂层沉积物取黏土送至美国 Beta Analytic 实验室进行有机碳¹⁴C 测年，结果为 5420a B. P.（表 3.4）。故推测滑坡的发生时间 5ka B. P. 左右，晚于贵德盆地黄河Ⅰ级阶地和河漫滩的形成时间（杨达源等，1993；赵振明、刘百篪，2003；苗琦等，2012a，2012b），赵振明、刘百篪（2003）认为贵德盆地尼那黄河Ⅰ级阶地拔河高度为 10m，Ⅰ级阶地热释光（TL）年龄为 8.6ka B. P.；苗琦等（2012a，2012b）在贵德黄河南岸高河漫滩电子自旋共振（ESR）年龄为 8.4ka B. P.，小于Ⅰ级阶地年龄。周保（2010）通过光释光（OSL）测年认为席笈滩这一期滑坡的发生时间为 4.9±0.4ka B.P.，与我们的测年结果接近，均为5ka B.P. 左右，因此，作者认为Ⅱ期滑坡的发生时间为5ka B.P. 左右，属于全新世气候适宜期（施雅风，1992；An *et al.*，2000；程捷等，2004；孙亚芳，2008）。

表3.4 黄河Ⅰ级阶地顶部和河漫滩沉积物测年结果

样品号	采样地点	样品位置	样品类型	年代/a B.P.	数据来源
XJT-03	河流Ⅰ级阶地	二元结构顶部	黏土	5420±40(¹⁴C)	作者
	滑坡前缘	阶地黄土顶部	黄土	4900±400(OSL)	周保，2010
	贵德尼那	距离黄河河面10m		8600 (TL)	赵振明、刘百篪，2003
	贵德县城附近	高河漫滩底部，拔河高度为2m		8400 (ESR)	苗琦等，2012a，2012b

注：所用¹⁴C半衰期为5568年。

第Ⅲ期：在席笈滩Ⅱ期滑坡的滑体上有两个并排的解体滑坡，作者称之为Ⅲ期滑坡，其后缘为大平台下面的陡坎，东侧的滑坡长约为 1.4km，宽约 1km，西侧的滑坡长约为 1km，宽约 400m ［图 3.36（c）］。Ⅲ期滑坡的后壁与Ⅰ期滑坡后壁基本位于同一高程，尽管第Ⅰ期滑坡被后来发生的Ⅱ期滑坡破坏，但Ⅱ期滑体物质只是覆盖原来的Ⅰ期滑坡后壁上，因此，在Ⅱ期滑坡的滑体上保留了一个明显的陡坎，为后面解体滑坡的发生提供了临空条件。

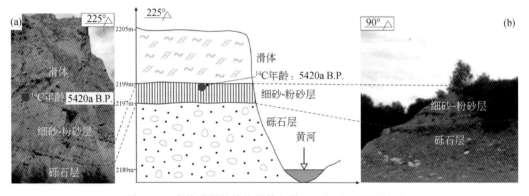

图 3.38 席笈滩滑坡前缘滑体与黄河Ⅰ级阶地接触关系

"同治十一年（1872 年）5 月，贵德地震，黄河北岸山崩，尘土两日不散"（贵德县志编纂委员会，1995）。作者在贵德县城黄河北岸地区进行滑坡野外调查时发现只有席笈滩Ⅲ期滑坡具有较大规模，符合"尘土两日不散"的描述，Ⅲ期滑坡后壁十分陡峭，滑体杂乱无章，呈阶梯状向下坐落。另外，作者认为席笈滩Ⅲ期滑坡滑体较为松散，滑坡堆积体没有见到明显水作用的痕迹，与现代地震滑坡特征类似，因此，推测其属于地震型滑坡。该滑体未经后期地质营力的充分改造，布满拉张裂隙，部分裂隙发育成冲沟（图 3.39），但冲沟的切割深度比Ⅱ期滑体上小得多，表明Ⅲ期滑坡的发生时代较新，综合上述多种因素，作者认为席笈滩Ⅲ期滑坡的发生与这次贵德地震有关。

第Ⅳ期：席笈滩Ⅱ期滑坡滑体前缘与黄河河漫滩交界的陡坎处分布着若干个现代小型滑坡崩塌 ［图 3.36（d）］。这些滑坡的规模普遍较小，很多滑坡为最近数年发生，与其他期次滑坡最显著的区别是，最新一期的滑坡受到了人类工程活动影响，较为明显。近年来，在

图 3.39　Ⅲ期滑坡陡峭的后壁（a）和布满裂隙的滑体（b）

席笈滩Ⅱ期滑坡滑体前缘的平台上修建了西宁—贵德公路，大禹治水观景平台及广场，这些人类工程活动对于陡坎处的滑坡起到了后缘加载的作用，陡坎处又具备良好的临空条件，在短时间内集中降水的作用下易发生滑坡崩塌（图 3.40）。如发生在Ⅱ期滑坡前缘的虎头崖滑坡就是由于人工加载和降雨引发的现代滑坡 [图 3.40（b）]，长约为 30m，宽约为 40m，前后缘高差 20m，坡度约为 35°，主滑方向 337°，方量约为 1.2 万 m³，属于小型座落式黄土滑坡。滑坡顶部为大禹治水雕塑广场，底部为黄河Ⅱ级阶地，滑坡发生于 2013 年，是席笈滩巨型滑坡的第Ⅳ期解体型滑坡。

图 3.40　前缘陡坎处发育的第Ⅳ期滑坡

3.3.3　巨型滑坡诱发因素

　　席笈滩滑坡的多期次发育受地质环境条件、新构造运动、黄河侵蚀作用、气候变化、历史地震和现代人类工程活动等多方面因素影响。不同期次滑坡发生的形成机制分述如下。

　　（1）在青藏高原抬升过程中，受盆地内南北侧差异抬升的影响，贵德盆地黄河北侧比南侧坡度陡（李小林等，2007），黄河河道在盆地内紧靠北侧山体（图 3.41），黄河对北侧山体具有较强的侧蚀作用，因此，在左岸较易形成高陡边坡，具备滑坡发育的临空条件。北岸的新近系贵德组地层岩性为砂岩、泥岩和泥灰岩，在黄河的剥蚀作用下易导致地层失稳发生坐落式滑动。

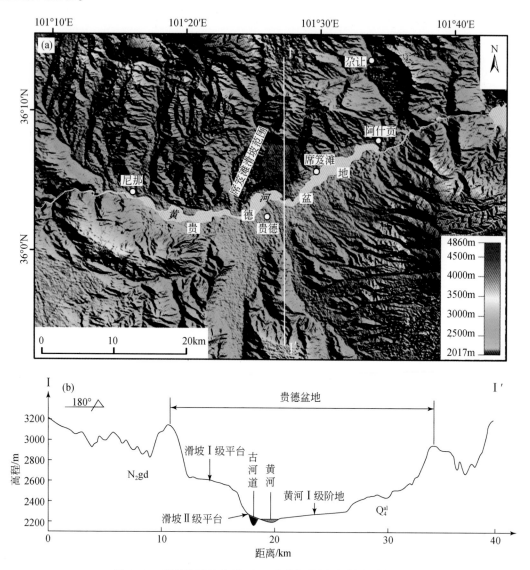

图3.41 贵德盆地地势图（a）和横切黄河地形剖面图（b）

通过Ⅰ期滑坡堆积物与黄河Ⅰ级阶地的接触关系分析（图3.37），滑坡堆积物与阶地相接触，但并未覆盖在阶地之上，故滑坡的发生时间应早于黄河Ⅰ级阶地的形成时间，推测其可能发生于末次冰消期最后一个冷事件——新仙女木事件（Stuiver et al.，1995）之后，即全新世早期，青藏高原迅速升温，冰雪融水导致黄河上游来水量增加，水动能明显增强，对北岸的侵蚀作用增强，全新世早期也是黄河上游拉干峡—寺沟段滑坡的一个集中发育期（殷志强等，2013c），因此，作者认为由于气候变化中的温度变化引起冰雪融水，诱发了席笈滩Ⅰ期滑坡。

（2）Ⅱ期滑坡堆积物下覆的河流阶地细砂-粉砂层中的有机碳[14]C年龄为5240a B. P.，

指示其发生于全新世气候适宜期（施雅风，1992；An et al.，2000；程捷等，2004；孙亚芳，2008），根据对临近研究区的青海湖近 10ka B.P. 以来与现代的降水量和气温差异研究，在席笈滩 II 期滑坡发生时，研究区的年均降水量比现代高将近 20%，气温高约 3°C（图 3.42），适宜期丰沛的降水和湿润多雨的气候条件为滑坡发育提供了诱发条件，上新统贵德组砂岩、泥岩、泥灰岩受降雨的影响，裂隙发育，沿裂隙形成软弱结构面发生滑动。因此，全新世适宜期的降水可能是诱发 II 期滑坡发生的主控因素。

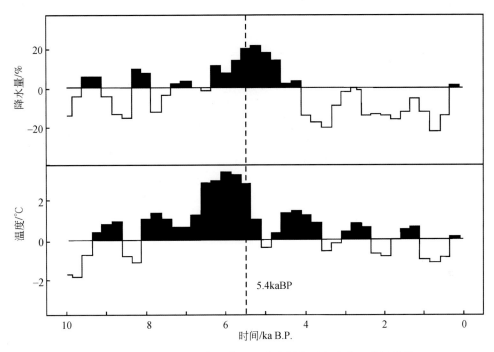

图 3.42　青海湖地区近 10kaBP 与现代地区降水量与温度之差（据施雅风，1992）
虚线为席笈滩 II 期滑坡发生的时间

（3）自 1709A. D. 以来，研究区内进入地震等自然灾害的频发期（侯光良等，2009），受控于全新世以来强烈活动的阿什贡-德钦寺活动断裂影响（图 3.33），贵德地震内地震不断。尤其是 1872A. D. 的贵德地震（贵德县志编纂委员会，1995），造成贵德北山地区滑坡扬起的尘土遮天蔽日，根据第 III 期滑坡发生规模大，时间较新的特点，作者认为第 III 期滑坡可能与 1872A. D. 发生的贵德地震有密切关系。因此，地震往往能够触发特大型-巨型滑坡，如 2008 年 5.12 汶川地震触发的大光包巨型滑坡（Yin et al.，2011），2013 年岷县地震触发的堡子村滑坡（殷志强等，2015）等。

（4）第 IV 期滑坡是近期黄河对边坡的侵蚀作用、降水及人类工程活动综合作用的结果。由于新近系泥岩构成的 II 期滑体前缘长期受黄河的剥蚀作用，形成高 20~30m 的陡坎，为滑坡崩塌的发生创造了临空条件。近几十年来，盆地内旱涝差异极大，每年的降水量基本上集中在短短 2~3 个月时间内（李进虎等，2012），短时间的持续降水使大气降水、地下水沿断裂面及裂隙面活动，使岩层抗剪强度降低，形成软弱结构面，随着人类工程活动的加强，在席笈滩滑坡前缘的平坦地带修建了"大禹治水"广场和观景台，这些工程活动对滑坡的发生起到了后缘加载的作用，成为第 IV 期滑坡发生的重要诱发因素。

3.3.4　滑坡与区域地貌演化

　　席笈滩巨型滑坡与河谷区地貌演化相互作用，全新世以来黄河地貌演化为席笈滩巨型滑坡的发生提供了地形条件，同时滑坡也对黄河河谷乃至整个贵德盆地的地貌演化产生了重要影响。

1. 全新世早期河谷地貌演化

　　全新世早期黄河水动能增强，侵蚀切割速率加快，黄河河谷加深呈现"V"型谷形态，黄河近东西向流过滑坡区，沿河谷形成高陡边坡 [图 3.43（a）]，为滑坡发生创造了有利地形条件，此后发生了席笈滩 I 期滑坡。黄河的快速下切作用持续 2000 ~ 3000a，至 8.6ka B. P. 左右在盆地内形成 I 级阶地（赵振明、刘百篯，2003）。

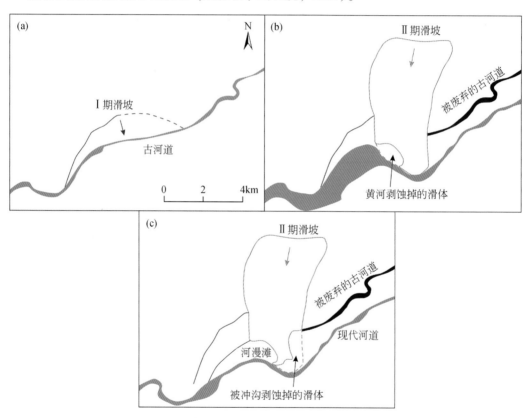

图 3.43　席笈滩巨型滑坡与河谷区地貌演化过程

（a）全新世早期，I 期滑坡发生；（b）5ka B. P. 左右 II 期滑坡发生并导致古黄河河道被废弃，黄河在滑坡前缘改道；（c）现代河谷地貌

2. 滑坡对地貌演化的影响

　　通过遥感影像解译和野外调查发现，在滑坡区下游 3km 处沿山脚分布着一段古黄河河道，这段古河道在上游被滑体和滑体上的冲沟形成的冲积扇掩埋，推测席笈滩巨型滑坡导致

黄河改道，原来的古河道因此被废弃。

5000aBP 左右发生的席笈滩Ⅱ期滑坡使黄河河谷地貌发生了巨大变化，大规模滑坡体迅速挤占河道并造成黄河短时间堵塞，随着河水大量聚集，滑体前缘被黄河侵蚀切开形成新的黄河河道。滑坡将黄河向东南方向推移约 2.7km，黄河绕开滑坡前缘向下游流动，下游黄河右岸扎马杂日山上发育的泥石流扇，又将黄河河道向西北侧推移，使黄河的流向在滑坡前缘发生 90°转折，由 SE 向变为 NE 向，河道由直线型变为凹凸岸型 [图 3.43 (b)]。

3. 滑坡发生后河谷地貌演化

在滑坡发生后的数千年时间里，滑坡体上发育了大量冲沟，这些冲沟将部分滑体剥蚀，在黄河左岸形成洪积扇，使黄河左岸不断延伸挤占河道。受单向环流影响，黄河凹岸被剥蚀的物质堆积到黄河凸岸，黄河的河谷不断拓宽，心滩和河漫滩发育，黄河河谷由"V"型谷变为河漫滩型河谷，现代黄河河谷地貌基本形成 [图 3.43 (c)]。

3.4 小 结

通过对区内尖扎盆地夏藏滩、阿什贡和席笈滩等三处巨型滑坡群的滑体特征、发育期次、演化过程研究，主要取得了以下认识。

（1）夏藏滩滑坡属于一处高速远程古滑坡，滑动距离达 6.9km，主要发育期次有两期；其中Ⅰ期的发生时间为 50ka B.P.，为整体滑动，体积约 14.56 亿 m^3，周界在平面上形似"圈椅型"，滑坡在剪出口启动的速度为 66.11m/s，属于高速远程滑坡类型，Ⅱ期滑坡是Ⅰ期前缘的解体滑坡，发生于约 30ka B.P.；夏藏滩滑坡经历了古滑坡"孕育"、Ⅰ期滑坡发生与"滑坡湖"形成、Ⅱ期解体滑坡发生和Ⅰ期滑坡"滑坡湖"消失四个地形地貌演变阶段；夏藏滩Ⅰ期滑坡受控于 50ka B.P. 左右气候变化中的暖湿期降水和盆地内锁子滑坡堰塞湖库水位下降共同制约，Ⅱ期滑坡因 MIS 3a 阶段"高温大降水事件"诱发。

（2）阿什贡滑坡群位于的尕让河至少发育了七级阶地，根据阶地与滑坡堆积体的披覆关系，厘定了滑坡发育的时间先后顺序；阿什贡滑坡演化过程分为两期，Ⅰ期滑坡为巨型滑坡，并触发了前缘革匦滑坡，发生时间为 16ka B.P. 以来，阿什贡滑坡Ⅰ期与革匦滑坡的发生时间基本相同，均为全新世大暖期；阿什贡滑坡群发育时间先后顺序为：尕让滑坡→尕让河Ⅲ级阶地形成→阿什贡滑坡Ⅰ期→革匦滑坡→堰塞湖及湖相层发育→尕让沟二级阶地形成→阿什贡滑坡Ⅱ期→现代河道；阿什贡滑坡群目前总体处于稳定状态，但Ⅱ期滑体发生局部解体的可能性较大，须加强滑坡灾害防治。

（3）席笈滩巨型滑坡主要有四个发育期次，其中第Ⅱ期滑坡方量最大，其堆积体长约 7200m，宽约 3500m，厚约 65m，方量达 8.4 亿 m^3，为一新近系泥岩巨型滑坡，滑体前缘、中部和右侧缘分别发生了多个解体型Ⅲ期和Ⅳ期滑坡，表现为多期次滑动的特征。席笈滩巨型滑坡四次发育的时间分别为早全新世、全新世适宜期、1872A.D. 左右和现代，其中Ⅰ期和Ⅱ期滑坡的诱发因素分别是气候变化中的升温、降水，Ⅲ期可能是地震诱发，Ⅳ期滑坡受现代降水及人类工程活动等多种因素的综合叠加影响而发生。席笈滩巨型滑坡改变了黄河在贵德盆地北侧的河道流向，使贵德盆地中部的黄河河道由原来近直线型变为凹凸岸型，黄河对左岸的侵蚀作用加强，河谷不断拓宽，河漫滩和心滩发育，现代黄河地貌形成。

第4章 黄河上游滑坡堰塞湖及环境效应

研究区内多处巨型滑坡堵塞黄河及其支流，但以积石峡峡谷区的戈龙布滑坡、群科－尖扎盆地内的锁子滑坡和贵德东部松巴村附近的松巴峡左右岸滑坡发生后堵塞黄河形成的湖相纹泥层较完整，也最为典型，滑坡堆积体堵塞黄河后在堰塞体上游形成了巨大的滑坡堰塞湖（图4.1）。这些堰塞湖续存期间及堰塞体溃决后，湖水消失，由于侵蚀基准面下降而引发了一系列的环境效应。本章将以戈龙布滑坡、锁子滑坡和松巴峡左右岸滑坡为例，论述黄河干流的堰塞湖的堰塞体、堰塞湖范围、沉积物高程和堰塞湖续存和溃决后的环境效应。

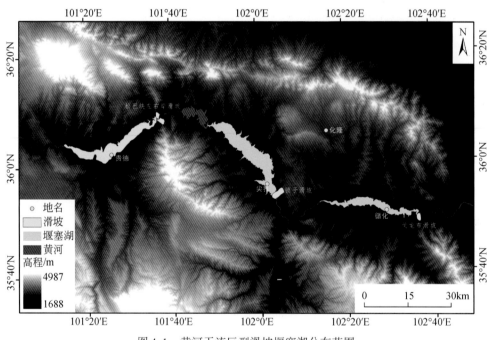

图4.1 黄河干流巨型滑坡堰塞湖分布范围

4.1 戈龙布滑坡堰塞湖及环境效应

戈龙布滑坡位于研究区下游的积石峡峡谷区黄河大拐弯处，距积石峡15.5km，属于白垩系砂砾岩基岩滑坡，滑坡堆积体分布于积石峡的狐跳峡两岸（图4.2）。该滑坡分为两期发生，早期滑坡约发生于晚更新世，在循化垃圾场附近有其堵河留下的湖相层；晚期滑坡发生于早全新世（殷志强等，2013c），晚期滑坡严重堵塞黄河，现仍在河对岸留有大量的滑坡堆积体，晚期滑坡的堰塞体上游发现厚34m，沿河长度达46km的湖相黏土纹泥层

（图 4.3）。

图 4.2　戈龙布滑坡遥感影像及堰塞坝照片

图 4.3　戈龙布滑坡对岸滑坡堆积体

4.1.1　戈龙布滑坡及堰塞体特征

　　戈龙布晚期滑坡剪出口高程为 1920m，前缘高程为 1820m，后缘高程为 2120m，长约 980m，宽 489m，面积 0.47km²，平均厚度为 85m，最厚处为 140m，总体积为 1.2 亿 m³，主滑方向为 NE80°（图 4.4）。

　　滑坡后壁为一低洼地带，其上被次生坡积物覆盖，并可见湖相沉积层。后缘北段为一深切沟，冲沟中堆积了大小不一的块石，多为后壁滚落，滑坡东缘处也发育一深切冲沟，沟中 1900m 高程处出露砂砾岩层，为层序完整的基岩。滑坡前缘顺着黄河右岸内侧分布，为松散陡坡，坡度在 40°以上，滑坡总体形态为表部起伏不平，前缘陡峭，滑坡表部发育多级平台，以滑体中间深切冲沟为界，东西部均发育三级平台并多见鼓包和大块石，块石块径多在数米至十余米之间。滑体中部较陡峭，坡度在 40°以上，滑体前部为一长条形平台，可分为三级，自东向西逐次降低。滑体前缘垂直高差约 80m，坡度较陡，坡面上小冲沟发育，将坡面切割成条带状（周洪福等，2009）。

　　滑坡物质组成主要为砂砾岩层或岩块，层序基本连续，平台表部由薄层黄土状土覆盖，深切冲沟中间堆积有后期坡积块石或碎屑土，前缘地带表部覆盖有堰塞湖相地层，整个滑坡

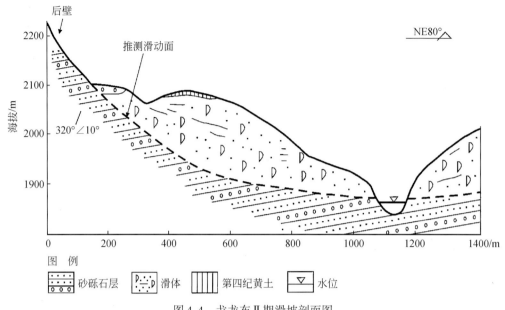

图 4.4　戈龙布 Ⅱ 期滑坡剖面图

体呈圈椅状。该滑坡滑床由白垩系砂砾岩层组成，岩层产状为 S230°E/8～15°NW，滑床上段陡立，坡角 45°左右，大部分暴露于地表构成滑坡后壁，滑床产状主体为 N20°E/45°SE，据滑体中部深切冲沟的基岩产状推断，滑床下段产状变缓，倾角为 8°～15°，总体形态上陡下缓。该滑坡滑带特征不明显，上部出露于地表，经后期风化作用已被改造，表现为凹凸不平的形态。

　　Ⅱ 期滑坡的堆积体堵塞黄河，从现有的两岸残留滑坡堆积物推测，戈龙布堰塞体的坝体长度达 1.25km、宽度为 1.01km、坝体高度达 180m（目前残留平台高程为 2020m，黄河目前水位为 1840m），堰塞体的岩性主要为砂砾岩，胶结度非常高，因此，坝体非常稳定，水从坝体上漫过，在滑坡体顶部留下了受水流改造的平台（图 4.2）。

4.1.2　滑坡堰塞湖范围及沉积物特征

　　戈龙布滑坡发生后，堰塞体将黄河正常流水阻止，在其上游形成了堰塞湖，在堰塞体附近的已宝剖面发现，湖相层顶部高程为 1878m，该剖面所处位置的湖相层高度应该是湖最后消亡时形成的，以此高度为基准高等线向上游圈定了堰塞湖的范围，该湖沿河长度达 45.39km，面积为 61.66km² （图 4.5），堰塞体附近湖相层的厚度为 34m（湖相层顶部的高程为 1878m）。该湖相层以黏土为主，受静水环境影响，层理极其发育，颜色泛白。部分层位为黄色粉沙层，粒径较粗，底部为黄河阶地，二元结构明显。

1. 积石峡已宝剖面

　　该剖面位于积石峡黄河戈龙布滑坡堰塞坝体上游约 500m 处，从剖面可见湖相纹泥层堆积于黄河 Ⅱ、Ⅲ 级阶地阶面上，湖相层顶部高程为 1878m，底部位于黄河 Ⅱ 级阶地顶部，高程为 1844m，剖面总厚度为 34m，其中，顶部 2m 为后期全新世黄土。该湖相纹泥层应该是

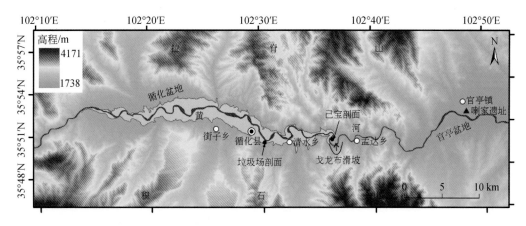

图 4.5　戈龙布 II 期滑坡堰塞湖范围

戈龙布 II 期滑坡堵塞黄河形成的［图 4.6（a）］。

2. 循化垃圾场剖面

剖面分布于循化县东约 1.3km 处，从剖面附近的 IV 级阶地亚砂土顶部发现覆盖有湖相纹泥层，该湖相剖面最低点海拔为 1866m，最高点为 1868m，总厚度为 2m，从高程和沉积物特征判断这个是戈龙布 I 期滑坡堵河后的湖相沉积物［图 4.6（b）］。

图 4.6　已宝和循化垃圾场湖相剖面野外照片

我们将已宝堰塞湖沉积剖面从上到下按 50cm 间隔取磁化率和粒度样品进行测试分析。发现该剖面具有两种典型粒度概率累积曲线（图 4.7），分别代表了浅水、强动力型湖滨或漫滩相沉积和深水、静水型湖心相沉积，从顶部向下水呈粉沙与静水湖相黏土交错沉积，反映了上游来水量或水深状况的波动特征，上游水量大时沉积的粒度较粗，否则粒度较细。总体以湖心相黏土沉积为主，厚度也较厚。静水湖相黏土沉积物的粒度概率曲线表现为两个组分，其中优势组分为第二组分，中值粒径范围为 5 ~ 10μm，表现为湖心相的粒度组分特征。从磁化率特征看，磁化率值普遍小于 $20\times10^{-8}\mathrm{m^3/kg}$（图 4.8）。

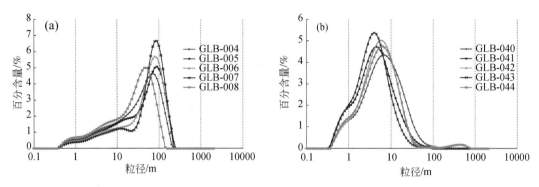

图 4.7　已宝堰塞湖水成沉积剖面粒度分布特征

（a）浅水漫滩相粉沙沉积；（b）深水湖心相黏土沉积

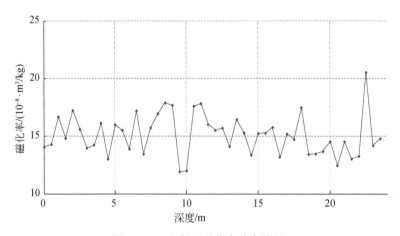

图 4.8　已宝剖面磁化率分布特征

4.1.3　堰塞湖及消亡后环境效应

　　黄河上游地质历史时期的滑坡、崩塌、泥石流等地质灾害异常发育，其对干流两岸居民的生命和财产造成了巨大损失，尤其是发生于距今 4000a 前后官亭盆地喇家村灾难遗址的毁灭原因引起了众多学者的广泛关注。人们的焦点主要集中在官亭盆地 II 级阶地上覆盖的红色黏土层和地震裂缝填充物的来源上，如夏正楷等（2003）认为黄河异常洪水可能是史前喇家遗址遭受灭顶之灾的主要原因，红色黏土层为多次洪水泛滥时期的漫洪堆积物；杨晓燕等（2004）认为官亭盆地 II 级阶地面的平流沉积物是由 14 次洪水单元所构成的，平流沉积物来自河床底部及周围山地上的古近纪-新近纪风化碎屑物；吴庆龙等（2009）认为黄河上游积石峡古堰塞坝溃决洪水造成了喇家遗址的彻底毁灭。前人主要认为 II 级阶地上沉积的红色黏土层主要是由黄河洪水携带的碎屑物堆积而成，我们对此问题也开展了黄河上游滑坡、泥石流的调查研究工作，对官亭盆地的这套红色黏土层堆积物也进行了调查研究。

　　戈龙布 II 期滑坡上游湖相层底部 [14]C 样品测年结果为 9100±40a B. P. ，结合彭建兵等在该地区湖相层中的测年结果，认为该滑坡发生的年代在新仙女木事件向全新世转换期。

　　该堰塞湖形成后，黄河的侵蚀基准面抬升，并在河谷两侧发育了白色的黏土沉积层，与峡谷区和盆地内沉积物明显不同，这一点在遥感影像上清晰可见。堰塞体溃决后，湖水是否造成了下游官亭盆地二级阶地上喇家遗址的毁灭，在学术界存在较大争议（吴庆龙等，2009），为了研究该堰塞湖消亡后是否对下游的喇家遗址造成了毁灭性打击，我们在该堰塞湖湖相层研究的同时也开展了喇家遗址剖面的研究工作。

调查发现，喇家遗址平台上盖有厚约5m的红白相间的黏土层，如果戈龙布堰塞湖溃决的洪水直接造成喇家文化毁灭，那么这一层黏土层应该与已宝的湖相层有一定关系。为了研究喇家遗址毁灭的真正原因，作者在喇家也采集剖面样品进行测试分析。

喇家遗址剖面位于喇家遗址后方的岗沟支沟沟壁处，剖面厚度为4.4m，其中0～0.2m为风成黄土层；0.2～1.1m为浅黄色含砾粉砂层；1.1～3.55m为红色黏土层，黏粒含量很高，质地坚硬，野外肉眼可见七条红色、浅黄色的交错层理带；3.55～4.40m为风成黄土层。粒度和磁化率按5cm间隔各取样品88个，并分别在距顶部0.15m，0.5m和2.65m处取^{14}C年代学样品三个（图4.9）。

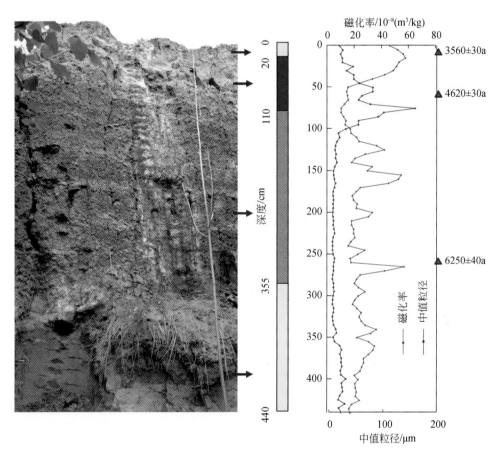

图4.9　喇家遗址剖面粒度磁化率特征

红色箭头指示地层位置，蓝色三角形指示年龄样品取样位置，黄色层是风成黄土，
橙色层是红黏土地层，深蓝色是水成粉沙地层

对比发现，喇家的红色黏土层与积石峡峡谷区的已宝湖相地层在发育年龄、颜色、粒度、磁化率、土体质地结构等方面具有明显区别，反映了二者不同的成因机制和不一样的水

动力条件、搬运方式和搬运距离。具体表现如下。

1）年龄差异

已宝剖面的岩性属于泛白色的粉砂黏土沉积，其色调与这一带广泛出露的紫褐色白垩系沉积岩形成鲜明的对比。^{14}C 结果显示堰塞坝体湖相层顶部年龄为 10590±50a B. P.，指示戈龙布滑坡堰塞湖溃决的时间。前人研究证明喇家遗址的毁灭时间为 3792±43a B. P. 至 3678±75a B. P.（夏正楷等，2003），属于中全新世晚期，二者年龄相差 5000 多年，积石峡戈龙布滑坡堰塞湖形成溃决早于官亭盆地二级阶地上喇家遗址毁灭时间，而非同一时期。

2）颜色差异

野外实地观察发现，积石峡湖相层层理极其发育，厚度为 0.2～15.0cm 不等，属于黄河上游水流携带的粉沙与黏土快速沉积层，有机质含量很低，颜色普遍发白或淡黄（图 4.6）；而官亭盆地二级阶地上的红黏土沉积层为红白相间的红色黏土沉积（图 4.9），二者颜色差异十分明显。

3）粒度特征

喇家剖面典型地层沉积物的粒度概率累积曲线（图 4.10）从顶部向下依次为风成黄土沉积、水成漫滩相粉沙沉积、红黏土沉积和风成黄土沉积。其中风成黄土粒度表现为三个组分，其中优势组分为第三组分，其中，值粒径范围为 50～70μm ［图 4.10（a）］，为风成沉积的粗悬浮组分，与黄土高原的标准黄土粒度分布特征完全一致；水成粉沙粒度特征也表现为三个组分，其第三组分为优势组分，其中值粒径范围为 100～150μm ［图 4.10（b）］，为

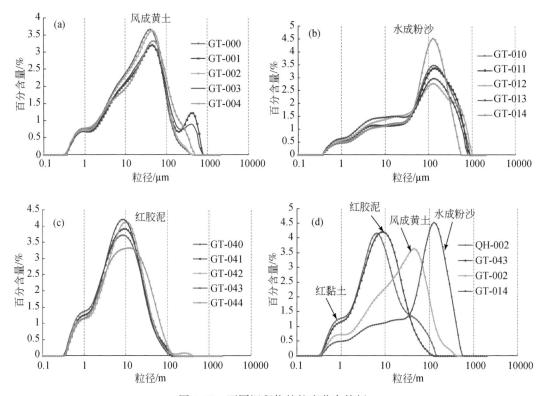

图 4.10　不同沉积物的粒度分布特征

（a）风成黄土；（b）水成粉沙；（c）红黏土层；（d）黄土、粉沙、红黏土、红黏土粒度对比图，其中，QH-002 为标准红黏土样品

水成漫滩相或湖滨相沉积的粗悬浮组分；红黏土层粒度表现为三峰特征，其中第二组分百分含量最高为优势组分，其中值粒径范围为 $9 \sim 11 \mu m$ ［图 4.10（c）］，与新近系红黏土粒度特征相似，其水平层理显示经过流水改造，因此，应是新近系风成红黏土被流水改造而成，但改造得不彻底，基本保留了原来新近系红黏土的粒度特征，显示其搬运距离较短，属于近源搬运。整个剖面的粒度特征与黄河上游全新世黄土剖面粒度特征的韵律模式完全不同。

4）磁化率差异

喇家剖面磁化率波动较频繁（图 4.9），其中，剖面顶部风成黄土的磁化率高峰值相对于水成粉沙突出明显，但实际远低于全新世古土壤的磁化率；红黏土层的磁化率值主要分布为 $20 \times 10^{-8} \sim 40 \times 10^{-8} m^3/kg$，平均值为 $26.38 \times 10^{-8} m^3/kg$，磁化率强度低于风成黄土，更低于全新世古土壤，但高于己宝堰塞湖湖相层剖面，这种韵律层记录的磁化率变化不是气候变化的直接记录。积石峡己宝湖相层的磁化率值普遍位于 $10 \times 10^{-8} \sim 20 \times 10^{-8} m^3/kg$，平均值为 $12.53 \times 10^{-8} m^3/kg$（图 4.8），明显小于喇家剖面红黏土的磁化率值，反映了两者不是一套沉积类型和不同的物质组分。

5）土体质地结构

喇家剖面红黏土层土体结构层理边界模糊过渡，无截然变化层理边界，土体孔隙多、有机质碳屑含量较高，致密坚硬，胶结度很高，发育暗色土壤团粒结构；而积石峡己宝湖相地层土体结构层理极其发育、清晰，质地致密、无孔隙，胶结差，是典型水成沉积特征。

因此，戈龙布滑坡堰塞坝体溃决与官亭盆地喇家遗址的毁灭没有直接关系。那么，喇家遗址是如何最终毁灭的呢？

4.1.4　喇家红黏土分布特征及来源

作者分别在官亭盆地的丹阳古城、官亭 750kV 电厂、红台山沟等地野外调查发现，丹阳古城台地下伏巨厚黄土底部有薄层古土壤，上部没有，而古城西侧谷地有红黏土层发育；红台山沟西侧台地未见类似红黏土沉积层，官亭 750kV 电厂后山根部及各支沟沟口的红黏土厚度较大；喇家村周缘的田野沟壑、山坡等地都有红黏土层存在；喇家聚落的东部覆盖有红黏土，而西部没有。综合野外和资源 1 号 02C 遥感影像判读后认为官亭盆地二级阶地分布的红黏土韵律层分布在有限的区域范围内，主要分布于黄河左岸的山前地带，且从山前到黄河边逐渐减薄，各支流沟口堆积厚度最大，即北厚南薄，北高南低，覆盖面积为 $18.71 km^2$（图 4.11）。

官亭盆地 750kV 电厂后山及岗沟、吕家沟等冲沟处，古崩塌、古滑坡发育，地震则很可能是触发山体崩塌、滑坡的关键因素。因此，在地震与气候变化等内外动力地质作用下，滑坡崩塌体绝大部分堆积物被山上洪水冲刷、携带，堆积于前缘的黄河二级阶地上。官亭盆地山麓地带地势转折明显，在主河发生异常洪水事件的同时，附近山区的沟谷中由于暴雨引发的山洪和泥石流，往往会在山麓地带形成大规模的洪积扇或泥石流扇。因此，官亭剖面的红黏土层属于多期次规模洪水携带的官亭盆地山前和沟谷中的松散碎屑物质近距离搬运的山洪泥石流堆积（图 4.12）。

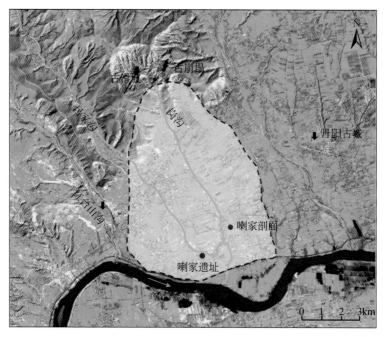

图 4.11　官亭盆地红黏土分布范围及变化特征

图 4.12　喇家 750 电厂古崩塌（a）和官亭北部冲沟红色黏土（b）

4.1.5　红黏土与喇家遗址的关系

　　喇家遗址位于官亭盆地黄河北岸Ⅱ级阶地的前缘，高于现代黄河河面约 25m，距黄河河道水平距离约 1km，距官亭镇 750kV 电厂后山约 2.5km，北、西北面紧邻吕家沟和岗沟，是一处典型的史前灾难遗址，保留了距今 4000 多年前的古地震、古洪水等多种灾变遗迹。

　　2008 年 5·12 汶川 8 级地震诱发了大量的滑坡、崩塌、泥石流等地质灾害，并在后期的强降雨事件影响下短短数月就彻底毁灭了昔日繁荣美丽的北川老县城；2010 年 8·8 甘肃舟曲山洪泥石流在瞬间彻底摧毁了县政府左侧的月园村，这些事件或许是官亭盆地喇家遗址毁灭的历史重现。

　　喇家遗址先遭受古地震的破坏，这个证据目前无争议，本书无需再赘述。喇家地震的同时诱发了官亭盆地北侧大规模的山体滑坡和崩塌，其堆积体及沟谷中的松散碎屑物后被洪水携带形成山洪泥石流袭击了喇家遗址区，发生过程类似 2010 年 8.8 甘肃舟曲山洪泥石流和 2008 年 9 月 26 日的北川老县城泥石流（强降水或持续降水携带汶川地震诱发的松散碎屑流）。

　　剖面年龄显示，官亭盆地二级阶地上的红黏土发育在马兰黄土上部，其形成始于早全新世，6000a B. P. 以来研究区进入全新世适宜期，降雨增多，山体剥蚀量大，冲刷强烈；在前后多次大规模洪水携带泥流堆积事件后堆积了 2.45m 的厚度，其上发育水成粉沙层，再被黄土覆盖，说明早期可能堆积北山古近系–新近系上部红黏土，晚期则堆积古近系–新近系下部水成粉尘或有大洪水流过。每一次大规模的降水事件都会在山前堆积一层泥石流。显然，剖面红黏土沉积开始的时间早于喇家遗址毁灭的时间，喇家遗址毁灭事件是在其沉积过程晚期发生的，也反映了红色黏土层的长时间经历多期洪水的持续作用过程。

　　2012 年多次野外调查发现，喇家遗址北侧的吕家沟和岗沟都会带来很大的洪水流量，洪水携带的泥石流堆积于沟谷下游的低洼地带，形成泥石流扇。因此，官亭盆地北侧山上发育的吕家沟和岗沟等冲沟完全能够提供足够的洪水，其中，泥石流主要来自岗沟，部分来自吕家沟。洪水流量大，异常迅猛，淹没的高度可达 1.7m（图 4.13），喇家遗址被毁灭的洪水可能来自于喇家北侧的洪水，而非黄河异常洪水；喇家遗址及吕家沟沟壁等地的地震裂缝填充物是来自北侧山体上的红色黏土被洪水携带沉积填充，而非黄河泛滥的产物。

图 4.13　喇家遗址北侧冲沟洪水淹没的高度

　　因此，喇家遗址上的红色黏土层属于地震诱发滑坡、崩塌，同时造成山体疏松，在暴雨或持续降水作用下，滑坡崩塌堆积物和山体松散物质被洪水沿沟谷携带到沟口及地势较低的黄河二级阶地沉积，地震后发生的山洪泥石流灾害造成了喇家遗址的彻底毁灭（殷志强等，2014a）。

4.2　锁子滑坡堰塞湖及环境效应

4.2.1　锁子滑坡及堰塞体特征

锁子滑坡堰塞体位于群科-尖扎盆地黄河干流上，由于滑坡发生时间较长，受河流切割和剥蚀作用，目前仅在左岸和右岸保留了滑坡的部分残留堆积体，其中左岸残留体长2150m，右岸800m；左岸残留体宽为5250m，右岸为4000m；左岸厚度约为120m，右岸约为25m，总残留体积为14.35亿m³。滑坡水平滑距为5930m，垂直落差为875m。滑床后缘受控于NNW向断层，产状为255°∠48°，前缘微翘。滑坡发生后，将黄河河道向北挤压并堵塞，推测堰塞体长度约为7.09km，宽度约为4km，后期上游来水从堰塞体顶部漫过，在南北岸形成了高程为2260m的平台（图4.14）。

图4.14　锁子滑坡全貌图

红色箭头为滑坡体边界范围

　　野外调查发现该滑坡体前缘高程为（南岸片麻岩分布的最高点）2300m，后缘顶部高程为 2800m，滑动距离为 5.93km；在黄河南岸 2300m 的高度滑体均有分布，滑体呈抛撒状。滑体中下元古界（Pt_1）片岩、片麻岩堆积物覆盖在新近系（N_2）的泥岩上部，滑坡剪出口位于 35°53′09.66″N，102°04′28.12″E，高程为 2075m，高出现代河水位约 45m。从剪出口明显可见由上下两套地层组成，下为新近系红色泥岩，上覆下元古界片麻岩混杂堆积（滑坡堆积物）（图 4.15、图 4.16），该套不正常沉积地层也出现在黄河右岸的牙那洞村西侧的大片地区。

图 4.15　滑坡左边界剪出口处地层剖面

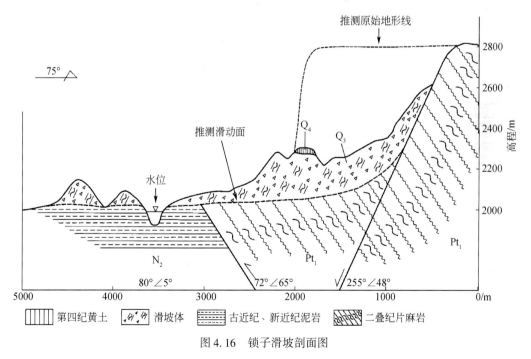

图 4.16　锁子滑坡剖面图

　　在黄河右岸锁子滑坡对面海拔 2300.96m 的山坡上（102°1′53.98″E，35°54′19.38″N），发现大量斑晶状片麻岩披覆在新近系泥岩上面，最大的岩块高 1.5m，宽 2m，高 0.8m

（图4.17）。因黄河右岸原本不存在这种片麻岩，故这些物质只能来自黄河左岸的锁子滑坡堆积体。通过黄河两岸岩性一致、堰塞体高程与湖相层高程对应、锁子滑坡下游不存在湖相纹泥沉积等判断，锁子滑坡确实堵塞黄河，且时间较长。

图4.17　锁子滑坡片麻岩分布位置

（a）左岸；（b）右岸

遥感影像和野外调查发现，锁子滑坡堆积体中部又发生了多次次级滑动（图4.18）。从现有残留滑体来看，至少有两处次级解体滑坡，次级滑坡后壁直立，滑体松散杂乱，且滑后地形较平，其前缘堆积扇已被改造为居民区。

图4.18　锁子滑坡堆积体次级解体滑坡

4.2.2　滑坡堰塞湖范围及沉积物特征

锁子滑坡堰塞湖的湖相沉积物一直延续到李家峡口的黄河南岸，湖相层顶部高程为2199m，以该高程划定了堰塞湖区的范围，堰塞湖面积为212.5km²，堰塞湖长度为45.2km，湖相层厚度为75m。堰塞湖区范围见图4.19，沉积物在湖区的不同部位均有出露，其中以群科剖面和李家峡剖面最为典型。

1. 群科剖面

群科湖相层剖面点位为101°58′41.8″E，36°3′24.6″N（图4.20）。湖相层顶部高程为2190m，底部高程为2135m，黄河现代河水位标高2009m，该剖面因后期风化剥蚀，原始湖相沉积高度可能比现在要高。

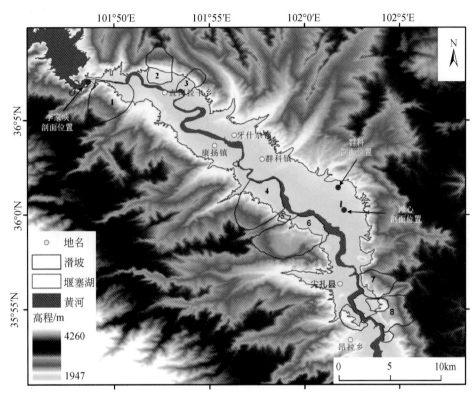

图 4.19　群科-尖扎盆地特大型-巨型滑坡与堰塞湖范围分布图
1. 唐色滑坡；2. 夏琼寺滑坡；3. 参果滩滑坡；4. 康杨滑坡；5. 烂泥滩滑坡；
6. 夏藏滩滑坡；7. 山尕滩滑坡；8. 锁子滑坡

图 4.20　群科湖相层剖面

2. 李家峡口剖面

剖面分布于李家峡峡口,剖面清晰地反映了黄河Ⅳ级阶地形成后晚期湖积层特征。李家峡湖相层顶部高程为2199m,底部高程为2135m。湖相层底部为阶地砾石层,剖面厚度为87m,其中砾石层高度为23m,湖相层厚度约64m,水平纹泥层呈深灰、浅黄色,为细粉沙黏土沉积,具有波纹层理,质地疏松,单层厚0.5~1.2cm,是静水相沉积的产物(图4.21)。自上而下:

(1)海拔2223~2200m,厚23m,砾石含量约40%,细砾粗砂占40%,中细砂20%左右,分选性一般,磨圆度一般,为滨湖-洪积相。

(2)海拔2200~2181m为细砂层,厚度19m,具水平层理,局部可见交错层,为动水环境的滨湖相沉积。

(3)海拔2181~2160m为细砂、粉质黏土互层,厚度21m,粉质黏土层具明显的纹泥现象,单层厚0.5~1.2cm,细砂层质地疏松,洁净,为滨湖、湖相沉积。

(4)海拔2160~2136m为粉黏质纹泥层,厚度为24m,纹泥层厚度10cm约有11层,颜色上黄褐、灰黑相间,为静水环境湖相堆积。其顶界最高海拔与群科剖面一致,最低海拔高出群科剖面(2054m)约82m,与黄河现代纵坡降1.5‰~2.3‰一致。

(5)海拔2136m以下为黄河Ⅳ级阶地堆积物,堆积物有约0.3m的粉质黏土,下部为约13m的砂砾卵石层,分选性、磨圆度好,基座为约8m的古近系砂砾岩,基底为Pt_1片麻岩。阶面高出现代黄河水位74m。

(6)湖积纹泥层与Ⅳ级阶地粉质黏土层中间夹有约0.5m的土黄色碎石黏土层,具波纹状、枕状构造特征,应为黄河刚堵塞时的堆积物,也有可能是水面很浅时冻融褶皱。

图4.21 李家峡湖相层剖面

综合两处剖面的湖相纹泥层厚度和沉积特征,认为其顶界高程为2200m,底界高程为2135m,这样推测堰塞湖纹泥层的厚度至少有75m,水位至少大于75m。

4.2.3 堰塞湖及消亡后环境效应

李小花（2012）通过在锁子滑坡后缘湖相层顶部和李家峡峡口顶部湖相层等光释光（OSL）测年结果，认为该滑坡的发生年代为 8 万 ~ 10 万 a，发生原因为断层活动诱发的构造地震滑坡。滑壁受控于祁连块体与西秦岭块体边界断裂派生的 NNW 向尖扎东断裂带，在地震的作用下，滑坡启动，推移式高速滑动并堵塞黄河。

作者在夏藏滩滑坡的对岸滩心看到一处新鲜出露的地层剖面（图 4.22），该剖面顶部高程为 2108m，剖面上部岩性为砾石、泥岩的混杂无序堆积，经调查认为是夏藏滩滑坡的堆积体，厚度为 11m；堆积体的下部为波浪状的白色黏土层，其应该是滑坡滑动过程中搅动的黏土层；中部为一套红白相间的水平纹泥层，同时夹杂有砾石透镜体，这套地层明显与新近系的红黏土层在物质组成、颜色、粒度等方面不符，为了更进一步揭示这套红白相间的黏土层与阶地、夏藏滩滑坡的关系，作者在此处打了 28m 的钻孔，通过钻孔看到下部仍有 25m 的水平纹泥层，因此，该套地层的厚度达到 48m。最下部为阶地面，砾石磨圆度很好。综合区域地貌分析，认为该套地层很有可能是锁子滑坡堵河后的沉积物，粒度组分的粗细反映了上游和周边来水量的差异。

图 4.22 群科-尖扎盆地滩心剖面

该剖面和钻孔很好地揭示了锁子滑坡堰塞湖沉积与黄河阶地及夏藏滩滑坡的关系。钻孔显示夏藏滩滑坡对岸钻孔的地面高程为2069m, 上部25m均为锁子滑坡堰塞湖湖相层, 25~28m为黄河阶地, 而邻近剖面揭示夏藏滩滑坡混杂堆积物覆盖于水平湖相层之上, 剖面下面23m为湖相层, 上面11m为滑坡堆积体, 两者接触面呈波浪状, 反映了水的作用。根据地层的上下接触关系, 认为锁子滑坡发生在前, 锁子滑坡的堰塞湖纹泥层覆盖在黄河Ⅳ级阶地上, 夏藏滩滑坡Ⅰ期发生在锁子滑坡堰塞湖形成的后期。

锁子滑坡堰塞湖续存期间, 由于黄河侵蚀基准面逐渐抬升, 滑坡泥石流相对较少, 但后期因水位波动下降, 夏藏滩地区河流基准面随之下降, 滑坡前缘失去支撑, 这种在水位下降过程中发生的滑坡在三峡库区屡见不鲜 (刘新喜等, 2005; 帅红岩, 2010), 加上50000a前后属于氧同位素曲线的3c阶段 (姚檀栋等, 1997), 气候上处于温暖湿润期, 降水量较大, 因此, 夏藏滩滑坡可能是在降雨和库水位下降滑坡前缘失去支撑而发生, 滑动距离远, 属于小角度高速远程滑坡。在李家峡下游的参果滩村和化隆县的群科镇仍保留有黄河残留的古湖泊, 指示黄河河道的变迁或堰塞湖水位的波动。夏藏滩滑坡发生后, 由于其巨大的滑坡体冲入湖中, 将湖中水体的位置明显挤压, 加速了锁子滑坡堰塞体的溃决过程。另外一种可能是堰塞湖消亡后, 夏藏滩滑坡的前缘失去支撑, 出现高陡临空面而发生。

从发生年代上分析, 锁子滑坡发生于8万~10万a, 夏藏滩Ⅰ期滑坡发生在5万a左右, 二者相差3万~5万a; 从滩心剖面地层接触关系分析, 夏藏滩滑坡应该发生在锁子堰塞湖的后期或者堰塞湖消失以后, 故锁子滑坡堰塞湖的持续时间可能小于3万a。

4.3 松巴滑坡堰塞湖及环境效应

4.3.1 松巴滑坡及堰塞体特征

野外实地调查发现贵德盆地东部黄河谷地曾存在一个巨大的湖盆, 迄今在阿什贡、二连村等地仍残留部分湖相纹泥层, 结合遥感影像分析认为, 在黄河松巴峡曾发生两处巨型古滑坡, 作者将其命名为松巴峡左岸和右岸滑坡, 其中松巴峡左岸滑坡后缘高程为2790m, 前缘高程为2178m, 高差为612m。前缘堆积体堆积于黄河河漫滩上并部分阻塞河道, 改变了河道位置, 使得该处变为黄河凸岸, 主滑方向为SE; 滑体物质组成为变质岩, 后壁直立、光滑。松巴峡右岸滑坡后缘高程为2988m, 前缘高程为2178m, 高差达819m, 其前缘为黄河凹岸, 滑体堆积物已被河流冲刷干净 (图4.23)。这两处滑坡发生后严重堵塞黄河河道形成巨大堰塞湖, 堰塞坝体宽度约为1600m, 高度约为600m, 堰塞体主要由混杂的砾岩、变质岩组成, 坝体较稳定。

滑坡堵塞黄河后, 在黄河两岸留下了大量的水平湖相纹泥层, 在野外实地调查的基础上, 作者根据遥感影像, 解译了贵德盆地东部革匝村附近的黄河河谷区古滑坡、洪积扇、湖相层的分布位置 (图4.24)。

图 4.23　贵德盆地松巴左右岸滑坡 Google Earth 影像

红色箭头为滑坡边界，黑色箭头为滑坡滑动方向

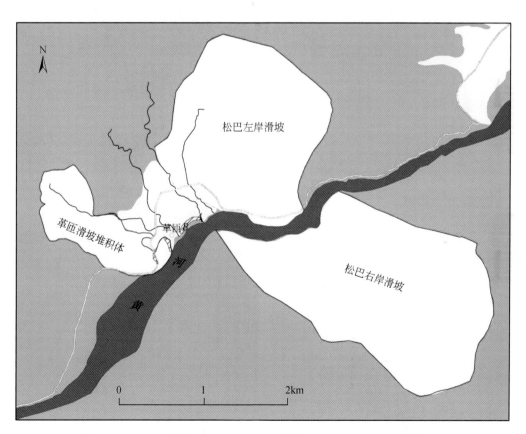

图 4.24　贵德盆地东部黄河河谷区遥感解译图

图中 A、B 分别为图 4.27 和图 4.28 位置

4.3.2　滑坡堰塞湖范围及沉积物特征

根据盆地内革匝村附近湖相层顶部高程 2212m 认为，古堰塞湖最后消亡时的高度为 2212m，据此推算该堰塞湖的湖水范围从堰塞体附近一直延伸到上游的拉西瓦峡，沿河长度为 39.3km，堰塞湖面积为 150.68km²，湖相层厚度：14m。但由于盆地内黄河干流两岸滑坡、泥石流极其发育和最近百年来人类强烈的工程活动，河湖相纹泥层保存并不完整，仅在革匝村、二连村等地有完整保留。

野外调查和遥感影像分析认为革匝滑坡体与松坝峡左岸滑坡体之间的山间小盆地（图 4.25）就是该期堰塞湖的湖相纹泥层，革匝滑坡堆积体覆盖在湖相纹泥层之上，反映了革匝滑坡的发生时间为堰塞湖形成晚期或消亡后，湖相纹泥层顶部 ¹⁴C 年龄为 13ka B. P.，因此，革匝滑坡的发生时间可能是末次冰期向全新世转换期，该时段气温升高，降水增加，诱发了革匝滑坡发生。

图 4.25　贵德盆地东部堰塞湖沉积相特征及与革匝滑坡关系

革匝滑坡堆积体下部湖相层顶部高程为 2202m（表 4.1），剖面位置为 101°36′23.24″，36°8′26.34″，湖相层出露厚度约 3m，层理非常清楚，黏土，灰白色。剖面顶部为 1m 的河湖相沉积，可能为后期的坡积物，下部 2.5m 为革匝滑坡体堆积物。

表 4.1　革匝村及邻区湖相层海拔高程统计表

序号	湖相层位置	湖相层顶部高程/m
1	革匝滑坡堆积体下部湖相层顶部	2202
2	革匝村附近湖积平台（非阶地）	2212
3	松巴村条带状湖相层（厚度约23m）	2260
4	革匝村黄河岸边湖相层底部	2198
5	尕让湖相层顶部高程（非阶地），湖相层上部为厚3m的黄土，故顶面高程为2398m	2395

　　松巴村湖相层：位置为 101°38′16.23″，36°9′42.87″，湖相层顶部高程为 2260m，灰白色纹泥层发育在紫红色白垩系砂岩上，湖相层下部高程为 2237m，湖相层厚度约 23m，呈条带状分布。

　　革匝地区的湖相层水平层理发育，以中细粒粉砂为主，优势组分的中值粒径为 60～70μm。通过对比该地湖相层、积石峡戈龙布滑坡堰塞湖湖相层、典型黄土和典型红黏土粒度曲线发现革匝湖相层顶部的粒度曲线特征与戈龙布湖相层顶部和李家峡湖相层顶部一致，均属于湖滨相或河漫滩相，反映了堰塞湖较浅的湖滨环境。同时下游的松巴村盆地内也发育湖相层，其海拔高程为 2240m。因此，在贵德盆地东部的革匝和松巴地区，至少发育了两期滑坡堰塞湖。

4.3.3　堰塞湖及消亡后环境效应

　　堰塞湖续存期间，河流侵蚀基准面明显抬升，黄河两岸的古泥石流和洪积扇发育。同时形成了多处湖相纹泥层（图 4.25），野外调查发现，革匝附近的湖相层最为典型（图 4.26～图 4.28）。

图 4.26　革匝村黄河岸边的白色纹泥层

图 4.27　堰塞体附件黄河左岸的湖相层剖面

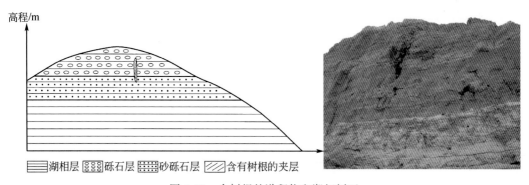

图 4.28　含树根的洪积物和湖相剖面

该剖面厚度约 5m，其中 0～1m 为含细砾的山前洪积物，1～3m 为紫红色黏土层，3～4m 为白色的湖相水平纹泥层，底部高程为 2198m；4～5m 为黄河古河道磨圆度较好的砾石层。剖面右侧为沟道中的砾石层，磨圆度差，反映其是近源搬运堆积。在该剖面的湖相层底部取土壤有机碳 ^{14}C 样品，年龄为 4030±30a B. P. ，该样品反映堰塞湖的形成时间，也就是松巴左右岸滑坡发生的时间，即 4000a 左右。

该剖面厚约 3m，地层上分为三层，顶部 0～1.5m 为浅水相的含砾洪积层；中部 1.5～2.7m 为稳定的洪积物沉积层，含有多处树根；下部为水平的白色纹泥层。湖相层顶部与洪积物过渡带树根，其能反映该堰塞湖消亡时间，^{14}C 年龄为 1090±30a B. P. ，因此，松巴左右岸滑坡堰塞湖溃决的时间约在 1000a 左右，堰塞湖从形成到消亡的时间约 3000a。

堰塞湖溃决后，随着河道侵蚀基准面下降，河道两侧的地貌发生了明显变化，主要表现为北岸的滑坡、泥流，南岸的泥石流广泛发育，如北岸的席笈滩滑坡、阿什贡滑坡、革匝滑坡以及二连村地区的八条大型泥石流沟，南岸的查达滑坡和多处泥石流扇。黄河左岸二连村地区由河流切出了深达 50m 的陡崖，席笈滩 I 期滑坡的前缘已被黄河改造为平坦的 II 级阶地面，说明滑坡发生后一度堵塞黄河，水流从滑坡体前缘上部漫过，滑体接受了较长时间的河流改造才形成了平坦的阶地面（图 4.29）。

革匝上游部分地区可见有湖相沉积，沉积厚度约 2m 左右，在革匝滑坡西侧公路旁可以看到，断续延伸至阿什贡黄河大桥处。

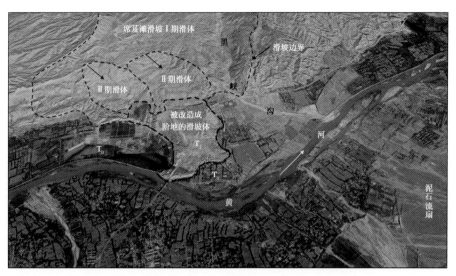

图 4.29　席笈滩 I 期滑坡前缘被改造为黄河 II 级阶地面

T_0. 河漫滩，T_1. 一级阶地，T_2. 二级阶地

　　湖相层根据其沉积物特征可将其分为三段：最底部为一层厚为 50～60cm 的砾石层，分选程度总体较差，充实状况良好，最大砾石粒径为 10cm 左右，磨圆程度差，呈棱角状-次棱角状，有一定程度的定向排列，最大扁平面背向黄河，是堰塞湖形成初期山前流水汇集迅速堆积形成；中间段为厚度约 40cm 的中-细砂层，中细粒结构，层理发育，是堰塞湖形成后，相对静水条件下缓慢沉积的形成；上部砾石层与粗砂层交互，单层厚度较小，且有些砾石穿层，不做细分，该层砾石砾度稍小为 4～8cm，分选较好，磨圆较好，次棱角-次圆状。粗砂层夹于砾石层之间，厚度为 5～20cm 不等，发育有水平层理、有些部位稍显斜层理特征，是堰塞湖形成后期，黄河流水和堰塞湖水流作用共同影响、交替主导下沉积形成。湖相层顶部为一层风成黄土覆盖，表面有植物生长。松巴峡左右岸滑坡被冲破后，堰塞湖消退，水位降低，湖相沉积经黄河改造后形成 II 级阶地（图 4.30）。

图 4.30　革匝上游黄河堰塞湖沉积及河流阶地

研究区，除共和盆地外，其他盆地内每一次滑坡堰塞湖的湖相层都有相对应的堰塞体，由于堰塞湖的存在，故盆地的阶地序列不是标准的发展模式，部分阶地平台可能是堰塞湖续存期间的台地，而非黄河正常形成的阶地。因此，对循化盆地、尖扎盆地和贵德盆地的阶地需要重新认识，这些地区的河流阶地应该是正常沉积或侵蚀的阶地与堰塞湖湖相层的混合模式，而非单一的河流侵蚀或堆积阶地。

4.4　革匝滑坡及滑坡堰塞湖分期

革匝滑坡位于青海省贵德县革匝村黄河北岸。革匝滑坡由滑源区、残余滑坡体和残留滑坡坝组成。革匝滑坡周边分布有阿什贡滑坡、松巴峡左右岸滑坡等，其中阿什贡滑坡的滑坡体前缘与革匝滑坡后缘相接，滑动方向与革匝滑坡滑向一致，阿什贡滑坡体被尕让河切割，其河流阶地对于革匝滑坡年龄判断具有十分重要的意义。松巴峡左右岸滑坡位于革匝滑坡下游，其堰塞湖沉积夹于革匝滑坡体之间，是革匝滑坡分期的标志。

4.4.1　革匝滑坡形态特征

革匝滑坡前缘黄河河面标高为2179m，流向为NE。革匝滑坡区滑坡后缘最大标高为2413m。距黄河河面高差约234m，滑源区滑坡后缘距黄河约1.5km。根据野外观测分析得出，革匝滑坡在下滑堵塞黄河并溃决后，黄河从滑坡体前缘通过，并且逐渐侵蚀搬运滑坡体，现在所见的革匝滑坡体仅位于黄河左岸。残留部分滑坡体形态上呈舌状，左右宽度约340m，前后长度约为870m，厚度约为80m。

革匝滑坡滑源区，可见明显的圈椅状负地形，阿什贡滑坡体前缘"趴"在革匝滑坡后壁上。革匝滑坡后缘断壁表现为高50~150m的近直立的峭壁，平面上呈锯齿状展开，走向为北偏东27°，与新近系贵德组地层走向一致。

断壁岩体上可见有众多的卸荷裂隙，后经流水作用侵蚀，发育众多落水沟，呈丹霞地貌景观。断壁底部有大量第四纪松散堆积物，表明断壁经历了长时期的崩塌改造作用。

滑坡床较为平坦，内部发育较多规模不一的冲沟。滑坡床主要是残余滑坡体和粒度大、分选差的洪冲积物，冲沟底部见有大量无分选、磨圆的砾石。表面覆盖有大量低矮草本植物。

在残余滑坡体左侧，有残余滑坡坝（图4.31），是黄河在冲破滑坡体后被侵蚀滑坡体堆积组成。表面为植物覆盖，且坝顶有农作物播种过的痕迹。

图4.31　革匝滑坡体及其残余滑坡坝

4.4.2　革匝滑坡体物质组成

革匝滑坡主体部分由于遭受雨水冲洗、黄河侵蚀及下游滑坡堵河形成堰塞湖的改造已被黄河流水搬运，从滑源区岩性以及革匝滑坡残留部分岩性推测，革匝滑坡主要由两种岩性组成：新近系贵德组砂岩及三叠系厚层状石英砂岩。

新近系贵德组地层砂岩直接遭受阿什贡滑坡撞击，由于其本身并未固结成岩，结构构造并不稳定，在遭受撞击后，迅速垮塌向前滑动形成滑坡。又由于其体量巨大，所以是滑坡形成时的主要物质来源。

厚层状石英砂岩是革匝残留滑坡体的主要部分，由于其下伏于新近系贵德组地层之下，所以并未直接遭受阿什贡滑坡撞击，而是受到来自新近系贵德组地层的挤压。通过野外观察发现，革匝滑坡残留滑坡体由该岩体的破碎带和未破碎岩层两部分组成。破碎带处岩石碎裂严重、大小混杂；未破碎岩体发育众多剪节理，产状与原地层产状差异较大。根据野外观察，推测得出：石英砂岩直接遭受挤压的部分发生严重碎裂，使岩体失去稳定，形成现在所见的破碎带；未直接遭受挤压部分，由于被挤压处应力释放的作用，发育大量节理，并跟随破碎带滑动，形成现在所见未破碎部分。

4.4.3　革匝滑坡分期

革匝滑坡滑坡体为破碎岩块，岩体碎裂严重，大小混杂。野外地质调查发现，革匝滑坡体之间夹有湖相沉积（图 4.32、图 4.33），并且该湖相层仅在革匝滑坡下游出露，革匝滑坡上游没有见到该湖相沉积。通过判断得出，该湖相层并非由革匝滑坡堵河造成，而是由革匝下游松巴峡滑坡堰塞湖沉积形成。滑坡体与湖相沉积之间界线截然。

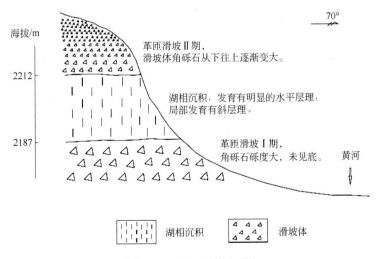

图 4.32　革匝滑坡剖面图

图 4.33　革匝滑坡 I 期顶部湖相层及 II 期底部湖相层

由于滑坡体遭黄河流水侵蚀冲刷以及人类活动的破坏，在野外观测中并没有找到一条包含各个革匝滑坡 I 期、湖相层、革匝滑坡 II 期的剖面。通过 GPS 测得革匝滑坡 I 期顶部与湖相层底部高程为 2187m，革匝滑坡 II 期底部与湖相层顶部高程为 2212m。由此可以判断得出湖相层总厚度约为 5m，革匝滑坡 I 期与 II 期之间 5m 的湖相沉积说明革匝滑坡两个期次之间相隔了较长时间，因此，其成因差异有较大区别。

4.4.4　阿什贡滑坡与革匝滑坡的关系

革匝滑坡北西侧，有一大型滑坡——阿什贡滑坡。该滑坡至少存在早晚两期，早期滑坡是尕让河西侧古近系-新近系湖相泥岩粉砂岩地层构成的山峰形成的滑体，向东越过尕让河，冲上尕让河东侧山坡，东山山峰受其冲击后向东垮塌，形成了革匝滑坡。因此，阿什贡滑坡滑动方向与革匝滑坡方向一致，并且早期滑坡体前缘直接覆盖于革匝滑坡后缘之上。阿什贡早期滑坡形成后，在上游形成堰塞湖，湖相地层堆积在尕让河 III 级阶地上，滑坡体被黄河支流尕让河切割开后，堰塞湖溃决，在堰塞体地段的峡谷内没有 III 级阶地。后来由于河流切割形成陡峭峡谷，又在阿什贡早期滑坡体中部发育了规模较小的晚期滑坡，尕让河 I 级阶地发育在晚期滑坡北侧，而在晚期滑坡提内峡谷内不发育。因此，根据尕让河上游阶地发育和破坏情况得出阿什贡早期滑坡应早于尕让河 I 级阶地、晚于 III 级阶地，晚期滑坡则可能晚于 I 级阶地。

在阿什贡滑坡北侧发育的尕让河 I 级阶地取得[14]C 测年样 ASG-01，取样处［图 4.34（a）］。

革匝滑坡 I 期滑坡体上覆有松巴峡滑坡堰塞湖，在湖相层中取得埋藏树木残块测年样 SBX-02，取样处［图 4.34（b）］。革匝滑坡 I 期完成后，松巴峡滑坡发生形成堰塞湖，其湖相沉积直接覆盖在滑坡体上。根据沉积的先后顺序可知革匝滑坡 I 期早于松巴峡滑坡形成的堰塞湖。由此我们可以判断出阿什贡滑坡、革匝滑坡及松巴峡滑坡的先后顺序及其相互间作用关系。

图 4.34　尕让河 I 级阶地（a）与松巴峡堰塞湖沉积（b）取样

样品预处理按标准酸洗方法提取沉积物有机质，然后按 AMS 标准 ^{14}C 测量年龄。^{14}C 测量年龄利用 δ^{13}C 进行同位素分馏校正得到同位素校正年龄后，再根据 INTCAL13 数据库进行校正得到日历校正年龄，最后给出了其 2σ 区间范围。测量结果见表 4.2。

表 4.2　尕让河 I 级阶地与松巴峡堰塞湖沉积年龄

样品	测量年龄/a	^{13}C/^{12}C	常规年龄/a	σ 校正
SBX-02	3990±30	−22.7 o/oo	4030±30	Cal B. P.　4570 to 4425
ASG-01	4480±30	−24.2 o/oo	4490±30	Cal B. P.　5005 to 4980

根据 ^{14}C 测量结果得出阿什贡 I 级阶地年龄约为 5ka，松巴峡滑坡堰塞湖为 4.5ka。由此推断出，阿什贡早期滑坡发生在 5ka 以前，先于革匝滑坡，阿什贡滑坡的撞击是革匝滑坡 I 期发生的主导因素。而阿什贡晚期滑坡可能与松巴峡滑坡发生时代接近，都在 5ka 前后。

4.4.5　松巴峡滑坡与革匝滑坡的关系

松巴峡滑坡位于革匝滑坡下游 1km 处。该滑坡初次滑动堵河后形成的堰塞湖将革匝滑坡 I 期与尚未滑动的滑坡体浸泡在水中，并且在革匝滑坡一期角砾层上沉积了厚约为 5m 的湖相层。松巴堰塞体被黄河冲破后，堰塞湖水位降低，革匝滑坡稳定性遭到破坏，再次发生滑动。这次滑动滑坡体的角砾层直接覆盖在湖相沉积之上（图 4.35），为革匝滑坡分期保留了有力证据。

根据以上分析，将革匝滑坡、阿什贡滑坡、松巴滑坡之间的联系总结如下。

（1）图 4.35（a）阿什贡滑坡撞击，造成革匝山体破碎并发生滑动，导致革匝滑坡 I 期并侵占黄河部分河道。

（2）图 4.35（b）松巴峡滑坡堵河，在革匝滑坡 I 期滑坡体上形成堰塞湖沉积。

（3）图 4.35（c）松巴峡堰塞体被黄河冲破，堰塞湖迅速失水，革匝滑坡体失稳再次滑

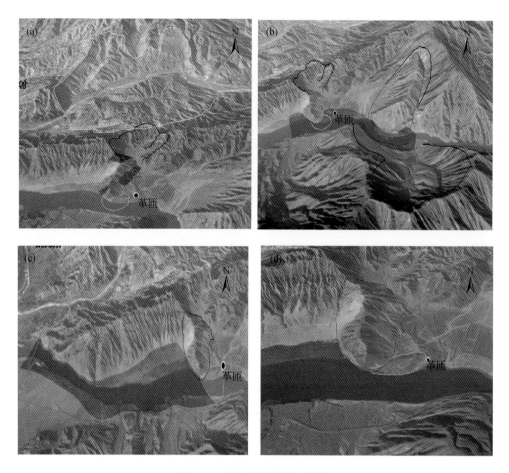

图 4.35　革匝滑坡分期示意图

（a）黄线内为阿什贡滑坡体，黑线内为革匝滑坡滑源区，绿线为推测革匝Ⅰ期滑坡前缘；

（b）红线内为松巴峡滑坡体，红色区域为松巴峡堰塞体，蓝色区域为松巴峡堰塞湖；

（c）红线内为革匝滑坡，黄线内为革匝堰塞体，蓝色区域为革匝堰塞湖；

（d）红线内为革匝滑坡，绿线为革匝堰塞体被冲破后残留滑坡坝

动并堵河。

（4）图 4.35（d）革匝堰塞体被河水冲破，残留部分革匝滑坡体及滑坡坝。

4.5　小　　结

通过对研究区戈龙布滑坡、锁子滑坡和松巴峡左右岸滑坡堵塞黄河形成堰塞湖的堰塞体、堰塞湖范围、沉积物高程以及堰塞湖续存和消亡后的环境效应分析，主要取得了五点认识。

（1）戈龙布滑坡发生在全新世早期，滑坡发生后在其上游形成了厚度为 34m 的白色湖相纹泥层，堰塞湖消亡时间和喇家文化毁灭相差近 5000a，且官亭盆地的红色黏土层与积石峡峡谷区的湖相地层在发育年龄、颜色、粒度、磁化率、土体质地结构等方面具有明显区

别，积石峡上游堰塞湖的湖相地层不能提供与官亭盆地红黏土相似的物质，反映了两者不同的成因机制，红色黏土层与积石峡堰塞湖溃决无关。官亭盆地的红黏土是官亭北侧由于地震作用形成的山体古崩塌、古滑坡和古近系–新近系松散黏土物质被强降水近距离冲刷搬运堆积而成，遗址毁灭的洪水来自北侧山前的岗沟等多条沟谷，其可以提供足够的洪水，而非黄河泛滥的洪水。官亭盆地喇家剖面红黏土的成因可能是地震诱发滑坡、崩塌，同时造成山体疏松，在暴雨或持续降水作用下，滑坡崩塌堆积物和山体松散物质被洪水沿沟谷携带到沟口及地势较低的黄河Ⅱ级阶地沉积，红黏土沉积贯穿了喇家遗址毁灭的全过程，也是造成喇家遗址彻底毁灭的根本原因。

（2）锁子滑坡发生于 80ka 前，其堰塞体湖相层厚度为 75m，在其晚期或消亡后诱发了夏藏滩Ⅰ期高速远程滑坡。

（3）松巴峡左右岸滑坡发生于全新世中期，滑坡堵塞黄河形成长 39.3km，面积为150.68km^2 的巨大堰塞湖，湖相层厚度为 14m。

（4）堰塞湖对河谷区的阶地和环境有直接影响，研究区各盆地内的部分平台可能是堰塞湖的湖积平台，而非黄河正常形成的阶地。对河谷区阶地的研究需要分清阶地平台与堰塞湖的湖积平台的关系，堰塞湖的湖积平台是非常局地的，无二元结构，水平层理明显，区域上没有可对比性；而阶地在不同的河段具有可对比性，具有区域性规律。

（5）黄河上游寺沟峡—拉干峡段古滑坡堰塞湖具有广泛性。区内黄河干流及一级支流至少发现了五处大型滑坡堰塞湖（图 4.36），这些滑坡堰塞湖地貌效应显著，河床纵断面方面，它抑制了高山峡谷区河流侵蚀，堰塞坝上游河谷区横断面形态普遍呈平缓宽谷（图 4.37），堰塞湖沉积区营造了开阔的河谷区，大多都可开垦为农田。因此，区内的滑坡堰塞湖在长期影响区域地貌演化的同时，也为人类在高山峡谷区生活创造了若干宜居场所。

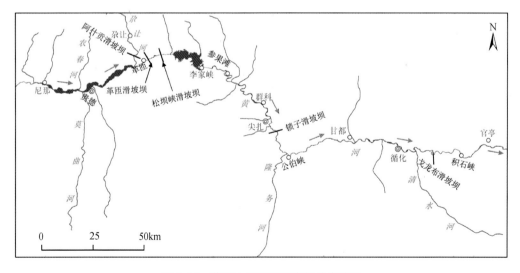

图 4.36　黄河上游滑坡堰塞坝分布位置

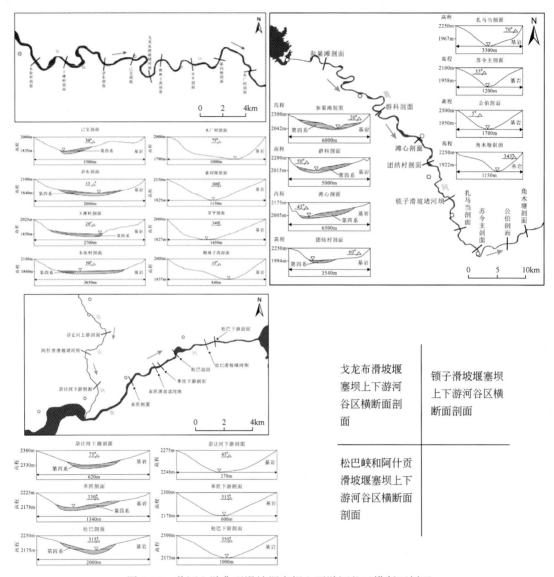

图 4.37　黄河上游典型滑坡堰塞坝上下游河谷区横断面剖面

第5章　贵德盆地二连泥流扇演化过程

泥流是一种含有大量黏土质泥沙的特殊洪流，细颗粒黏土占固体物质总量的98%以上，在分布区域、形成条件、流体性质、沉积特征等方面和泥石流有明显差异，是泥石流的一种特殊类型，泥流扇是由暂时性流水携带细粒黏土等碎屑物质堆积而成的扇形地貌（马东涛等，2005）。关于干旱区的泥流和泥流扇，前人已开展了大量研究工作，认为泥流扇与地貌演变过程密切相关，是斜坡演化的一种表现形式，也是山地环境恶化、水土流失极严重的标志，同时能够反映山麓地带河流地貌的发育历史和区域气候变化环境（马东涛等，2005；Wen et al.，2005；陈松等，2008；刘雪梅，2010；陈国金等，2013；Zhang et al.，2013；Chen et al.，2014；Yin et al.，2014a，2014b）。关于泥石流的成因，史正涛等（1994）指出泥石流是湿热气候条件（间冰期）的产物，但也有截然不同的观点，如Matthews等（1997）和Nott等（2001）指出泥石流形成于冰期或干旱气候环境。因此，关于第四纪泥石流堆积扇的成因、时代这一学术问题存在争议，还需要更进一步的研究工作。

位于青藏高原东北缘的黄河上游在高原隆升与黄河侵蚀下切的地貌演化过程中，滑坡泥石流灾害频发高发（黄润秋，2007），尤其高原东北部的贵德盆地黄河干流两岸古洪积扇、泥石流扇分布广泛，改变了该地区的微地貌格局，严重威胁着盆地内居民区和交通设施的安全。野外调查发现盆地内的黄河北侧存在一种特殊的地貌景观，这里沿山前河谷地带并列分布着多个缓倾斜黏土质台地，与正常的黄土地貌或山前沟口洪积扇不同，其地表由众多大小不等、深度不同的凹坑组成，且与普通泥石流在物质组成、地貌特征、植被覆盖度等方面存在很大差异。那么位于西北内陆干旱区的这些类似喀斯特地貌的台地物质组成和形成原因是什么？其形成过程反映了什么样的气候环境？冷期还是湿热期？与黄河河道演化过程有何关系？

一个地区泥流扇的发育程度对该地区气候演变和地貌演化具有指示意义，通过对河谷两岸残存洪积堆积扇的总体分布形态、堆积体成分及结构的空间变化特征研究，能够恢复一个地区一段时间内的古地貌特征（Liu et al.，2008）。作者多次赴贵德盆地二连村进行野外实地调查、工程勘查和样品采集，并在室内实验测试和遥感影像分析的基础上，对这些黏土台地的分布范围、粒度矿物组分、发育期次、成因机制等进行了深入研究，并分析了泥流堆积扇演化与黄河河道变迁的关系，恢复了二连地区末次冰盛期以来古地貌的演化过程。

5.1　盆地内泥（石）流展布特征

黄河自西向东从盆地内部穿过，盆地内海拔最低处为黄河流出盆地的松巴峡口，仅为2170m，而盆地周缘最高山脊高程为5011m，地形高差起伏大。盆地内黄河河谷最宽处约为6.5km，在阿什贡地区仅为2.5km，整个盆地面积约为42km²，盆地内黄河南岸主要为全新统砂砾卵石（Q_4^{al-pl}）和三叠系中统破碎的砂岩夹泥质砂岩（T_2）地层，而北岸则为强风化的新近系暗红色泥岩和白垩系页岩（N_{gd}；图5.1），尤其是这些新近系的红色黏土、亚黏土沉积物为盆地内黄河左岸洪积扇和泥流扇的发育提供了丰富的物质来源，河谷两岸的河漫滩和黄河阶地多已开垦为耕地，是人类经济活动最频繁的地区。

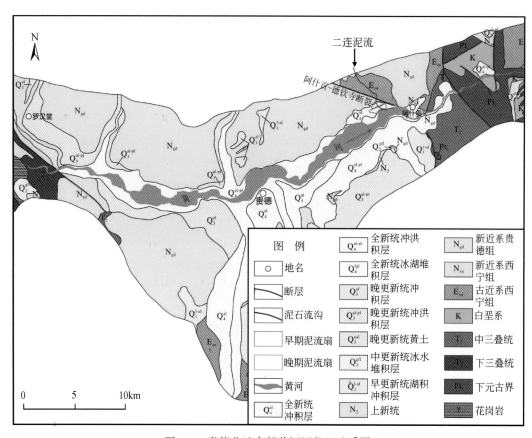

图 5.1　贵德盆地东部黄河河谷区地质图

　　盆地在青藏高原多期次隆升和黄河强烈、快速下切过程中（赵振明、刘百篪，2003；张智勇等，2003），岩体风化破碎，高陡边坡众多，泥（石）流灾害发育。作者在野外调查发现干流两岸至少分布有66条现代泥（石）流沟，以及20处古代和现代的大型泥流和泥石流堆积扇（图5.2）。由于两岸地层岩性的差异（图5.1），左岸的十处山前洪积堆积扇的岩性为黏土，砾石含量不足5%，活动表现为黏性泥流性质，从地貌上可分出两级大的台地堆积扇，其中一级台地堆积扇呈带状分布于山前与河谷过渡地带，顶部分布有凹凸不平的类似喀斯特地区的溶蚀漏斗地貌（图5.3），前缘均已被黄河侵蚀切割搬运走，陡崖高度从10~50m不等，堆积扇形态不完整，二级台地堆积扇分布在一级堆积扇的下方，可能是一级台地堆积扇被再次搬运堆积所致；右岸泥石流堆积扇没有经受强烈的侵蚀切割，形态完整，表面平整，如右岸查达村的高尔夫球场泥石流扇（图5.3），全新统砂卵砾石百分含量达60%~80%，遇降雨主要表现为稀性泥石流性质。

　　黄河左岸的黏土质台地沿河谷呈带状展布，主要集中在希望台、二连村、阿什贡村一带，其中大型一级台地堆积扇三处，现代泥流沟沟口的现代泥流堆积扇七处（图5.2）。其

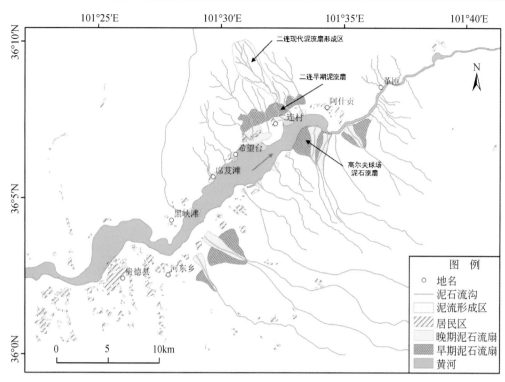

图 5.2　研究区区域位置及泥（石）流沟和堆积扇分布图

图 5.3　贵德盆地东部黄河两岸早期和晚期泥（石）流扇地貌

中以二连一级和二级台地泥流扇的面积最大，仅一级存留堆积扇的覆盖面积就为 2.35km²，顶部为大小不等的黏土凹坑，形态保存完整。阿什贡-德钦寺断裂从堆积扇后部穿过，二连泥流沟形成区岩体破碎，物源丰富，通过该堆积扇的现代二连泥流沟的危害也最大，二级台地发育的二连泥流堆积扇发育在一级泥流扇的下方并掩埋黄河河道，两期堆积扇中部被黄河侵蚀切开，形成高达 50m 的沟坎，因此，二连的两期台地泥流堆积扇改变了盆地内晚更新世以来黄河在该地区的微地貌格局，在黏土台地的地貌特征和黄河河道变迁方面具有典型性和代表性，将作为重点进行研究。

5.2 二连泥流扇地貌特征与粒度组成

5.2.1 二连堆积扇地貌特征

根据地形高程、地貌景观和形态学特征等，黄河北岸二连村地区的黏土质台地主要分为两个大的台阶，其中一级黏土台地的高程一般为 2260～2360m，沿拉脊山山前 NE 向展布（图 5.4），目前残留的较典型的黏土台地有三处，顶部由大小不等的台地凹坑组成（图 5.3），物质组分主要为新近系泥岩和页岩，泥岩百分含量达 90%，粒径普遍较细，表面无任何植被发育，极易破碎。现代泥流沟的流通区从一级堆积扇的中部穿过，降水携带的松散碎屑泥、页岩堆积于公路下方的一级泥流扇前缘。这种凹坑地貌沿河谷区的山前分布，呈扇形，多个扇相连形成了一级由内向外倾斜的台地面，粒度组成以小于 10μm 黏土为主，其是一种特殊的落水洞，是我国西北内陆干旱区出现的一种特殊地貌特征，反映其形成过程中曾经是高降水量的气候环境。

图 5.4　二连村一级、二级泥流堆积扇及黄河侵蚀切割留下的陡坎

二级黏土台地位于一级台地的下方，其顶部高程一般为 2220～2190m，物质成分与早期泥流扇接近，一、二级台地之间因黄河侵蚀切割留下一个高差达 50m 的一级直立陡坎。陡坎下方的二级台地是二连晚期泥流的堆积扇，是在降水作用下从北侧山坡沿着二连沟堆积，而非黄河从上游携带的碎屑物质堆积，晚期泥流堆积扇面积约为 75 万 m^2，平均厚度约为 16m，扇体方量约 $1.2×10^7 m^3$。二级台地堆积扇前面为黄河高河漫滩，受黄河侵蚀切割影响，晚期堆积扇和高河漫滩之间又存在一个高达为 6.5m 的二级陡坎（图 5.4）。

5.2.2 样品采集与测试分析

为进一步分析二连两级台地泥流堆积扇的粒度物质组分、形成时代和成因机制，作者分别在一级黏土台地的顶部和二级台地堆积扇的钻孔中采集沉积物粒度、矿物组分以及 ^{14}C 年代学样品进行测试，样品采集位置见图 5.5，其中，GD-01、GD-02、GD-03、GD-04 样品取于一级台地堆积扇顶部，GD-01、GD-02 和 GD-04 为顶面的堆积物红黏土样品，GD-03 为强风化的堆积扇顶部页岩样品，GD-05 为贵德盆地二连村地区标准红黏土样品，EL 样品采集于二级台地堆积扇的右侧顶部。

图 5.5　二连村早期和晚期泥流扇形态及样品采集位置

　　同时，为揭示两级台地堆积扇与黄河河道的演变过程，作者在二级台地泥流堆积扇上从后部向前缘布设了三处钻孔，钻孔分布位置见图 5.5，ELZK$_1$-01 样品采集于二级泥流扇后部 ZK$_1$ 孔底部的古河床粉砂黏土，通过有机碳年龄测试来反演二次堆积扇的形成时代。ZK$_1$- ZK$_3$ 岩心柱状图见图 5.6，其中：

　　ZK$_1$ 位于二级台地泥流扇后缘黄河一级阶地上，孔深为 36.5m。其中，0～29.5m 为泥流堆积物，颜色呈浅棕、棕红色并夹有青灰色块体，结构杂乱，含少量砾石；29.5～36.5m 为河流阶地砾石层，呈青灰、灰色，砾石含量约占 50%～55%，磨圆度一般（图 5.7）。

　　ZK$_2$ 位于二级台地泥流扇的中部陡坎下方的高河漫滩上，孔深 23.0m。其中，0～13.7m 为棕红色洪积扇堆积物，砾石含量为 5%～10%，主要由强风化泥岩碎屑组成，13.7～14.0m 处为灰黄色黏土；14.0～23.0m 为青灰、灰白色砾石层，饱和，密实，磨圆度较好（图 5.8）。

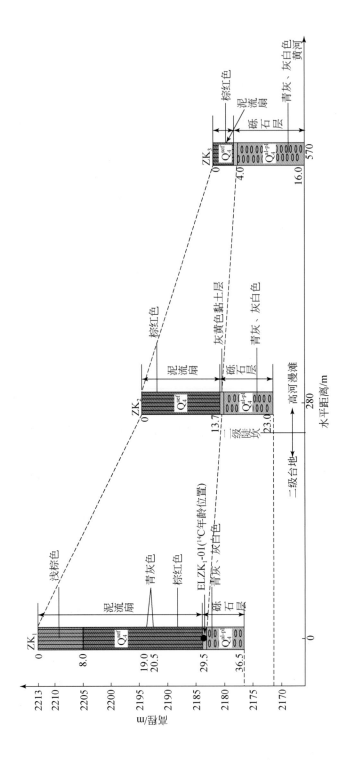

图 5.6　晚期泥流堆积扇钻孔岩心图

图 5.7　二连泥流扇 ZK_1 钻孔岩心

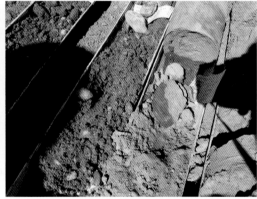

图 5.8　二连泥流扇 ZK_2 钻孔岩心

　　ZK_3 孔位于二级台地堆积扇前缘的高河漫滩上，孔深 16m。其中，0~4.0m 为棕红色洪积扇堆积物，结构杂乱，主要由强风化的泥岩碎屑组成，砾石含量为 3%~5%，局部夹有青灰色泥岩块；4.0~16.0m 为河流阶地砾石层，磨圆度好（图 5.9）。

图 5.9　二连泥流扇 ZK_3 钻孔岩心

综合三处钻孔岩心，堆积扇从后缘的 29.5m 逐渐减薄到前缘的 4.0m（图 5.6）。

根据殷志强等（2008，2009）建立的沉积物粒度组分分离方法，对 GD-（01～05）和 EL-（001～005）的十个沉积物样品逐个进行了沉积物粒度组分分离，分离后粒度间隔划分细，更能全面分析粒度的细微特征，对于准确区别沉积环境类型具有更大意义，每个粒度组分中值粒径和百分含量见表 5.1；利用中国科学院地质与地球物理研究所的 XRF1500 主量元素分析仪测定了 GD-01 洪积物、GD-03 页岩以及 GD-05 红黏土样品矿物组分，结果见表 5.2。GD-01，ELZK$_1$-01 样品的有机碳 ^{14}C 年龄结果见表 5.3。

表 5.1　二连村早期和晚期泥流扇样品粒度组分参数表

样品编号	1M			2M			3M			4M		
	Md	σ	%	Md	σ	%	Md	σ	%	Md	σ	%
GD-01	0.8	3.7	6.9	3.5	6.1	34.5	**9.9**	**8.5**	**58.6**			
GD-02	0.7	3.7	7.1	3.9	7.1	20.0	**9.9**	**10.9**	**65.8**	474.8	2.3	7
GD-03	0.8	3.4	7.9	**3.8**	**6.6**	**52.8**	11.1	5.9	36.3	266.9	4.6	3
GD-04	0.8	3.4	5.6	**5.0**	**7.1**	**65.3**	41.6	8.7	27.1	377.1	2.8	2
GD-05	0.8	3.8	7.2	**4.9**	**7.8**	**74.7**	35.9	18.2	7.5			
EL-001	0.9	1.5	4.4	**4.0**	**6.8**	**71.7**	21.7	8.0	21.4	380.9	5.1	2.5
EL-002	0.9	1.5	4.7	**4.2**	**6.8**	**75.9**	20.5	5.0	17.2	63.9	3.3	2.25
EL-003	0.9	1.5	4.7	**4.4**	**7.0**	**78.4**	21.7	5.5	16.9			
EL-004	0.9	1.5	4.4	**4.5**	**7.3**	**81.4**	22.6	4.5	12.4	72.4	3.6	1.75
EL-005	0.9	1.5	4.2	**4.2**	**7.3**	**77.4**	22.5	6.8	12.9	543.9	5.3	5.5

注：Md 为中值粒径，σ 为标准差，% 为百分含量，1M，2M，3M，4M 分别为粒度第一、二、三、四组分。

表 5.2　二连村早期泥流扇样品主量元素百分含量表

编号	SiO$_2$	TiO$_2$	Al$_2$O$_3$	Fe$_2$O$_3$	MnO	MgO	CaO	Na$_2$O	K$_2$O	P$_2$O$_5$	LOI	总计
GD-01	**46.47**	0.65	14.08	6.26	0.11	4.02	9.30	2.63	2.80	0.17	13.59	100.08
GD-03	7.27	0.12	2.58	1.62	0.37	1.03	**47.50**	0.15	0.15	0.11	38.84	99.74
GD-05	**49.97**	0.64	13.91	6.01	0.11	3.44	9.36	1.45	2.96	0.16	11.57	99.58

注：LOI 为烧失量。

表 5.3　二连早期和晚期泥流扇沉积物年龄

样品号	采样地点	样品位置	样品类型	^{14}C 年龄/a	2σ（95%）/a
GD-01	早期泥流扇扇顶部	距地表 0.15m 处	红黏土	16170±80	17500～17410
ELZK$_1$-01	晚期泥流扇后缘	泥流扇 ZK$_1$ 孔	粉砂黏土	7980±30	8995～8715

注：所用 ^{14}C 半衰期为 5568a，a B. P. 为距今 1950 年的年代，在美国 Beta 实验室测定。

表 5.1 显示，一级黏土台地泥流堆积物的粒度组分与新近系红黏土（泥岩）的中值粒径均值为 6.045μm，共包含四个粒度组分，其中第二组分（中值粒径为 1～10μm）为

优势组分（图 5.10），粒径主要集中在 3.5~4.9μm，百分含量占粒径总含量的 52.8%~81.4%，因第二组分属于中粒悬浮组分（殷志强等，2008），故具有很强的悬浮性，能够被极微弱的降水或冰雪融水所携带搬运。洪积扇后部受阿什贡–德钦寺断裂影响，地形破碎，沟壑纵横，侵蚀强烈，多条冲沟似树枝状向主沟汇水，主沟道纵坡降在 160‰~260‰，山坡上岩体裸露破碎，植被覆盖率不足 2%，在降雨或融雪情况下，坡体上的松散风化层饱水后失稳滑动，黄河北岸新近系泥岩地层特有的这种极易悬浮搬运的组分为一、二级泥流台地堆积提供了丰富的物源。晚期堆积扇优势组分的中值粒径为 4.9~5μm，较古洪积扇的 6.045μm 小，二者优势组分的中值粒径均小于 10μm，反映均是细粒悬浮组分（殷志强等，2008），但早期堆积扇的粒度比晚期的粒度粗，这是由于晚期泥流比早期泥流扇搬运的距离更远，在物质搬运过程中，粗颗粒先发生沉积，因此，分选更充分（殷志强等，2008）。

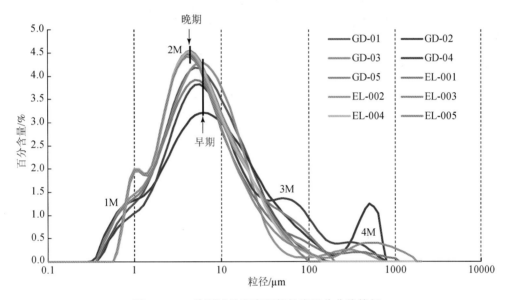

图 5.10 二连泥流堆积扇顶部粒度组分曲线特征

5.3 二连泥流扇的分期与演化过程

根据二连泥流扇的凹坑地貌特征、堆积体总体分布形态（图 5.4）和年代学测试结果（表 5.3），报告认为二连泥流扇从时间上可划分早期和晚期两个期次，从地貌演变上经历了早期堆积—侵蚀破坏—晚期堆积三个阶段。

5.3.1 早期泥流堆积扇形成过程

1. 早期泥流扇顶部凹坑地貌成因

早期泥流扇主要为半胶结的新近系红色泥岩和泥质页岩，结构较松软，同时受物理风化和阿什贡—德钦寺断裂破坏制约，表层广泛分布有松散的残坡积物。表5.2显示顶部GD-01和红黏土GD-05中主量元素以SiO_2含量最高，接近50%，但页岩中SiO_2含量仅为7.27%，CaO含量达47.5%。由于洪积扇中SiO_2含量高，质地较坚硬，未分解开的半固结黏土很难被降水淋滤带走；而GD-03中的CaO含量高，反映了黏土台地中碳酸盐含量高，遇水后特别容易崩解，易于被水淋滤带走，不同的物质组分形成了众多的"漏斗"或"落水洞"状凹坑地貌 [图5.11 （a）]，这种地貌具有溶蚀特征，是一种特殊的洪积扇——泥流扇，其形成原因与我国南方的喀斯特溶蚀地貌类似，是水对一级红黏土台地上碳酸盐不断溶蚀的产物。

图5.11　二连早期（a）和晚期（b）泥流堆积扇地貌特征

2. 早期泥流扇形成过程

早期泥流扇表面的GD-01样品的^{14}C年龄为16170±80a（表5.3），指示其形成于16ka B. P. 之前的末次冰期最盛期（Last Glacial Maximum，LGM）。青藏高原在21k～18ka B. P. 的LGM期间，高原大部分被冰雪所覆盖（An *et al.*，1990；Ding *et al.*，2002；李长安等，2002；Hou *et al.*，2012），温度较低，相对低的温度限制了植被生长，因此，盆地北部山区无植被生长。但LGM期间及LGM结束后，温度升高引发山上的冰雪融水携带了坡体上的红色黏土层向下近源搬运堆积，作者在贵德盆地附近的尖扎盆地研究发现LGM期间及LGM结束后，该地区曾存在冰雪融水后形成的高湖面（殷志强等，2014b），反映了LGM期间以及末次冰消期有过丰富的降水，泥流扇表面的^{14}C测年结果也显示，在16ka B. P. 左右，早期泥流扇最终堆积形成，且泥流扇形态呈扇状 [图5.12 （a）]，早期的泥流扇堆积反映了该地区湿润的气候环境。这一期间，黄河北岸在二连村地区至少发育了三处大型泥流扇，每一个泥流扇的形态较完整，黄河河道在泥流扇的前缘，二连村公路边陡坎未形成。

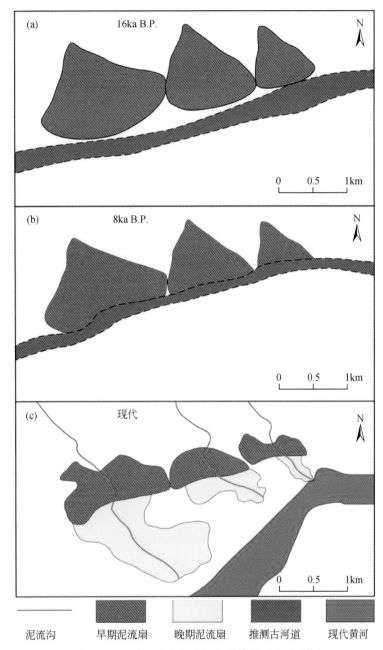

图 5.12　二连泥流扇与黄河河道演化过程示意图

5.3.2　黄河古河道对早期泥流扇的侵蚀改造

根据堆积扇样本年代测量结果，16ka B.P. 以来，尤其是新仙女木事件（Younger Dryas，YD）以来，温度迅速升高造成黄河上游冰雪融水带来的水量大量增加，黄河侵蚀切割增强，泥流扇后缘底部黄河古河床黏土^{14}C 测年结果为 7980a B.P.（表 5.3），反映在 8ka B.P. 左右，黄河河道在目前的西久公路（图 5.5）附近，也就是在 8ka B.P. 左右黄河就将古泥流扇从中部切开［图5.12（b）］，侧蚀作用形成了二连早期泥流扇前缘高达50m的陡坎（图5.13），并在陡坎处发育了黄河砾石层，因此，全新世早期黄河河床位于二连早期泥流扇的陡坎附近。从16k～8ka B.P. 的8000a间，黄河切割出了50m的陡坎，这一期间黄河的侵蚀切割速率为6.25mm/a，因此，这一时期属于黄河对早期泥流扇的侵蚀切割破坏期。

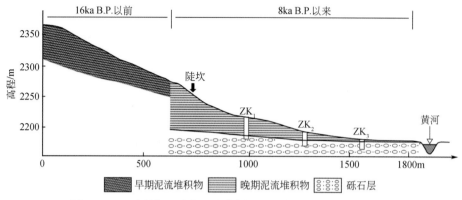

图5.13　二连早期和晚期泥流扇剖面图（剖面线位置见图5.5）

5.3.3　晚期泥流扇形成过程

1. 晚期泥流扇堆积序列

晚期泥流也经历了漫长的发育时期，现在泥流扇上的几个大沟都是晚期形成的。由于这些冲沟规模、汇水能力的差异，加上气候变化、黄河摆动，晚期各处的泥流扇形成时间也各不相同。利用遥感岩相学分析方法（Qin and Yin，2012），根据河流、植被、泥流扇等各种地物在遥感影像上表现的形态、颜色（Qiao and Li，2000；秦小光等，2010），分析了二连晚期及附近的阿什贡西沟、大梁沟泥流堆积扇之间的切穿、改造、破坏、覆盖、掩埋等关系，从 Google Earth 影像上解读出了五个阶段的泥流扇先后次序（图5.14），后面形成的泥流扇往往叠置在前期之上且主要沿各冲沟的沟口分布，这五个阶段的晚期泥流扇共同组成了黄河北岸的高河漫滩和二级台地。

晚期-Ⅰ：呈扇状，呈黏性泥流性质，发育强度最强，覆盖面积为2.313km²，为五次里发育面积最大的一次，现代的居民区和房屋均建在第Ⅰ期泥流堆积扇上；

晚期-Ⅱ：形态不规则，泥流堆积体面积为0.916km²，叠置在Ⅰ期堆积扇之上，二连村部分居民区建在其上，危险较大；

晚期-Ⅲ：主要沿泥石流沟道两侧30m内展布，堆积扇面积为0.304km²。

晚期-Ⅳ：主要沿泥石流沟道两侧15m内展布，面积约为0.063km²，堆积层理清楚，粒度分选上细下粗；

晚期-Ⅴ：现代泥流沟道，受人工改造已偏离原来的堆积通道。最新一期堆积扇面积约为0.034km²，前缘堆积扇已延伸到黄河河漫滩，部分进入黄河河道。2013年7月作者在野外调查发现降雨携带的大量泥球随流体滚动前进，并沉积在沟床上，这些泥球呈椭球形，直径为2～40cm不等，核部为红黏土，在滚动过程中表层附着了多层泥膜和细砂颗粒，形成一

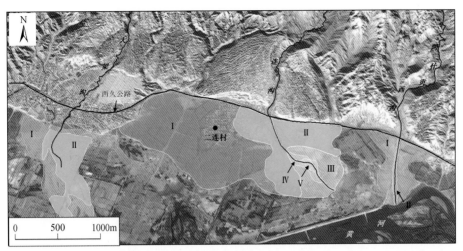

图 5.14 二连晚期泥石流堆积扇发育先后次序图（底图为 Google earth 影像）

个一个的泥球地貌［图 5.11（b）］。

2. 晚期泥流扇形成过程

ZK$_1$ 孔泥流堆积物底部 ELZK$_1$-01 样品的 ^{14}C 年龄为 7980a（表 5.3），反映晚期泥流于 8ka B. P. 左右开始堆积。全新世早期（Imbrie, 1990; Qin *et al.*, 2008; Qin and Yin, 2012），由于温度迅速升高，高原上的冰雪融水再次增强，与早期洪积扇沉积过程类似，8ka B. P. 左右开始的大量冰雪融水携带松散泥岩物质向下堆积，晚期泥流顺着二连沟向下运移并覆盖在河谷区的砾石层之上，同时将黄河河道向南挤压［图 5.12（c）］，从 8ka B. P. 左右开始，泥流扇又进入堆积期，从钻孔揭示的黄河河床位置到现代河床位置，黄河被泥流挤压至少向南移动了 1.25km。

近现代以来，受西北内陆干旱化影响，贵德盆地二连地区的降水量显著减少，根据 2014 年 3 月 19 日至 2015 年 8 月 19 日期间的雨量监测数据（图 5.15），该地区的日最大降

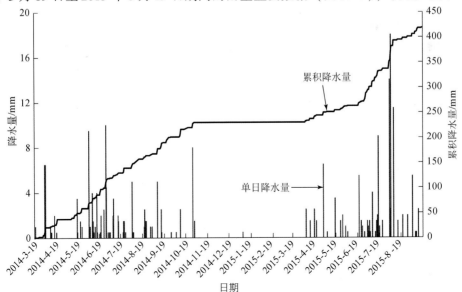

图 5.15 黄河上游贵德盆地二连村降水量监测数据（2014-3-19～2015-8-19 的降水量数据）

水量为18mm，累计降水量为420mm，反映了降水量明显减少，近现代泥石流的发育程度也较历史时期降低。

5.4　盆地内近现代黄河河道变迁

近几百年来不同时期的黄河留下了古河道遗迹，与人类活动存在密切关系。根据对区内高分辨率遥感影像解读分析，发现盆地东部共发育两个不同时期的河道（包括现代河道）。

5.4.1　Ⅰ期黄河河道

Ⅰ期黄河河道为黄河的古河道，在遥感影像图上清晰可见，表现为暗色的宽谷（图5.16中的蓝线），其主要是现代河床两侧的河漫滩地带或遗弃不久的故道。当现在发生大洪水或上游水电站放水时，这些河道也可能被河水再次淹没，成为流水河道或其一部分。这些河道与现在河道的密切过渡关系指示多是距今很近的古河道，有丰富的浅层地下水（秦小光等，2010），因此，地表植被，尤其是农作物，生长茂盛，古河道两侧成为良田或居民区。从Ⅰ期河道和Ⅰ期河道分界可看出人为作用明显，由于人类活动增强只有几百年的历史，故Ⅰ期河道的废弃时间不会超过近几百年。

图5.16　贵德盆地典型地段黄河故道遥感影像分析图
蓝线代表Ⅰ期黄河河道，绿线代表Ⅱ期黄河河道

盆地东部河流改道与该地区的泥石流关系密切，由于泥石流携带的大量泥沙形成的冲洪积扇堵塞河道，掩埋河床，改变了河流的正常流向。例如，二连泥石流扇及南西侧的泥石流扇掩埋了部分Ⅰ期古河道，改变了河道的流向，由于泥石流作用，将黄河河道向SE向推进，改变了河道。同时，由于尕让河携带的泥沙形成的冲洪积扇也改变了河道的正常流向，因此，黄河在此向南发生偏转。

5.4.2　Ⅱ期黄河河道

Ⅱ期黄河河道即河流的现代河道（图 5.16 中的绿线），河道很宽，由流水河道及其两侧河床构成，河道中间多露有小岛，雨季多被流水覆盖，地表以砂砾为主，部分有植被覆盖。河床两侧为古河道和泥石流冲积扇，多已成为农田和鱼塘。

5.5　小　　结

在野外调查、工程钻探、样品测试和遥感图像解析的基础上，分析了贵德盆地东部二连泥流扇的分布特征、物质组成以及形成原因，并讨论了泥流扇与河道演变的关系，主要取得了以下四点认识。

（1）贵德盆地东部黄河两岸发育了至少 66 条泥石流沟和 20 处大型泥石流堆积扇，因干流两岸地层岩性、物质组成差异，右岸以稀性泥石流为主，其物质组分以砾石为主，含量达 60%～80%；左岸以泥流为主，表现为黏性泥流，其堆积扇往往成为居民区和农田开发区。

（2）盆地黄河左岸面积广布的黏土质高台地凹坑物质组成中碳酸盐含量高，具有溶蚀性质，是降水形成的一种在半干旱的高海拔区发育的特殊的洪积地貌–泥流扇，其形成过程与喀斯特地貌类似。

（3）黄河北岸的早期泥流扇形成于 16ka B. P. 以前，是 LGM 期间冰雪融水搬运堆积的产物，揭示了 16ka 前的末次冰期时期青藏高原东北部地区出现过较多的降水，是冷湿气候环境。晚期泥流扇于 8ka B. P. 开始堆积，其发育过程与全新世早期温度升高带来的冰雪融水密切相关，两期泥流扇均受气候波动制约。因此，这个类似"喀斯特落水洞"高碳酸盐含量的泥流扇不仅有重要的古气候指示意义，而且是干旱半干旱区新发现的一种独特地貌景观。

（4）在二连村地区，黄河河道在 ~16ka B. P. 、16k～8ka B. P. 和 8ka B. P. 以来分别经历了泥流扇的堆积期—侵蚀破坏期—堆积期过程，8ka B. P. 以来，晚期堆积扇不断挤压黄河河道，8ka 年间，黄河河道至少向南移动了 1.25km。

需要指出的是，本文根据野外考察和遥感影像特征划分出 16ka B. P. 和 8ka B. P. 早晚两期泥流扇，并对晚期泥流扇又识别出五个堆积期次，但因缺乏合适的测年材料，晚期的五个堆积期次的年代学研究还需进一步的细致工作。

第6章 黄河上游烂泥滩滑坡发育特征

6.1 滑坡体基本特征

烂泥滩滑坡位于群科–尖扎盆地公伯峡水库库尾右岸的夏藏滩滑坡与康杨滑坡的交接部位（图6.1），1991年开始出现变形迹象（吕宝仓，2007），2005年8月19日凌晨2时发生，属于典型的在人类工程活动影响下老滑坡复活形成的新滑坡，东抵黄河河边，两侧以侵蚀冲沟为界，原烂泥滩村村民居住于滑坡底部，且马–康公路沿滑坡前缘穿过。滑坡顶部标高2190m，坡脚标高2100m，相对高差为90m，滑体东西长950m，南北宽1238m，面积为$1.18×10^6m^2$，体积为$4.94×10^7m^3$。

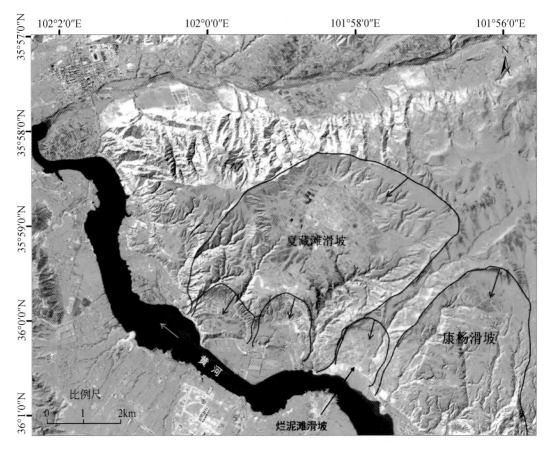

图6.1 烂泥滩滑坡在群科–尖扎盆地位置图（底图为ZY–1 02C影像）

野外调查发现，滑坡在平面上近似"半圆"形，滑坡后壁陡立，壁面光滑，拉裂缝、擦痕明显,拉裂缝宽 2 ~ 5m,壁高一般为 2 ~ 7m。从后缘到前缘共发育有五级平台和五级陡坎 (图 6.2 ~ 图 6.4),属于典型的"阶型"滑坡。每级平台上滑体零乱、平台前缘鼓张隆起,张裂隙发育密集,主要裂隙两组,走向分别为 60°、20°,宽 1 ~ 1.2m,最宽可达 1.9m,深 2.0m,最深达 3.5m;半封闭洼地遍布,陡坎错距为 25 ~ 64m。滑坡两侧以冲沟为界,前缘位于黄河 I 级阶地上,可见散布砂卵石,滑坡界线明显,前缘拉张裂隙发育,可见散布砂卵石,并将黄河 I 级阶地铲起,其右肩将 II 级阶地亚黏土及砂砾层挤压并褶曲。

滑体剖面为凹形。坡向为 57°,整体平缓,坡度为 18°。滑体土因滑动而强烈扰动,鼓丘、半封闭洼地遍布,张裂缝纵横分布,将滑体分割成不同形态,不同大小的块体。

该滑坡由滑坡堆积土以及下伏新近系泥岩、砂泥岩互层组成。滑坡堆积土主要由上更新统 (Q_3^{eol}) 黄土滑动后的混杂堆积物组成,分布于滑体上部的土体,颜色灰黄、浅黄色混杂,结构破碎,疏松,垂直节理发育,厚度较薄,在 1 ~ 5m,可见散乱堆积的钙质结核。滑坡前部及滑床均为基岩,属新近系泥岩、砂泥岩互层。砂岩呈灰白色、泥岩呈紫红、灰白色,出露于地表的基岩受风化作用较为破碎。

烂泥滩滑坡属老滑坡体复活引发的新滑坡。原坡体经扰动、挤压后已显疏松、破碎;坡体后缘原始坡度为 40°,为陡坡地段,坡体两侧发育冲沟,冲沟不断下切侧蚀,坡体前部受黄河河水侵蚀切割,形成较大临空面,为滑坡提供了滑动临空面。坡体因坡脚受侧蚀重心向外迁移,稳定性降低。这些因素构成滑坡复活的基础条件,在雨水入渗、风化及卸荷作用下,增加坡体重力引发新滑坡发生;人类不合理工程和降水作用进一步触发老滑坡北侧滑体的复活。

图 6.2　烂泥滩滑坡全貌及前后缘照片

左图为 2010.10.4 Google 影像,ZK 为钻孔位置,TC 为探槽位置

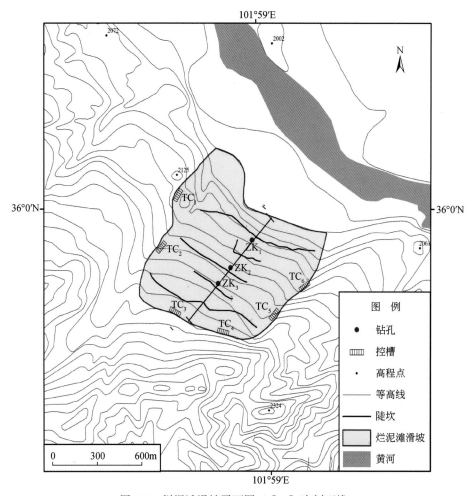

图 6.3　烂泥滩滑坡平面图（Ⅰ-Ⅰ′为剖面线）

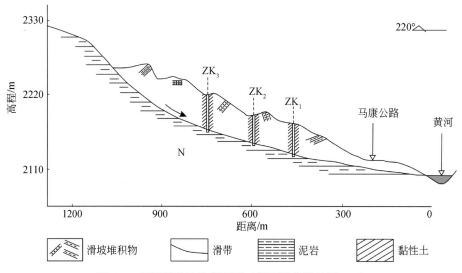

图 6.4　烂泥滩滑坡纵剖面图（剖面线位置见图 6.3）

　　烂泥滩滑坡最早于 1991 年开始出现变形迹象，主要表现为滑体前缘村民房屋变形、墙体开裂、甚至塌落，村中分布有少量醉汉林树木，冲沟两侧小型崩、滑体发育，2000 年以来，随着区域降水量增多，尤其 2003 年黄河干流公伯峡水电站建成，水库蓄水运行，导致坡体地下水位抬升，滑体上出现明显拉张裂缝及下错，加剧坡体的不稳定性。

　　该滑坡大规模滑动发生于 2005 年 8 月 19 日凌晨 2 时，由于事先预警及时、准确，对烂泥滩全村 42 户、198 人及牲畜均未造成伤亡。仅毁埋部分光缆线、摧毁电话线、高压线杆 15 根（座），毁坏通乡油路 2500m、小学教室 4 间，农田 300 亩及农作物，直接经济损失为 170 万元。

　　滑坡发生后，滑坡体前缘的烂泥滩回民村已搬迁至夏藏滩滑坡堆积体上。2002 年，北侧滑体由于人工开挖建房，形成 5~15m 的人工陡坡。坡面受雨水冲蚀形成多条冲沟，在雨季或暴雨期间有失稳可能。新滑体土质松软破碎，易受雨水冲蚀产生崩滑，目前，在滑体中后部出现了宽为 0.5~1.9m 的拉张裂缝，在滑体前部表层，出现众多鼓胀裂隙，滑体目前处于蠕动变形阶段；同时滑坡堆积体后部坡度陡峭，土体松散，存在很大安全隐患，遇连阴雨或大暴雨，有再次发生变形失稳的可能。

　　通过对比 2005 年 2 月 20 日和 2010 年 5 月 12 日的灾前灾后遥感影像，滑坡前缘至少发现四处明显形变，如前缘在 2005 年 2 月就有多处明显拉裂缝，出现了形变迹象（图 6.5）。

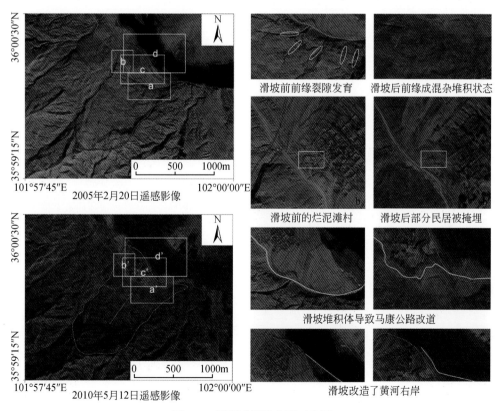

图 6.5　烂泥滩滑坡变形对比图

　　利用移动式钻孔侧斜仪对该滑坡的 ZK_1 和 ZK_2 孔每年三次（2013~2014 年的讯前、讯中和讯后）进行监测发现，ZK_1 孔的形变非常小，约 1mm 左右；ZK_2 孔的底部形变量较大，达到

6mm，可能反映了滑坡中后部堆积体的形变量较大，有发生进一步滑动的可能（图6.6）。

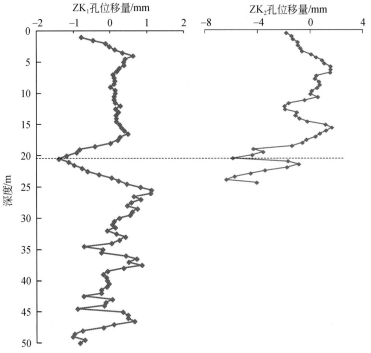

图6.6　黄河上游烂泥滩滑坡 ZK_1 和 ZK_2 位移变化曲线

6.2　滑坡体岩心特性

为揭示该滑坡的滑体堆积物和滑带土的岩土体特征，作者在该滑坡体上沿主滑方向共布置钻孔三个（图6.3），位置分别在滑坡前缘、中部及后缘布置，其中，ZK_1 钻孔布置于滑坡前缘，钻孔设计孔深50m，终孔深度为51.3m，ZK_2 钻孔布置于滑坡中部，钻孔设计孔深为55m，ZK_3 钻孔布置于滑坡后缘，钻孔设计孔深54m，终孔深度为59.6m，据钻孔揭露，地层岩性自上而下依次为风积黄土（ Q_4^{eol} ）、滑坡堆积物（ Q_4^{del} ）（表6.1）。

ZK_1 岩性特征分述如下。

（1）黄土（ Q_4^{eol} ）：黄褐、灰黄、灰褐色，坚硬，具孔隙，垂直节理发育，表层0.4m以上富含植物根系，层厚2.3m。

（2）滑坡堆积物（ Q_4^{del} ）：灰黄色，2.3～5.5m 黄褐色，5.5～7.3m 青灰色，7.3～21.7m 棕褐色，21.7～27.2m 青灰色，27.2～29.0m 浅棕色，29.0～34.0m 青灰色，34.0～50.0m 浅棕色，50.0～51.3m 青灰色，结构杂乱，成分主要由泥岩及少量砾石组成，岩心呈饼状或短柱状，柱长一般为5～15cm，其中11.6～13.5m 夹半胶结中粗砂，为滑坡堆积物。

ZK_2 钻孔岩性特征分述如下。

（1）黄土（ Q_4^{eol} ）：灰黄、灰褐色，坚硬，具孔隙，垂直节理发育，表层0.5m以上富含植物根系，厚 0.6m。

（2）滑坡堆积物（Q_4^{del}）：0.6~3.4m 棕褐色，3.4~22.6m 浅棕色，22.6~36.0m 浅棕色，36.0~49.0m 青灰色，49.0~50.1m 灰褐色，结构杂乱，主要由泥岩碎块及少量砾石组成，岩心呈短柱状，柱长一般为 5~15cm，岩心断面可见锈色斑点，为滑坡堆积物。

ZK_3 钻孔岩性特征分述如下。

（1）黄土（Q_4^{eol}）：灰黄、灰褐色，坚硬，具孔隙，垂直节理发育，表层 0.5m 以上富含植物根系，厚 3.7m。

（2）滑坡堆积物（Q_4^{del}）：3.7~11.3m 灰褐色，11.3~35.7m 棕色，35.7~36.0m 青灰色，36.0~49.6m 浅棕色，49.6m 以下棕褐色，结构杂乱，主要由泥岩碎块及少量砾石组成，岩心呈短柱状，柱长一般为 10~15cm，岩心断面可见锈色斑点，为滑坡堆积物。

表 6.1　烂泥滩滑坡钻孔深度表

钻孔编号	终孔深度/m	分层厚度/m	
		覆盖层	泥岩
ZK_1	51.3	2.3	49
ZK_2	59.1	0.6	58.5
ZK_3	59.6	3.7	55.9

槽探开挖地点选在烂泥滩滑坡周边布置，共布置六个槽探，滑坡西侧边缘布置两个槽探（CT_1、CT_2），后壁布置槽探两个（CT_3、CT_4），东侧布置两个（CT_5、CT_6），开挖土方量为 100m³，槽探采用人工开挖，沿滑面垂直开挖，仅 TC_1 挖至滑动面（图 6.7），其他探槽均为挖至滑动面。探槽所揭露地层主要为第四系全新统滑坡堆积物和新近系上新统世泥岩，岩性层分述如下。

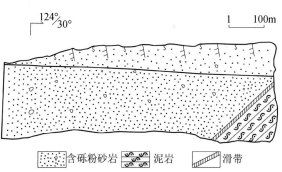

图 6.7　烂泥滩滑坡 TC_1 槽探剖面

（1）坡积黄土土夹少量砾石（Q_4^{del}），黄土呈灰黄色，为滑坡堆积形成，可塑至硬塑状，含少量砾石，砾石为灰白、青灰色，呈棱角状，粒径一般为 0.5~15cm，最大可见粒径达 35cm，砾石含量约占 30%，黄土与泥岩接触面可见清晰滑坡擦痕。

（2）新近系上新统世泥岩（N_1），棕红色，坚硬，泥质结构，层状构造，节理裂隙发育，主要由泥岩碎块及少量砾石构成，夹有泥岩碎块，局部槽底可见裂缝通过，裂缝深约为20cm，宽约为10cm，呈弧形展布。

6.3 滑坡变形 INSAR 监测

利用 2003 年 06 月 29 日至 2005 年 11 月 20 日的 Envisat ASAR 数据（表 6.2），结合 SRTM（Shuttle Radar Topography Mission）DEM 高程数据，进行烂泥滩滑坡 INSAR 变形监测。

表 6.2 烂泥滩滑坡 INSAR 解译 Envisat 数据信息表

序号	日期	卫星	波长/cm	分辨率	极化方式
1	2003-06-29	Envisat	5.6	30	VV
2	2003-11-16	Envisat	5.6	30	VV
3	2004-02-29	Envisat	5.6	30	VV
4	2004-04-04	Envisat	5.6	30	VV
5	2004-06-13	Envisat	5.6	30	VV
6	2004-10-31	Envisat	5.6	30	VV
7	2005-02-13	Envisat	5.6	30	VV
8	2005-11-20	Envisat	5.6	30	VV

6.3.1 数据处理

研究数据处理主要由数据预处理、干涉处理、时序分析示三个步骤组成。

1. 数据预处理

数据预处理包括 SAR 数据格式转录、SAR 图像精确配准、SAR 格式 DEM 准备。

1）SAR 数据格式转录

根据 SAR 处理原理，项目购买的 SAR 图像属于 SLC（Single Look Complex）格式，元数据和影像文件分别存放到 .N1 文件中，为了在 GAMMA 平台中进行处理需要对购买的 RADARSAT-2 数据进行格式转录生产 SLC 影像参数文件和影像文件。

2）SAR 图像精确配准

InSAR 干涉处理联合 N 幅单视 SLC 图像生成干涉图，这就需要把两幅影像配准到亚像元的精度。为提高干涉相关性，要求 SAR 图像配准精度必须优于 0.2 个像元，否则将导致干涉处理的失败。

SAR 图像精确配准一般要经过两个步骤，粗配准和精配准。粗配准就是利用卫星轨道参数或人工选取少量的控制点计算待配准图像相对于参考影像在方位向和距离向的偏移量，然后根据所计算出的偏移量对两幅图像进行粗配准。人工选取同名控制点进行粗配准是最简单的，但 InSAR 图像是单视复数图像，也就是未经任何辐射分辨率改善的图像，纹理模糊，另外图像中还存在大量的斑点噪声，通过人工选取同名控制点进行粗配准是十分困难的。因此，常采用基于卫星精密轨道参数的粗配准方法获得初始偏移量，然后依据强度互相关算法获得亚像元级的配准精度。

3）SAR 格式 DEM 准备

SAR 干涉处理需要距离/方位几何结构的 SAR 结构 DEM，而获取的 DEM 属于地图结构，因此，需要将地图结构的 DEM 转换成 SAR 结构的 DEM 然后将 SAR 结构的 DEM 和 SAR 图像进行配准。

2. 干涉处理

1）干涉对组合

干涉对组合准则设为：时间基线阈值为 600d，垂直基线阈值为 400m。共形成 15 个干涉对，从中选择了五个可靠的相对进行时间序列分析。干涉对组合信息如表 6.3 所示。

表 6.3　干涉对组合信息表

序号	参考影像日期	副影像日期	垂直基线/m	时间基线/d
1	2003-11-16	2004-02-29	315	105
2	2004-02-29	2005-02-13	165	350
3	2004-06-13	2004-10-31	127	140
4	2004-06-13	2005-11-20	100	525
5	2004-10-31	2005-11-20	−26	385

2）差分干涉处理

将五个干涉像对进行干涉处理后，与 SRTM DEM 模拟的地形相位做差分处理，去除参考椭球面相位和地形相位，得到初始的差分干涉图。此时的相位为形变相位、基线残余相位、高程残差相位、大气延迟相位和噪声的综合体。只有去除形变相位以外的相位，才能获得高精度的形变量。

3）形变量获取

依照干涉对的相干值信息，设置相干值均值阈值 0.5 和相干值时序标准差阈值 0.1，确定高相干目标点。该地区的相干值分布比较离散，主要分布在裸露的地表和岩石区域。

对高相干点的差分干涉相位进行时序分析，初次求取高程改正量和形变速率。此时得到残差相位包含大气延迟相位和噪声等。因此，大气延迟在空间上表现为强相关性，采用空间域滤波方法对残差相位进行滤波，分离出大气延迟相位。把得到的高程改正量加到初始高正值得到改正后的高程值。结合改正后的高程值和大气延迟相位，再次进行差分干涉，接着再次进行回归分析，这样可以获得只包含形变量的干涉相位。对这些干涉对的差分干涉相位进行 SVD 分解，可以获得形变速度（图 6.8）和形变序列图（图 6.9～图 6.13）。

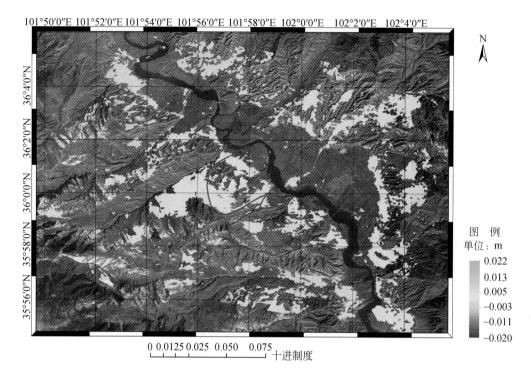

图 6.8　滑坡形变速率图

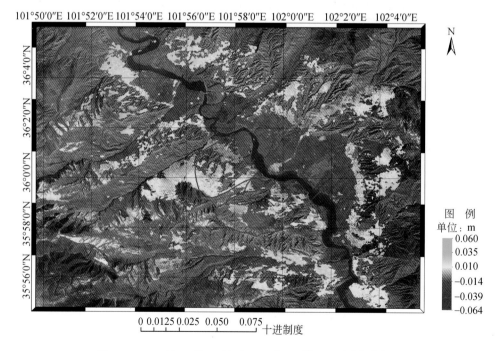

图 6.9　2003 年 11 月 16 日至 2004 年 02 月 29 日累计形变图

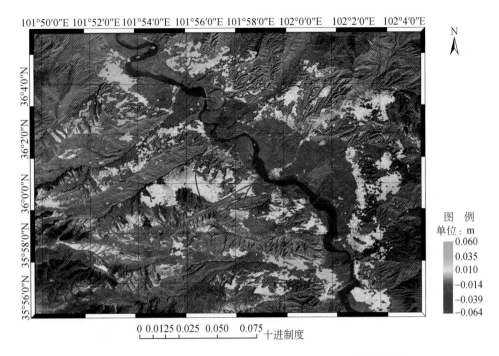

图 6.10　2003 年 11 月 16 日至 2004 年 06 月 13 日累计形变图

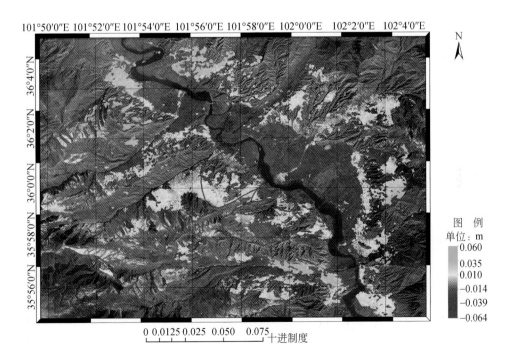

图 6.11　2003 年 11 月 16 日至 2004 年 10 月 31 日累计形变图

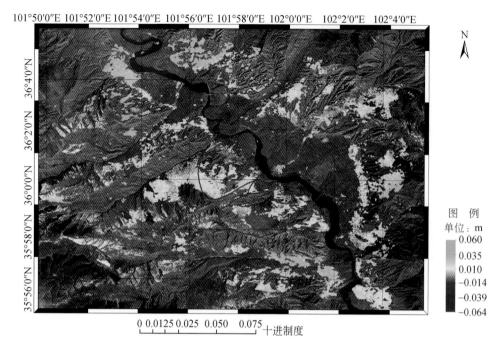

图 6.12　2003 年 11 月 16 日至 2005 年 02 月 13 日累计形变图

图 6.13　2003 年 11 月 16 日至 2005 年 11 月 20 日累计形变图

6.3.2　INSAR 解译结果

通过对滑坡区形变量分析，认为该滑坡的最大滑动速率为 6mm/a，处于欠稳定状态，在降雨入渗造成土体饱和情况下有进一步下滑的可能。

6.4　滑坡形成机制

烂泥滩滑坡属老滑坡体引发的新滑坡。原坡体经扰动、挤压后已显疏松、破碎；坡体后缘原始坡度为 40°，为陡坡地段，坡体两侧发育冲沟，冲沟不断下切侧蚀，坡体前部受黄河河水侵蚀切割，形成较大临空面，为滑坡提供了滑动临空面。坡体因坡脚受侧蚀重心向外迁移，稳定性降低。这些因素构成滑坡复活的基础条件，在雨水入渗、风化及卸荷作用下，增加坡体重力引发新滑坡发生；人类不合理工程和降水作用进一步触发老滑坡北侧滑体的复活。

6.5　滑坡稳定性分析

滑坡发生后，滑坡天前缘的烂泥滩回民村已搬迁至夏藏滩滑坡堆积体上。2002 年，北侧滑体由于人工开挖建房，形成了 5~15m 的人工陡坡。坡面受雨水冲蚀形成多条冲沟，在雨季或暴雨期间有失稳可能。新滑体土质松软破碎，易受雨水冲蚀产生崩滑，目前，在滑体中后部出现了宽为 0.5~1.9m 的拉张裂缝，在滑体前部表层，出现众多鼓胀裂隙，滑体目前处于蠕动变形阶段；同时滑坡堆积体后部坡度陡峭，土体松散，存在很大安全隐患，遇连阴雨或大暴雨，有再次发生变形失稳的可能。

第 7 章　黄河上游共和–官亭盆地末次冰期以来气候波动与环境变化

黄河上游共和–官亭盆地位于强烈隆升的青藏高原和相对隆升的黄土高原过渡地带（李吉均等，1996），横跨第一、二级阶梯地貌单元，地质构造上属于南祁连块体与西秦岭块体的交接部位（李小林等，2007），气候带上处于现代亚洲季风影响的北界和中国干旱与半干旱气候的过渡地带，生态系统脆弱，地理位置特殊，对气候变化极其敏感，是研究末次冰期以来区域气候对全球变化响应的理想地点。

关于青藏高原东北缘末次冰期以来的气候变化，有观点认为氧同位素偶数阶段气候表现为冷干、奇数阶段表现为暖湿的特点，且滑坡与气候变化的暖湿期具有较好的响应关系。施雅风等（2002）、施雅风和于革（2003）认为 MIS 3 是暖湿阶段，尤其是 MIS 3a 时期，青藏高原地区气温升高，降水量也显著增加，出现了多期次的高湖面。但也有不同观点，如 Owen 等（1997）发现 MIS 3 比 LGM 的冰川规模更大并对应于印度（南亚）季风强盛期，而不是传统意义上的冷期，据此，把冰期时代定在氧同位素奇数阶段。欧先交等（2015）认为 MIS3 冰进规模较大可能是降水较多结合冷期（或冷事件）降温所致，显示了印度季风降水和气温波动对高原冰川的共同作用。那么，具体到高原东北部共和—官亭盆地，末次冰期以来这个地区的气候记录反映的环境特征是什么？冷期湿润还是干燥？与青藏高原乃至全球末次冰期以来的气候总体趋势是否一致？同时这个地区也是特大型和巨型滑坡的主要聚集地，那么这些滑坡主要发生在气候变化的哪个时期？暖湿、冷干还是干湿过渡期？

关于全新世气候环境变化，吴锡浩等（1994）和 An 等（2000）从降水和有效湿度的角度模拟了过去 12ka B. P. 以来夏季风的演化过程，认为全新世气候变化具有穿时性。Wang 等（2005）通过对董歌洞 9ka 以来石笋氧同位素记录研究显示早全新世是季风最强的时期，7ka B. P. 左右季风逐渐开始减弱，一直到 500a B. P. 左右才又有一定的增强，早中全新世西南季风强盛，之后衰弱。近年来通过观测、模拟及气象卫星云图研究认为青藏高原的水汽主要来源于印度洋，西南季风对青藏高原的气候和生态具有重要影响（Clemens *et al.* ，1991）。但就青藏高原而言，高原的不同地区夏季风出现的鼎盛时期也不完全一致，东南部地区，自 10ka B. P. 以来夏季风从南向北逐渐增强，7.8k～6.8ka B. P. 夏季风强盛，6.8k～3.5ka B. P. 夏季风减弱，3.5ka B. P. 之后夏季风萎缩，逐渐建立现代季风环境；在中西部地区，季风在 10ka B. P. 开始增强，但在 8k～7.8ka B. P. 短期减弱后又逐渐增强，并于 7.5k～6ka B. P. 达到最盛，高原西部在 4.3ka B. P. 以后基本建立了现代季风环境，而高原中部在 4ka B. P. 以后才趋于建立现代季风环境（唐领余等，2009）。王华（2003）研究发现高原的全新世大暖期（Megathermal）来临于 10ka B. P. ，鼎盛期为 7k～6ka B. P. 。大暖期时，高原植被、森林扩大，泥炭发育，湖面上升，夏季风增强。大约在 5ka B. P. ，高原气候由暖湿向冷干转变。孙亚芳（2008）研究了高原东北缘夏藏滩滑坡湖相层的气候记录，认为 9.2k ~ 8.2ka B. P. 为大暖期；7.2k ~ 5.5ka B. P. 为次暖期，气候温暖湿润；5.5k ~ 0ka B. P. 呈现暖干的气候特征。程波（2006）对共和达连海地区晚冰期 14.6ka（Cal.）以来的气候记录进行了研究，但由于其沙珠玉河的尾间湖泊，湖相沉积的孢粉来自全流域，是多种生态环境的混合体，因此，不能准确反映剖面点的环境变化，也难以分别讨论冬夏季风变化的细节，尤其难以对高原冬季风进行评价。而黄土是高原冬季风的直接沉积物，成壤过程则与夏季风有关，因此是冬夏季风的共同记录载体，是研究过去气候变化的良好材料。

7.1　古气候记录类型与代表性剖面分布

选择黄河上游共和-官厅盆地的共和盆地河卡黄土-古土壤剖面、贵德盆地巴卡台黄土-古土壤剖面、夏藏滩滑坡湖相-黄土剖面、同仁盆地循同路黄土-古土壤剖面、循化盆地加仓黄土-古土壤剖面和民和峡口黄土，古土壤剖面（图 7.1，表 7.1）为古气候代笔性研究剖面，在 AMS ^{14}C 测年、粒度、磁化率等指标分析的基础上，重建了高原东北部末次冰消期以来的古气候环境及气候变化的驱动机制，分析了高原季风边缘区的气候变化特征和规律，划分了气候演化阶段及各时期冬夏季风的特征。

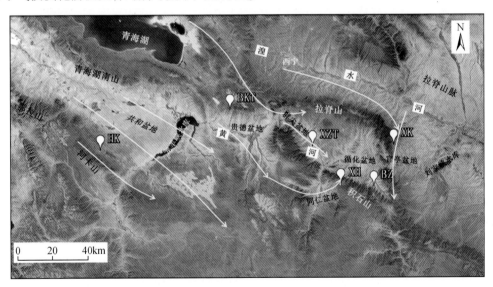

图 7.1　研究区地貌、地面盛行风场和湖相-黄土古土壤剖面分布图

底图来自 Google earth，黄色箭头为冬季风地面风风向。XZT 为夏藏滩湖相剖面；HK 为共和河卡剖面；
BKT 为贵德巴卡台剖面；XH 为循化循同路剖面；BZ 为白庄加仓剖面；XK 为官亭峡口剖面

表 7.1　古气候剖面位置及采样描述

序号	剖面名称	剖面位置	经纬度	样品类型	剖面深度	采样个数
1	夏藏滩剖面	夏藏滩滑坡体中部	101°59′24.25″E，35°58′49.52″N	湖相-黄土	25.1m	208
2	河卡剖面	河卡谷地	100° 0′1.76″E，35°54′0.36″N	黄土-古土壤	1.35m	27

续表

序号	剖面名称	剖面位置	经纬度	样品类型	剖面深度	采样个数
3	巴卡台剖面	高阶地面	101°12′3.07″E 36°13′50.86″N		2.52m	126
4	循同路剖面	积石山南侧	102°14′50.57″E 35°42′8.73″N	黄土-古土壤	1.6m	80
5	白庄剖面	积石山北麓	102°33′29″E 35°41′21″N		2.3m	47
6	峡口剖面	拉脊山东麓	102°44′42″E 35°59′51″N		6.0m	61

7.1.1　夏藏滩湖相剖面（XZT）

积石山和拉脊山围限的群科-尖扎盆地属于高原季风区东北部，这里巨型滑坡众多，黄河南岸的夏藏滩滑坡就是区内最著名的一个长为4.4km、宽为3.1km巨型滑坡（Yin et al.，2014a），在该滑坡体后部形成了一个最深处约为30m，面积为4.94km²的滑坡湖（landslide lake）。这是在滑坡体后部，由于滑坡体与滑坡后壁之间被拉开和沉陷而形成封闭洼地，洼地内积水形成的封闭湖泊。与其他湖泊不同，这个滑坡湖汇水面积很小，范围就是周边山坡，补给区仅限于滑坡体周边环形山脊内，汇水冲沟34条，流域内无河流，汇水面积约15.5km²。湖泊沉积物主要来自降雨从周边山坡冲刷下来的物质。滑坡湖从湖面形态和沉积过程均类似于火山的"玛珥湖"（Maar lake；刘嘉麒等，1996），而与滑坡堰塞湖（landslide dammed lake）明显不同，后者是由地震或降雨引起滑坡（崩塌）堵截河谷后在堰塞坝体上游形成的湖泊。

利用该湖泊沉积物，我们试图通过研究其末次冰期以来的气候变化记录，进而探讨高原东北部气候冷期的气候特征。

剖面采样位置位于夏藏滩Ⅰ期滑坡堆积体后部的冲沟处（图7.2、图7.3），剖面深度为25.1m，其中0~16.5m间隔10cm，16.5~25.1m间隔20cm分别取粒度和磁化率样品。剖面岩性描述如下。

0~2.7m：马兰黄土，灰黄色，较疏松，表层含植物根系；

2.7~7.0m：湖相纹泥沉积层，水平层理明显，灰黑色；

7.0~7.1m：河湖相砾石层，分选性较差；

7.1~9.15m：湖相纹泥沉积层，水平层理明显，每层厚约为2~6cm，土壤孔隙较多；

9.15~9.5m：粉砂-细砂层，淡黄色；

9.5~9.95m：湖相纹泥黏土沉积层，水平层理明显；

9.95~10m：细粉砂层，灰黄色；

10.0~11.8m：湖相纹泥沉积层，水平层理明显；

11.8~11.9m：砂层、小砾石层，砾石磨圆度差，无分选；

11.9~25.1m：湖相纹泥沉积层，水平层理远处看较明显。

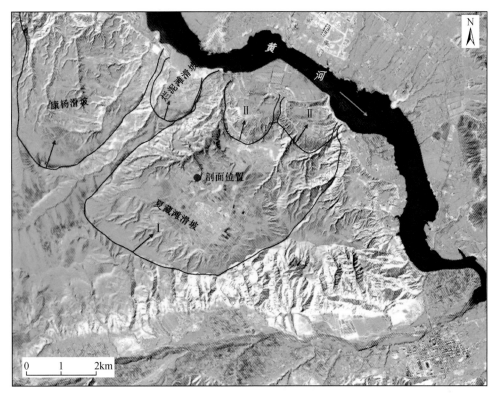

图 7.2　夏藏滩巨型滑坡地貌特征和湖相剖面采样位置图
Ⅰ、Ⅱ分别代表夏藏滩滑坡第Ⅰ期和第Ⅱ期

图 7.3　夏藏滩滑体中部发育的湖相纹泥层

7.1.2　共和河卡剖面（HK）

剖面位于青海海南州河卡镇附近的河卡谷地，在国道 214 南侧约 200m，海拔为 3239m。河卡谷地是共和盆地西南的一个次级 NW 向山谷腹地，谷地地势平缓，地表为高山草原植被，部分被开垦为耕地。地表在河流砾石层之上覆盖了一层黄土，厚 1～2m。剖面位于一片天然草地，采集了顶部 1.35m 的黄土-古土壤样品，采样间距为 5cm（图 7.4），共取样品27 个，其中 0～40cm 为灰黑色，湿润松散，40～135cm 为灰白色，底部是典型黄土。

图 7.4　共和河卡全新世黄土-古土壤剖面和高山草原景观

7.1.3　贵德巴卡台剖面（BKT）

剖面位于青海贵德县拉西瓦镇北侧的共和-贵德 S201 公路边上，海拔为 3466m。这里是贵德北部拉脊山南侧的一个高原高阶地面，塬面地势平坦，向南微倾，地表为高山草原植被，人为干扰少，是高原天然牧场（图 7.5）。塬面顶部一层厚度为 2～3m 的黄土覆盖在角砾状冲坡积物之上。剖面位于公路切开的一侧陡壁上，采集了顶部 2.52m 的黄土-古土壤样品，采样间距为 2cm，共取样 126 个。剖面顶部为草地，草高约 5cm，草根下部至约 1.8m为颜色较深的全新世古土壤层，以下约 1.8～2.3m 为黄土层，约 2.3～2.52m 为冲洪积物地层，其覆盖在砾石层（棱角状，磨圆度差）之上。

图 7.5　贵德巴卡台黄土-古土壤剖面及高原高阶地面地貌

7.1.4　循化循同路剖面（XH）

剖面位于青海尖扎–循化的 S306 循同路上，在岗察乡东侧约 1km 处道路边山坡上，海拔为 3227m。由于高原隆起后的河流持续侵蚀，剖面所处山坡旁的山沟是向北流进黄河的，然而这里却位于积石山 EW 向主山脊线的南侧。此处山坡较为和缓，属于同仁盆地的北部边缘，覆盖在同仁盆地第四系河流冲积物之上的黄土地层一直延伸到这里的基岩山梁。剖面处地表为高山草地，附近基岩出露区生长灌乔木植被。剖面位于公路一侧陡坎，采取了顶部 1.6m 的黄土古土壤样品，采样间距为 2cm（图 7.6），共取样 80 个，顶部为草地，0 ~ 80cm 为灰黑色土壤，其中 0 ~ 10cm 为现代土壤，70 ~ 80cm 为灰黑色、腐殖质含量高、色深的古土壤；90cm 附近为土黄色粉砂层。

图 7.6　循同路黄土–古土壤剖面及周边地貌

7.1.5　循化白庄加仓剖面（BZ）

剖面位于青海循化县白庄镇的加仓村南侧山坡的道路边，海拔为 2813m。此处位于积石山北麓，属于循化盆地的南缘，黄土覆盖在积石山北麓山坡之上，地表植被也是高山草地。这里地形坡度较大，黄土在山坡上有上薄下厚趋势，在加仓村口，黄土厚达 10 多米，但全新世古土壤保存不好。在到上木红的盘山道上，路边陡坎的全新世黄土–古土壤出露完整，剖面位于道路开出的一侧陡坎，按 5cm 间距采取了顶部 2.3m 的黄土–古土壤样品（图 7.7），共取样品 47 个（含表土样）。剖面顶部 15cm 是近现代土壤层；中部是厚约 1m 的全新世古土壤层，具有下部土壤发育好，上部渐变成黄土的特点；古土壤层以下为黄土层，未见底。

7.1.6　民和峡口剖面（XK）

剖面位于青海民和–官厅的川亭公路一侧，在峡门村北侧黄土梁上，距黄河直线距离约 18km，海拔为 2424m。该地区年均降水量为 300mm，年均气温为 5 ~ 9℃。此处属于拉脊山

图7.7　循化白庄黄土–古土壤剖面及周边高山草甸

东麓，是官厅盆地的北缘，黄土覆盖在整个拉脊山东麓山坡之上。地面已开发为梯田耕地，原始植被也是高山草地，西侧拉脊山基岩区有乔木生长。剖面位于道路开出的垭口一侧陡壁，这里黄土很厚，以马兰黄土为主，顶部发育一层灰黑色古土壤，底部未见底，剖面未见其他古土壤层。剖面按10cm间距采取了顶部6m的黄土–古土壤样品（图7.8）。其中0~1.6m为古土壤层，1.6~6.0m为黄土，共取样品61个、^{14}C年龄样品6个。剖面顶部古土壤淋滤严重，下部钙结核极其发育，并以0.8~1.6m发育程度最高。

图7.8　峡口黄土古–土壤剖面及周边黄土台地

7.2　古环境代用指标与分析方法

7.2.1　古环境代用指标及测试方法

1. 磁化率及测量方法

季风区的湖相沉积、黄土–古土壤磁化率有良好的地层学指示意义，磁化率值的波动被认为可以较好指示东亚夏季风强度的强度变化，是反映降水量或夏季风强度的替代性指标（An *et al.*，1990；刘东生，1997）。

磁化率测试方法为：将样品放入烘箱中，低温烘干，称取 10g 左右，放入透明 1 号自封袋中，然后依次将各个样品放入 MS2 磁化率分析仪，测量样品的低频磁化率，每个样品测量三次，取其平均值。

2. 粒度及测量方法

粒度也是沉积物一个比较成熟的古环境代用指标，指示东亚冬季风变迁（丁仲礼等，1996；鹿化煜、安芷生，1997）。在我国黄土高原地区的黄土–古土壤序列研究中，粒度指标可以指示搬运粉尘风动力变化以及沉积环境变化，是研究过去东亚冬季风变化最直观的替代性指标（An *et al.*，1990；鹿化煜、安芷生，1997）。在湖相研究中，殷志强等（2008）认为湖相沉积物不同组分含量的消长变化与湖泊水位深浅变化密切相关，可以反映湖泊水面的升降变化。

粒度测量方法分为前处理和上机测试两部分，前处理中称取样品约 0.2g，放入清洗干净的规格为 200mL 的烧杯中，加入 10mL 浓度为 30% 的双氧水（H_2O_2），放置在加热炉上，温度保持在 140°C，加热过程中要多次加入双氧水，直到无气泡产生为止。河卡剖面样品还做了加酸去除碳酸盐的处理，即随后加入 10mL 浓度 10% 的稀盐酸（BKT 剖面未加 HCl），静止 24h，去除上清液。巴卡台剖面样品未做加酸去除碳酸盐的预处理。最后再加入 10mL 浓度为 30% 的六偏磷酸钠进行超声震荡分散 5min，最后用 Mastersizer 3000 激光粒度仪进行测量，样品的粒度范围在 0 ~ 3500μm。

磁化率和粒度样品分别在中国科学院地质与地球物理研究所新生代环境实验室 MS2 磁化率分析仪和 Mastersizer 3000 激光粒度仪测试完成。

7.2.2　剖面测年与时间标尺建立

关于夏藏滩湖相–黄土剖面，作者根据中国地震局地震动力学国家重点实验室测试的夏藏滩滑坡下覆湖相层底部的年龄为 72±7.2ka B. P.，认为夏藏滩滑坡的形成时间晚于 72ka B. P.，而该滑坡湖是在滑坡发生后积水形成，故其形成时间更晚于 72ka B. P.。同时作者对剖面湖相层顶部的黄土底部测年结果为 8.0±0.9ka B. P.（中国科学院青海盐湖所光释光实验室测试结果；表 7.2），显示该湖泊在距今 8000a 前已消失，黄土开始沉积，这一结果与孙亚芳（2008）在夏藏滩滑坡湖中钻孔（101°58′57.04″E，35°58′06.87″N）样品的测试结果一致。根据我们测试的剖面磁化率曲线和孙亚芳（2008）的钻孔磁化率曲线比对（图 7.9），利用两条磁化率曲线上相似的几个关键点确定了六个时间控制点，最后得到剖面的年龄–深度关系（图 7.10）。

表 7.2　夏藏滩滑坡及滑坡湖样品年代测试结果

序号	样品编号	采样位置	年代/ka	数据来源
1	XZT-001	黄土底部（距地表 2.7m）	8.0±0.9（OSL）	本书作者
2	XZT-02	滑坡堆积物底部	72±7.2（ESR）	

续表

序号	样品编号	采样位置	年代/ka	数据来源
3	JZ0611-1	距地表 1.6m	5.5±0.65（OSL）	
4	JZ0611-2	距地表 2.7m	8.5±0.27（OSL）	
5	JZ0611-3	距地表 4.7m	11.41±1.22（OSL）	孙亚芳，2008
6	JZ0611-4	距地表 11.7m	23.23±1.83（OSL）	
7	JZ0611-5	距地表 18.1m	46.65±3.27（OSL）	
8	JZ0611-6	距地表 21.9m	51.65±4.51（OSL）	

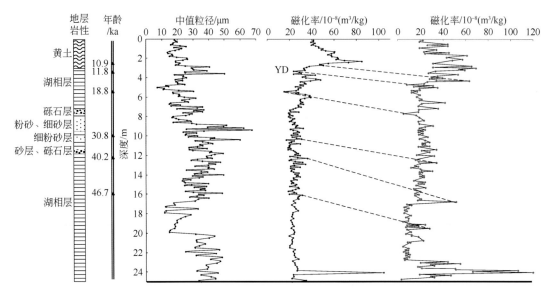

图 7.9　夏藏滩湖相纹泥层岩性、粒度与磁化率特征

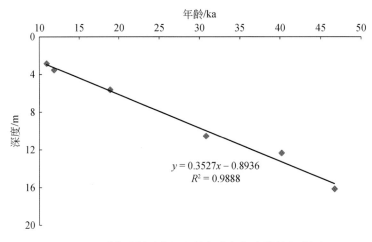

$$y = 0.3527x - 0.8936$$
$$R^2 = 0.9888$$

图 7.10　夏藏滩滑坡湖沉积物年龄与深度线性拟合图

　　关于全新世黄土-古土壤剖面，作者为了获得黄土-古土壤剖面的时间标尺，每个剖面都选择了数量不等的样品，通过提取土壤有机质，测量其 [14]C 年龄，然后校正成日历年龄，

所有^{14}C 年龄样品均由美国 Beta 实验室测定。根据各个剖面的年龄数据，分别采用线性回归或多项式回归方法，建立了剖面的时间序列（图 7.11）。各个剖面的 δ^{14}C 同位素年龄点与剖面深度之间的关系可以看到年龄点呈很好的回归关系，回归系数均在 0.96 以上，说明这五个剖面的地层连续，沉积完整，可以很好地揭示研究区的气候变化特征。

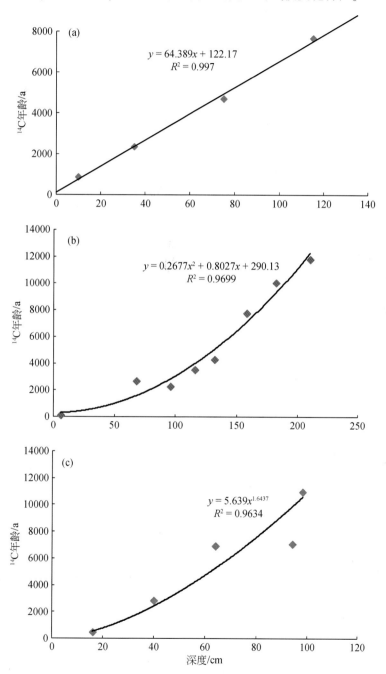

图 7.11　共和河卡（a）、贵德巴卡台（b）、循同路剖面（c）、循化白庄（d）、民和峡门（e）剖面深度–时间关系图

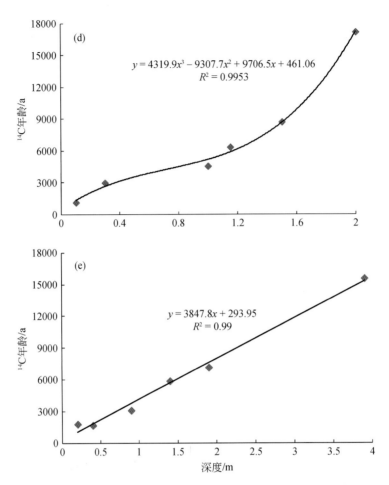

图 7.11　共和河卡（a）、贵德巴卡台（b）、循同路剖面（c）、循化白庄（d）、
民和峡门（e）剖面深度–时间关系图（续）

7.2.3　沉积物粒度组分分离

经典沉积岩石学研究表明沉积物主要由滚动、跳跃和悬浮三种颗粒组分构成（Alfaro et al.，1998），黄土被证明是大气悬浮粉尘堆积形成的风成沉积物（刘东生，1985）。近年来，由于测量技术的进步，激光粒度仪被引入沉积物粒度测量分析，人们发现黄土悬浮颗粒又可细分成三个悬浮组分（孙东怀等，2001；秦小光等，2004）。殷志强等（2009）研究了各种水成和风成的典型环境下沉积物的粒度特征，将沉积物粒度的组分划分成六个，它们的中值粒径范围分别是组分 1：<2μm、组分 2：2～10μm、组分 3：10～65μm、组分 4：65～150μm、组分 5：150～700μm、组分 6：>700μm。其中，水成和风成沉积物中都有组分 1 和 2；组分 3 是大气的粗悬浮组分；组分 4 是水的粗悬浮组分；组分 5 是跳跃组分，水成的略比风成的粗，但两者的粒径范围高度重叠；组分 6 是滚动组分，同样水成的略比风成的粗。

对于湖相沉积物而言，殷志强等（2008）通过对安固里淖刑地湾湖泊沉积物样品粒度组分变化研究，发现湖相沉积物中 100μm 以下的悬浮颗粒通常又包含了粗、中、细三个次级悬浮组分。而其中的粗粒悬浮组分（中值粒径区间 10～100μm）和中粒悬浮组分（中值粒径区间为 2～10μm）含量的消长变化与湖泊水位深浅变化密切相关，湖心相里中粒悬浮组分占主体，而湖滨相的主体则是粗粒悬浮组分，因此，中粒悬浮组分的含量变化在一定程度上指示了湖水深度的变化。而大于 100μm 的组分则属于跳跃或滚动组分，指示强水流的存在，对于汇水面积有限、无径流的滑坡湖，大于 100μm 的组分指示了强暴雨的存在，强暴雨将山坡上的粗沙粒冲入湖泊。

从沉积物粒度组分分布特征看，每一组分均属于对数正态分布类型。因此，可以采用正态分布函数对样品各组分进行数学分离。每个组分由中值粒径、百分含量和标准差三个参数来刻画，中值粒径和标准差定义了该组分的分布函数，即各粒径的相对含量，百分含量则刻画了该组分在全部组分中的贡献。将几个组分的含量分布函数按百分含量加权求和，就得到粒度分布的拟合函数：

$$F\lg(x) = \sum_{i=1}^{n} \frac{c_i}{\sqrt{2\pi}\,\sigma_i} \exp\left(-\frac{(\lg x - \lg d_{mi})^2}{2\sigma_3^2} \right) \tag{7.1}$$

式中，n 是组分数；x 是粒径；$\lg x$ 是取粒径的对数；d_{mi} 和 σ_i 分别为样品第 i 组分的平均粒径和标准差；c_i 为 i 组分百分含量。

拟合函数与实测粒度分布函数的差值则是拟合误差。湖相、黄土粒度组分分离就是通过迭代计算找到使拟合误差值达到最小的组分参数组合。

7.2.4　风力强度和粉尘搬运距离指数

黄土粒度作为一个经典的古气候代用指标，过去一直被用作指示冬季风强弱变化的替代性指标（An et al. , 2000），近年来有人陆续发现黄土粉尘源区的进退收缩变化也直接影响黄土粒度的变化（Ding et al. , 2002），而粉尘源区的进退变化与植被生长状况有关，植被则又受降雨直接控制，由于降雨是夏季风的直接表现，所以有人认为黄土粒度反映了粉尘源区的进退，也是夏季风的指标（Yang and Ding, 2008）。显然是完全相反的两种观点给粒度指标的解释带来了很大的困惑。

实际上人们早就知道黄土粒度的变化与风力强度和粉尘源区距离肯定都有关系（刘东生，1985），也尝试构建不同的粒度指标来反映古气候，如比值（小于 2μm 颗粒含量/大于 10μm 颗粒含量）、大于 64μm 含量（Ding et al. , 2002）、石英颗粒中值粒径（Xiao et al. , 2004）等。然而这些指标均缺乏明确的物理意义。

黄土作为大气悬浮粉尘沉积物，其粒度分布中通常都包含了 1、2、3 三个组分，即细、中、粗组分（图 7.12）（孙东怀等，2001；秦小光等，2004），其动力学成因分析表明粗粒组分是粉尘在源区被上升气流带到高空，再被水平气流带到上升气流消失的地区后，重力沉降速度远大于大气湍流支撑能力的粗颗粒粉尘部分，细粒组分是布朗运动影响和主导的细颗粒粉尘部分，而中粒组分是大气湍流影响和控制的颗粒部分（Qin et al. , 2008；秦小光等，2004）。

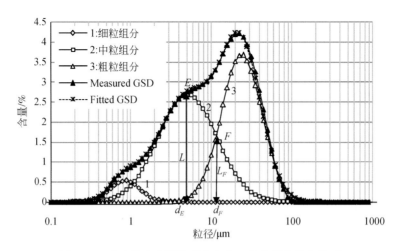

图 7.12　黄土粉尘实测粒度分布和三组分拟合分布关系

F 点为粗粒组分重力沉降量和中粒组分湍流沉降量相等的点；

d_E 是中粒组分的中值粒径；d_F 是 F 点的粒径；L_F 是 F 点上中粒组分和粗粒组分的含量（高）

　　粗颗粒粉尘在水平风力带动下运移，并在重力影响下沿途沉降，由于沉降速度有差异，不同粒径粉尘的百分含量沿途不断改变，因此，各组分的含量变化包含了粉尘搬运距离和风力强度的信息，粉尘搬运距离实际上也可以视为粉尘源区的距离。

　　秦小光等（2004）研究了黄土粉尘搬运过程的动力学机制后，首次根据粉尘的重力沉降物理过程，推导了粉尘搬运距离计算公式：

$$L = 0.3679/P_m \tag{7.2}$$

式中，L 是粉尘搬运距离；P_m 是粒度分布曲线上含量最高点对应的粉尘沉降通量。

　　定义风力强度为单位面积上方含粉尘空气柱（对地面粉尘沉降有贡献部分）在单位时间内的通过量。它表示了含粉尘大气的水平通量，单位是 m^3/s。其计算公式如下：

$$M = ALd_m^2 \tag{7.3}$$

式中，M 是风力强度；L 是粉尘搬运距离；d_m 是粒度分布曲线上含量最高点对应的粒径；A 是计算系数，由下式得到：

$$A = \frac{g}{18\mu}\left(\frac{\rho_d}{\rho} - 1\right) \tag{7.4}$$

式中，ρ 是空气密度，$\rho = 1.205kg/m^3$；g 是重力加速度，$g = 9.8m/s^2$；ρ_d 是颗粒密度，$\rho_d = 2650kg/m^3$；μ 是空气黏滞系数，$\mu = 0.000015m^2/s$（刘东生，1985；宣捷，2000）。

　　上述理论模型中风力强度是用含粉尘大气水平通量来表示的，这包含了携粉尘气流的厚度信息，这比单纯用风速来表示风力要更为合理。

　　由于黄土粒度分布中通常都存在粗、中、细三个悬浮组分，只有重力主导其沉降的粗颗粒组分才适合上述理论模型，因此，只能利用粗粒组分的参数来计算风力强度和粉尘搬运距离。

　　如果我们定义第 i 个组分的沉降通量为 $D_{(i)}$，沉降速率为 $P_{(i)}$，W 是粉尘浓度，则三个组分中 i 组分的含量 c_i 可表达为

$$c_i = D_{(i)}/(D_{(1)} + D_{(2)} + D_{(3)}) = \frac{D_{(i)}}{(D_{(1)} + D_{(2)} + D_{(3)})} \cdot \frac{1/W}{1/W} = \frac{P_{(i)}}{(P_{(1)} + P_{(2)} + P_{(3)})}$$

$$(7.5)$$

因此，c_i 实际也可视为 i 组分的归一化沉降速率，表示该组分在整个沉降量或总沉降速率中的相对贡献。另外，由于细粒组分的含量较少，变化范围很窄，可以视为一个相对稳定的标准值，这样不同样品粗粒组分的相对含量 c_3 就是一个背景标准下的相对值，可以相互比较。就可以利用 c_3 结合粗粒组分对数正态分布峰值点的含量，计算式（7.1）中的 P_m 值：

$$P_m = c_3 \cdot \frac{1}{\sqrt{2\pi}\sigma_3} = 0.3989\frac{c_3}{\sigma_3}$$

$$(7.6)$$

这样就可以根据式（7.1）估算出粉尘搬运距离 L，然后再根据式（7.2），利用 L 和粗粒组分的中值粒径 d_m 估算风力强度 M。

对一个黄土剖面而言，通常其粉尘来源方向总体上是基本稳定的，源区的变化主要表现为源区的扩张与收缩、前进与后退，因此，粉尘搬运距离实际反映了粉尘源区的进退、收缩变化，而粉尘源区的这种变化受控于植被的生长，源区如果植被长势变好，就会蜕变成草原，不再起尘，粉尘将来自距离更远、未被植被覆盖的地方。而干旱区影响植被生长的关键因素是降水量，因此，粉尘搬运距离反映了粉尘源区的植被状况，或者说源区降水量变化，这样粉尘搬运距离实际也是粉尘源区距离，可以认为两者相同，在本书中两个说法是等同、混用的。当然粉尘源区通常是一个面积广大的范围，因此，粉尘搬运距离只是对其主要粉尘来源平均中心的一个粗略估计。

显然从式（7.1）估算得到的粉尘搬运距离只具有相对意义，在一个黄土剖面的纵向上（时间或深度）可以比较粉尘源区距离的相对变化，如果有某时段已知其粉尘确切源区距离，也可以将整个剖面的源区距离按比例校正换算成绝对距离值。

但对于不同的黄土剖面，尤其是缺少已知源区距离的样品时，粉尘搬运距离 L 应该视为一个半定量或定性的替代性指标。这在比较不同剖面的源区距离曲线时尤需注意。

风力强度同样如此，应该视为一个半定量或定性的替代性指标，只宜在纵向上比较，不宜比较不同剖面风力强度的绝对值，除非都已进行了绝对值校正。由于根据粒度特征估算的风力强度是指携粉尘颗粒的空气流通量，而沙尘通常出现在春秋季节，与冬季风有密切联系，在青藏高原东北边缘地区与亚洲冬季风、高原冬季风有关，因此，可以视为冬季风的指示标志。

虽然粉尘源区距离、风力强度都只是定性或半定量指标，但作为古风场的重要指示参数，实际解决了粒度的多解性问题，对于了解古大气环境特征、揭示古大气环流空间格局有着重要意义。

7.2.5　大气湍流强度指数、春季近地面气温指数和有效湿度指数

中粒组分的沉降速率受大气湍流所主导，因此，可以通过估算中粒组分的沉降速率作为大气湍流强度的替代性指标。然而由于很多大气参数不可能获得，因此，无法直接根据中粒组分参数计算粉尘的大气湍流沉降速率。但分析图 7.12，粗粒组分和中粒组分分布函数的

相交点处，两组分的沉降量相等，即

$$\frac{c_2}{\sqrt{2\pi}\,\sigma_2}\exp\left(-\frac{(f_F-f_{m2})^2}{2\sigma_2^2}\right)=\frac{c_3}{\sqrt{2\pi}\,\sigma_3}\exp\left(-\frac{(f_F-f_{m3})^2}{2\sigma_3^2}\right) \tag{7.7}$$

这里 $f_F=\ln(d_F)$，$f_{m2}=\ln(d_{m2})$，$f_{m3}=\ln(d_{m3})$。于是可得到 f_F 的计算公式：

$$f_F=\frac{-b+\sqrt{b^2-4ac}}{2a} \tag{7.8}$$

其中，$a=(\sigma_3-\sigma_2)(\sigma_3+\sigma_2)$，$b=(f_{m3}\sigma_2-f_{m2}\sigma_3)(\sigma_3+\sigma_2)-(f_{m2}\sigma_3+f_{m3}\sigma_2)(\sigma_3-\sigma_2)$，

$c=-(f_{m3}\sigma_2-f_{m2}\sigma_3)(f_{m2}\sigma_3+f_{m3}\sigma_2)-2\sigma_2^2\sigma_3^2\ln\dfrac{c_2\sigma_3}{c_3\sigma_2}$。

这样，F 点的湍流沉降速率 V_{Ft} 就可以用这点的重力沉降速率 V_{Fg} 来计算，后者可根据 Stokes 定律计算。而中粒组分分布函数的最高点 E 处的粉尘湍流沉降速率应该与 F 点的湍流沉降速率成比例关系 L_E/L_F，最后得到大气湍流沉降速率的估算公式：

$$V_t=V_{Ft}\frac{L_E}{L_F}=V_{Ft}\exp\left(\frac{(f_F-f_{m2})^2}{2\sigma_2^2}\right) \tag{7.9}$$

我们用大气湍流沉降速率的半定量估算值作为大气湍流强度的替代性指标。

细粒组分是粒径小于 $2\mu m$ 的细颗粒粉尘，显然就是现在所谓的 PM2.5 细颗粒悬浮物质，动力学分析表明由于在紧邻地面的空气薄层内湍流消失，这时这些微细粒粉尘的运动主要与布朗运动有关（宣捷，2000），而分子布朗运动主要受控于温度（章澄昌、周文贤，1995）。现代 PM2.5 观测数据也证实 PM2.5 的浓度变化除与排放源有关外，在日–旬时间尺度上与气温波动最为一致。因此，细粒组分包含了近地面气温变化的信息。

根据章澄昌和周文贤（1995），受布朗运动控制的粉尘沉降颗粒数 $N(t)$ 可表示为

$$N(t)=2n_0\sqrt{\frac{Dt}{\pi}} \tag{7.10}$$

式中，D 是布朗扩散系数，m^2/s；n_0 是空气中粉尘的初始数含量，假定它对所有样品是一个常数；$N(t)$ 就是时间 t 内的细颗粒粉尘沉降通量。D 与温度有下式关系：

$$D=\frac{kT}{3\pi\mu d} \tag{7.11}$$

式中，k 是 Boltzmann 常数为 1.38×10^{-23} J·K；T 是温度；π 是圆周率；d 是粉尘颗粒直径。

如果将所有粉尘的密度视为常数，则 $N(t)/n_0$ 等同于粉尘沉降速率，我们可以用细粒组分的归一化相对含量 c_1 来替代。结合式（7.10）和式（7.11）两式，温度与细粒组分参数存在下列关系：

$$T\propto c_1^2 d_{m1} \tag{7.12}$$

这样就可以利用细粒组分的含量和中值粒径得到近地面气温 T 的一个定性或半定量估算。

由于沙尘暴通常发生在春秋两季，尤以春季为主，因此，我们将 T 称为春季近地面气温 INST（the normalized index of near-surface temperature）。

对于这个气温替代性指标，必须注意以下几点：①这个温度指标的变化与年均温变化并不一定完全相同；②由于采用了细粒组分的相对含量替代沉降通量，所以得到的气温序列可能缺乏长周期的趋势性波动，而以高频波动为主；③对于黄土沉积来说，由于细粒组分在整个粒径分布中所占比例很小，样品粒度测量过程中不合适的预处理，如果造成细颗粒出现损失，虽然样品总体的中值粒径可能受影响不大，但会造成细粒组分较大的测量误差，从而影响 INST 指数计算。例如，常规样品预处理中，加酸静置 24h 后倒去上清液的去除碳酸盐过程就可能造成细粒粉尘的丢失，使得在后续的粒度组分分离计算中出现截尾现象，造成极大的拟合误差。

黄土磁化率受表土成壤过程的影响和控制（刘东生，1985），成壤过程则受温度、降水量的共同影响，已有研究表明黄土磁化率与温度、降水量确实都存在直接的正相关关系（吕厚远等，1994）。然而气温和降水量并不是两个完全独立的气候因子，气温升高会加重干旱，同时加大的蒸发必然会在一些地方带来更多的降雨，另一方面降雨过程一定会带来降温效应。因此，黄土磁化率（MS）应该与温度（T）和降水量（P）的乘积成正比，即 $MS \propto TP$，这样磁化率和温度的比值就在一定程度上指示了降水量的变化，即

$$P \propto MS/T \tag{7.13}$$

考虑到土壤成壤强度应该与土壤有效湿度关系更密切，而我们也只能获得春季近地面气温的半定量信息，因此，我们通过式（7.13）获得的 P 实际应该是春季土壤有效湿度指数，它可以用来指示当地土壤有效湿度的相对变化，是一个半定量的定性指标。

7.3　青藏高原东北缘末次冰期以来气候波动的湖相记录

关于青藏高原东北缘末次冰期以来的气候变化，有观点认为氧同位素偶数阶段气候表现为冷干、奇数阶段表现为暖湿的特点，且滑坡泥石流与气候变化的暖湿期有较好的响应关系，如施雅风等（2002）、施雅风和于革（2003）认为 MIS 3 是暖湿阶段，尤其是 MIS 3a 时期，青藏高原地区气温升高，降水量也显著增加，出现了多期次的高湖面。但也有不同观点，如 Owen 等（1997）发现 MIS 3 比 LGM 的冰川规模更大，并对应于印度（南亚）季风强盛期，而不是传统意义上的冷期，据此，把冰期时代定在氧同位素奇数阶段。欧先交等（2015）认为 MIS 3 冰进规模较大可能是降水较多结合冷期（或冷事件）降温所致，显示了印度季风降水和气温波动对高原冰川的共同作用。那么，具体到高原东北部的积石山和拉脊山围限的季风过渡区的群科–尖扎盆地，末次冰期以来这个地区的气候记录反映的环境特征是什么？冷期湿润还是干燥？与青藏高原乃至全球末次冰期以来的气候总体趋势是否一致？同时这个地区也是特大型和巨型滑坡的主要聚集地，那么这些滑坡主要发生在气候变化的哪个时期？暖湿、冷干还是干湿过渡期？

2010 年 7 月作者在黄河上游开展野外滑坡调查过程中发现夏藏滩滑坡湖发育巨厚湖相沉积物，随即采集了剖面样品，并进行了粒度、磁化率等指标的测试分析，并用于夏藏滩滑坡体研究。随着我们对区内滑坡泥流等地质灾害及其与古气候关系认识的深入，开始关注末次冰期时期的古气候特征，由于夏藏滩湖相地层是区内唯一连续、完整的末次冰期沉积物，我们开始深入分析夏藏滩湖相沉积数据，从中发现了一些很有意义的

现象。

滑坡湖（landslide lake）是指在滑坡体后部，由于滑坡体与滑坡后壁之间被拉开或有次一级滑块沉陷而形成的封闭洼地，洼地内积水形成的封闭湖泊。其与河流型湖泊不同，其物源主要为周边流水近距离搬运沉积和风成沉积，不受河流流域气候变化制约。与滑坡堰塞湖（landslide dammed lake）明显不同，后者是由地震或降雨引起滑坡（崩塌）堵截河谷后在堰塞坝体上游形成的湖泊。滑坡湖从湖面形态和沉积过程均类似于火山的"玛珥湖"，因此，滑坡湖相纹泥沉积物类似"玛珥湖"沉积，其独特的封闭性及其物源条件成为古环境变迁信息的良好载体。

位于黄河上游尖扎盆地内的夏藏滩巨型滑坡地质历史时期曾多次发生大规模滑动，滑坡发生后在滑体中后部出现负向地形，积水形成了一个最深处约30m，面积为4.94km² 的滑坡湖（图7.2）。该滑坡湖中的纹泥沉积物记录了自滑坡形成以来的气候环境变化信息，是研究该地区末次冰期环境演变的良好载体。

为了搞清楚上述问题，作者在野外地质实地调查的基础上，在该滑坡湖西北角的冲沟处采集了25.1m的湖相–黄土剖面，在粒度、磁化率和年代学样品测试分析的基础上，研究了末次冰期以来尖扎盆地气候变化记录，探讨了高原东北部气候冷期湿润的气候特征。

7.3.1　湖相纹泥层物质来源

对于滑坡湖这种封闭型的小型湖泊，其无机碎屑颗粒主要来源于两个过程，一是汇水洼地四周的降水或冰雪融水通过地表径流冲刷和渗流将碎屑物质带入湖内，二是大气粉尘的干湿沉降。由于两种搬运介质（水与风）的差异，沉积物中粒度大小差异也均明显。野外调查发现以下几方面。

（1）滑坡湖洼地周边均为新近系泥岩和滑坡混杂堆积物，未发育厚层风成黄土；

（2）粒度组分中的第②组分表现为湖心相的粒度特征；

（3）末次冰期以来约7万年内沉积了25.1m，其平均沉积速率约35.9mm/100a，远远大于该地区黄土的平均沉积速率11.6mm/100a（高原东北缘循化县白庄加仓黄土剖面）；

（4）中值粒径大于70μm 的第④组分很难在风力条件下悬浮搬运。

因此，这一组分基本上来源于洼地周边山坡的近源搬运，指示了暴雨类的强水动力条件的事件。这种粒度和降水的正相关关系也为其他湖泊沉积记录的研究所揭示。因此，夏藏滩滑坡湖相沉积物主要来自洼地周边山坡的地表流水搬运，大气粉尘贡献较少。

夏藏滩滑坡湖的汇水范围和汇水冲沟如图7.13中的红线和细蓝线所示，根据地形在遥感图上推测的滑坡湖范围如图7.13中的蓝色阴影所示。滑坡湖沉积后期，由于三条冲沟切开湖相汇水盆地（图7.13），湖泊消失、纹泥沉积中断，在其顶部沉积厚约为2.7m的风成黄土。

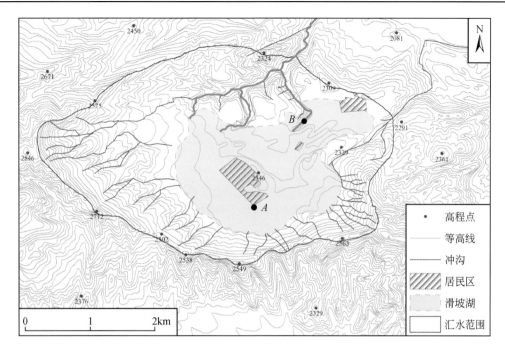

图 7.13 夏藏滩滑坡湖汇水面积和滑坡湖范围示意图

A 点为孙亚芳（2008）钻孔位置，*B* 点是作者剖面取样位置，粗蓝线为后期切穿湖相沉积冲沟

7.3.2 沉积物粒度多组分反映的气候干湿变化

1. 粒度特征

根据殷志强等（2009）确定的典型沉积物的粒度标准组分特征，作者研究了夏藏滩剖面的粒度概率累积曲线特征（图7.14），顶部2.7m风成黄土粒度表现为三个组分，其中，优势组分为第三组分，其中，值粒径范围为50～70μm［图7.14（a）］，为风成沉积的粗悬浮组分，与我国标准的黄土粒度分布特征一致（殷志强等，2009）；湖心相粒度概率曲线以第二组分（中值粒径范围为2～10μm）百分含量最高为优势组分，中值粒径主要集中在7～9μm［图7.14（b）］，反映了水量较多的湿润气候；湖滨相粒度以第三组分为优势组分，中值粒径范围主要集中在50～70μm，反映了湖水较浅的浅水相沉积环境［图7.14（c）］；在

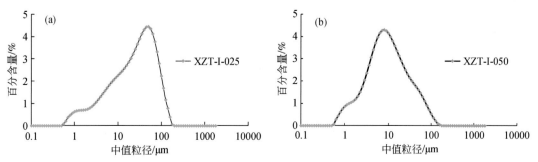

图 7.14 剖面不同沉积相的粒度分布特征

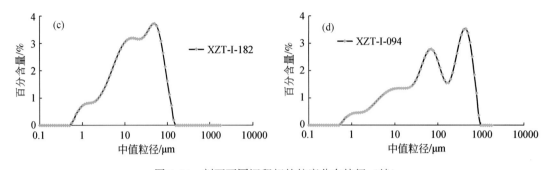

图 7.14　剖面不同沉积相的粒度分布特征（续）

（a）风成黄土；（b）水成湖心相；（c）水成湖滨相；（d）水成粉砂

滑坡湖沉积过程中，遇有特大暴雨时间，周边山坡上较大颗粒的碎屑沉积物被搬运到湖中，物质运动表现为跳跃和滚动特征，其优势组分的中值粒径普遍大于 70μm，更有甚者能达到 200～700μm，由于搬运距离短，分选性差 ［图 7.14（d）］。

2. 剖面气候变化的时间序列

图 7.15 为粒度组分分离后的各组分中值粒径和百分含量曲线。按时间序列，末次冰期以来各特征时段的气候环境特征如下。

50ka B. P. 左右：第②组分的中值粒径这一时期出现低谷，而百分含量在这一时期出现明显的高值且能达到 80%，反映这一时期该地区降水明显增多，湖盆水量不断增多，面积不断扩大，反映水位较深的弱水动力环境，气候暖湿多雨，这一记录与古里雅冰芯记录（Thompson et al.，1997）的 3c 阶段和深海氧同位素记录（Imbrie，1990）一致，具有较好的可对比性，夏藏滩滑坡Ⅰ期、查里岗滑坡、夏琼寺滑坡等巨型滑坡均发生在这一时期（Yin et al.，2014a）。

50k～30ka B. P.：第②组分粒径和百分含量整体波动较小，含量较低，可能反映这一时期进入湖盆的沉积物较均一，反映湖水较浅、波动不大，这时降水量较少，水动力条件一般，总体处于偏干的气候环境。

30ka B. P. 左右：第②组分的中值粒径波动幅度较大，突然降低到 8μm 后再次迅速升高到 16μm，而百分含量在这一时期也出现明显波动，多次出现明显增加，再次反映水动力条件增强，水位变深，降水增加携带较多的周边碎屑物质进入湖盆，因此，30ka B. P. 左右尖扎盆地降水量较大，水动力环境较强，表现为降水量较大的湿润气候环境，盆地内的夏藏滩滑坡Ⅱ期、参果滩滑坡、康杨滑坡、唐色村滑坡等巨型滑坡均发生在这一时期（Yin et al.，2014a）。

30k～15ka B. P.：这期间，第②组分无论是中值粒径还是百分含量，波动幅度均较剧烈，反映了较强的水动力环境，第③组分也反映这一期间有大量较粗的碎屑物源进入湖中，这个阶段青藏高原出现高湖面（施雅风等，2002），进入 20ka B. P. 的末次冰期最盛期（Last Glacial Maximum，LGM），第②组分中值粒径减小，但百分含量增加到 80%，显示湖泊来水量增大，降水偏多，湖水越来越深，降水急剧增加形成高湖面，区内处于冷湿的气候环境。

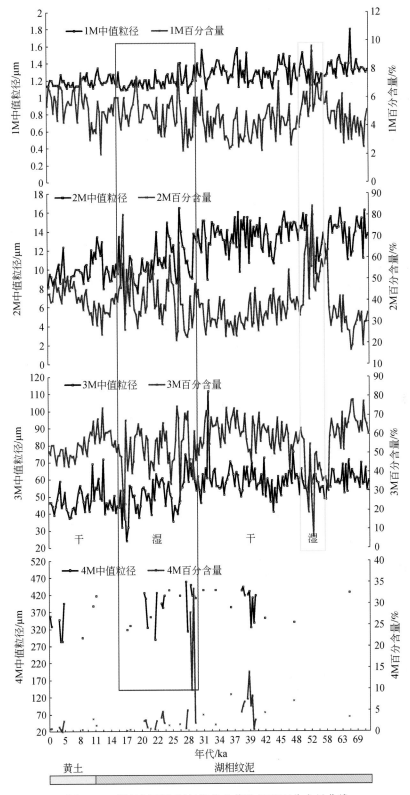

图 7.15 湖相剖面粒度各组分中值粒径和百分含量曲线

15ka B. P. 以来：湖面逐步下降，尤其是在 11ka B. P. 左右，西北冲沟切穿了湖水边界，导致湖水发生外泄，滑坡湖消失，湖相纹泥层沉积结束，11ka B. P. 之后在湖相层顶部沉积了厚约 2.7m 的风成黄土，其磁化率值介于 $20×10^{-8} \sim 84.6×10^{-8}\,m^3/kg$，其中 2.3m 处的磁化率值最高，达到 $84.6×10^{-8}\,m^3/kg$，由于黄土的磁化率值反映了暖湿的夏季风变化，因此，磁化率在 11ka B. P. 开始迅速升高，反映了全新世中期较适宜的暖湿气候。全新世以来，黄土中值粒径波动幅度较小，反映了全新世时期总体偏干的气候。

通过该湖相-黄土剖面，反映末次冰期以来，夏藏滩滑坡湖的湖水深浅处于浅—深—浅—深的周期性波动中，反映的气候变化呈现干—湿的周期性变化，其中 15k ~ 30ka B. P. 和 49k ~ 52ka B. P. 为气候湿润期，即尖扎盆地在末次冰期以来的 3 万 a 和 5 万 a 左右均为湿润期，两次湿润期之间为干旱期。

3. 气候变化的冷湿事件

通过夏藏滩滑坡湖纹泥层第②组分百分含量与前人已发表的葫芦洞石笋（Wang et al.，2005）、深海沉积（Imbrie，1990）、格陵兰 GRIP 冰芯（Heinrich et al.，1993；Bond et al.，1993）、青藏高原古里雅冰芯（Thompson et al.，1997）的 $\delta^{18}O$ 曲线对比，发现具有较好的一致性（图 7.16）。因湖相沉积的第②组分百分含量反映的是湖水深度的变化，而夏藏滩滑坡湖只接受降水，没有任何河流补给，因此，第②组分百分含量间接反映了降水量的变化。

深海氧同位素（Marine Isotope Stage，MIS）曲线的奇数和偶数阶段分别反映了暖湿和冷干的气候环境（Imbrie，1990），对比发现，MIS 的 2 和 4 阶段分别对应剖面中第②组分百分含量的高值，也就是反映湖水较多较深的时期。LGM 时期剖面粒度第②组分百分含量明显增多，2M 组分含量能达到 80%，反映了较深的湖水环境，水动力条件明显减弱，而 LGM 为全球冰雪大范围覆盖时期，处于冷期，因此，高原东北部的群科-尖扎盆地在 MIS-2、MIS-4 时期均处于湿润的气候环境。这一结果与前人认为 MIS 偶数时期冷干的观点相左，其原因可能是研究区位于我国青藏高原东北部季风与非季风区的过渡区，受亚洲冬季风影响弱，而主要受高原冬季风的控制，所以其除了地区特殊性外，还反映了高原冬季风的影响特征。

与葫芦洞石笋曲线（Wang et al.，2005）和 GRIP（Heinrich et al.，1993）对比发现，该剖面粒度中第②组分百分含量出现了多个类似 Heinrich 降温事件（H 事件）的千年尺度高频波动，如 17ka B. P.、21ka B. P.、24ka B. P.、32ka B. P.、43ka B. P.、59ka B. P. 等六个时期第②组分百分含量均明显增加，而这六个时期与北大西洋的六次 Heinrich 事件时间上接近。因此，该剖面万年和千年尺度的波动似乎都显示出气候冷阶段湖水较深的特征，即冷期降水多、湖泊深的气候冷湿特点。

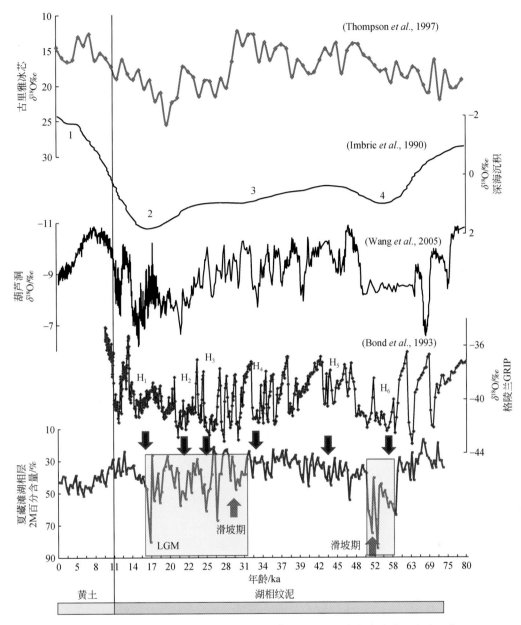

图 7.16　夏藏滩剖面与葫芦洞、GRIP 等 δ¹⁸O 对比图（灰色条代表湿润多雨期）

7.4　青藏高原东北缘全新世气候波动的黄土记录

前人研究指出冬季的青藏高原地面为一冷高压，地面风系由高原冬季风、海陆冬季风（亚洲冬季风）、行星西风和小尺度风系组成。亚洲冬季风的厚度主要在 2000m 以下，小尺度风系的厚度一般只有百十米（叶笃正、高由禧，1979；汤懋苍，1998；方小敏等，2004），在 700hPa（3000m）平均高度场中除高原冬季风仍存在外，其余风系已经消失，被行星西风所取代（图 7.17；汤懋苍，1998）。

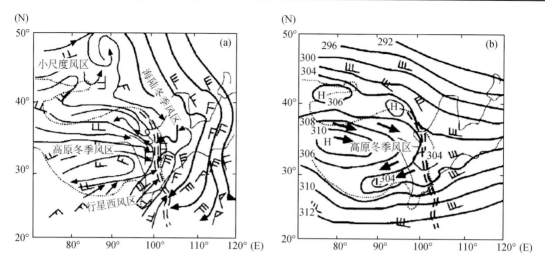

图 7.17 多年 1 月地面盛行风场（a）和 700hPa 平均高度场及盛行风场（b）（据汤懋苍，1998 改绘）

双断线为湍流脱体线，为高原季风和亚洲冬季风的分界线；（a）中矢线为风流场，风羽代表盛行风向的频率大小；

（b）中矢线仅代表高原冬季风，风羽代表行星风系；H，L 表示高、低压中心

　　一些人认为青藏高原地区发生的沙尘暴或扬沙，其高度一般也在 3000m 以下，能够扬升到青藏高原及其边缘地带的最多也只是细粒物质，并用最近的沙尘暴研究来证明其观点（方小敏等，2004）。然而我们的多个剖面都在海拔 3000m 以上，都是典型的黄土沉积，并非只有细粒物质，因此，堆积黄土的风场显然并不限于 3000m 以下。

　　青藏高原的沙尘暴过程多是西风和高原冬季风的共同产物，而西风和高原季风大体有同步增强或减弱的趋势（汤懋苍，1998；刘晓东，1998），高原东北边缘恰好处于高原季风的边缘地区，对高原季风的变化十分敏感，其黄土粒度可以敏感地反映高原冬季风的变化。高原黄土应主要是青藏高原季风和西风共同作用的产物，而不是于亚洲冬季风的搬运（吕连清等，2004）。

7.4.1　共和河卡黄土-古土壤剖面

1. 剖面粒度基本特征

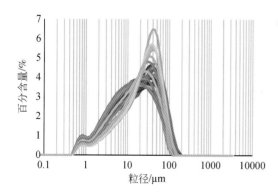

图 7.18　河卡黄土-古土壤剖面的粒度分布曲线

　　河卡剖面的粒度分布表现为典型的风成黄土特征（图 7.18），中值粒径显示剖面上、中、下分别有一段较粗的黄土地层，其中底部的最粗。图 7.19 是组分分离后粗、中、细三个组分的含量、中值粒径和标准差三个参数的深度变化曲线，从中发现，底部粗粒组分的中值粒径仅 40μm 左右，还不如深 60cm 的中部，这里粗粒组分的中值粒径大于 48μm，显然不能简单地用样品中值粒径或某个组分粒径来反映气候环境的变化。由于细粒组分含量少，粗粒和中粒

组分的含量基本为反向变化，但粗粒和中粒组分的中值粒径却基本为同步变化。

粒径和磁化率显示了基本反向的波动（图7.19），即磁化率升高时，粒径变细，磁化率降低时，粒径变粗，相关系数达0.86［图7.20（a）］，这与黄土高原的粒度磁化率关系是一致的，说明这里也是东亚夏季风的影响区域。由此磁化率高粒度细时指示夏季风强而冬季风弱，磁化率低粒度粗时指示夏季风弱而冬季风强，因此，在共和河卡这个地区，冬夏季风基本呈现

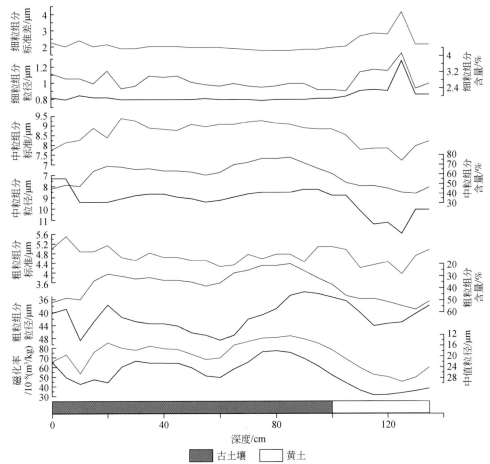

图7.19　河卡剖面磁化率、中值粒径和细、中、粗三个组分参数
（中值粒径、百分含量和标准差）的深度分布曲线

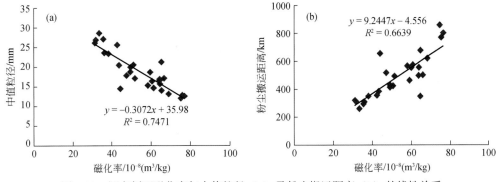

图7.20　河卡剖面磁化率与中值粒径（a）及粉尘搬运距离（b）的线性关系

为此消彼长的关系。图7.20（b）反映了磁化率反映剖面所在位置的风化成壤强度和（或）夏季风强度，源区距离反映源区夏季风强度，两者正相关，说明两个地方的环境基本呈同步变化，在同一夏季风系统影响之下。

图7.21是上述参数指标的时间序列，可以看到大约7000a B. P. 开始，磁化率指示夏季风开始逐步加强，进入全新世适宜期，5000a B. P. 前后到达极致，以后夏季风逐步减弱，4000~3500a B. P. 是一次夏季风衰弱事件，3000~1800a B. P. 是又一次夏季风加强时期，1600~700a B. P. 是再一次夏季风衰弱期，之后夏季风又有所增强。显然这种气候波动的细节和内涵还需要更多指示性指标的进一步解读。

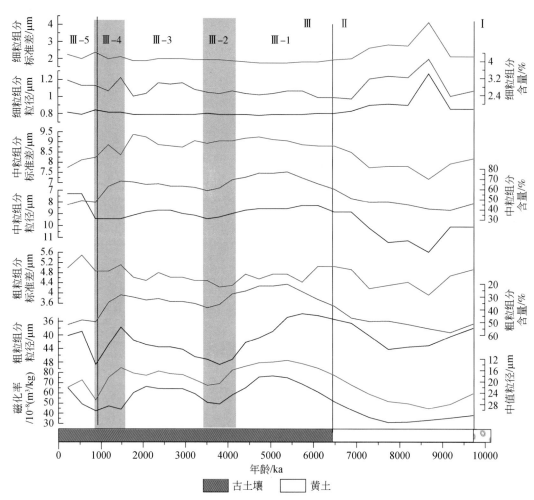

图7.21　河卡剖面磁化率、中值粒径和三个组分参数
（中值粒径、百分含量和标准差）的时间分布曲线

2. 共和盆地全新世气候波动

河卡谷地南侧是河卡山（鄂拉山），北侧以一低矮山梁与共和主盆地相邻。谷地内湿度大，高山草地植被生长茂盛远超北侧的共和主盆地。这里冬春地面盛行风向是NW向，粉尘应该来自其西北方向的柴达木盆地干旱地区，粉尘搬运距离主要指示了源区（柴达木盆地）

的有效湿度变化。一般认为磁化率作为成壤强度的指标，指示了粉尘沉降点（即河卡谷地）的夏季风变化。而粉尘搬运距离可以视为粉尘源区的夏季风变化指标。风力强度则指示了河卡谷地冬春季携带粉尘的北西向近地面风的风力变化。湍流强度指示了河卡谷地由风切变和空气热力梯度共同控制的大气湍流强度波动。

图 7.22 显示了磁化率、粉尘搬运距离、风力强度、大气湍流强度、春季近地面气温指数 INST 和有效湿度等指标的全新世变化。可以看到磁化率、粉尘搬运距离具有基本同步的波动，说明河卡谷地和它的粉尘源区（柴达木盆地）全新世时期具有相似的气候波动。风力强度和湍流强度也具有与磁化率和粉尘搬运距离相似的变化，反映出河卡谷底的冬夏季风具有良好的同步波动关系，这种独特的现象与其他地区冬夏季风常常此消彼长的波动模式不同。

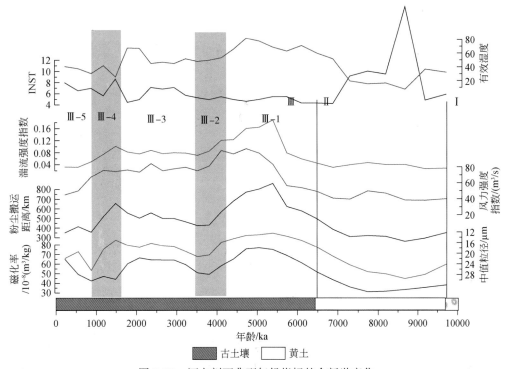

图 7.22　河卡剖面典型气候指标的全新世变化

磁化率、中值粒径、粉尘搬运距离、风力强度、春季近地面气温指数 INST、大气湍流强度和有效湿度

整个剖面底部黄土覆盖在河流砾石层之上，说明黄土堆积大致始于 10ka B. P. 前后，这暗示这里没有末次冰期时期的黄土沉积，这有两种可能，一是末次冰期阶段这里不具备黄土堆积条件，因此没有黄土沉积；二是冰消期这里可能经受了较大规模的冰雪融水冲刷，将冰期沉积的黄土剥蚀殆尽。

近 10ka 以来的全新世时期，河卡谷地的气候变化可以分出三个阶段和两个事件。

阶段Ⅰ：大约 10ka B. P. 以前，没有黄土沉积，只有河流砾石层堆积，可能有较多的冰雪融水冲刷。

阶段Ⅱ：10k~6.5ka B. P.，黄土堆积为主，磁化率、源区距离、风力强度和有效湿度都低，但春季近地面气温（INST）高，是冬夏季风强度都最弱的暖干时期，8ka B. P. 前后粉尘源区有一个 INST 明显升高、风力小幅增加并导致较远处粉尘被吹来的高原冬季风加强事件。

阶段Ⅲ：6.5k～0ka B. P.，这个阶段夏季风明显比阶段Ⅱ增强，气候湿润，土壤发育好。其中又可以划分成 5 个时期。

Ⅲ-1：6.5k～4.2ka B. P.，是全新世时期气候条件最好的适宜期，6.5ka B. P. 开始继续，7ka B. P. 以来的夏季风持续加强，5k～5.5ka B. P. 有效降水在河卡和其粉尘源区都达到最大。这个时期河卡的 NW 向风的强度也达到了最大，INST 却不高，因此，是夏季风加强、降雨增加、风力加强的湿润期。

Ⅲ-2：4.2k～3.5ka B. P.，湿度降低、粉尘源区前进、风力也减弱，显然冬夏季风强度都在降低，是一次干冷气候事件。这个事件在中国的很多地方都有发现。

Ⅲ-3：3.5k～1.6ka B. P.，这个阶段源区距离增加、风力变化不大、略有减弱，显示夏季风再次加强，气候暖湿，是适宜期后的又一次暖湿阶段，土壤发育好，有效降水在河卡和其粉尘源区都有所增加。晚期有磁化率降低、粉尘搬运距离开始增加、有效湿度出现峰值、气温降低的现象，因此，这个阶段具有先暖干后冷湿特点。

Ⅲ-4：1.6k～0.8ka B. P.，磁化率、湿度都是低谷，气温、风力和源区距离增加，因此，是河卡环境变差、其粉尘源区却变好的一次冬季风小幅加强的干旱事件。

Ⅲ-5：0.8ka B. P. 以后，这时磁化率有所增加，反映河卡的环境有所好转，结合源区距离减小、风力和湍流强度减弱、INST 略升，这是冬季风小幅减弱、夏季风微微加强的暖湿期。

3. 河卡剖面与盆地内其他记录对比

前人在共和盆地达连海钻取岩心做过共和盆地的古气候研究（程波，2006），他们利用黏土矿物和孢粉记录获得的气候记录显示出全新世适宜期也是在 6k～5ka B. P. 期间（图7.23），这与河卡的黄土记录十分相似，而不同于青海湖的记录（Shen et al.，2005）。除相似的适宜期时段外，达连海 5ka B. P. 后的缺失可能与河卡 4ka B. P. 前的干冷事件对应，8ka B. P. 前后风力强度和粉尘源区湿度的微弱增加与达连海这个时段孢粉含量的低峰对应，这些都表明共和盆地内不同环境沉积物的气候记录主要特征基本相同，都是可信可靠的。相比之下，河卡黄土剖面给出了更多的气候波动特征，如Ⅲ-2、Ⅲ-3、Ⅲ-4 等几个次级气候波动。

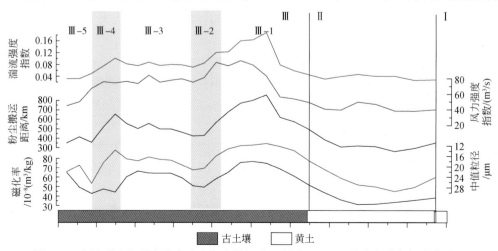

图7.23　河卡黄土记录与共和达连海孢粉记录（程波，2006）的全新世气候变化对比

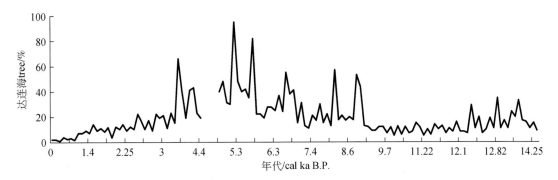

图 7.23　河卡黄土记录与共和达连海孢粉记录（程波，2006）的全新世气候变化对比（续）

7.4.2　贵德巴卡台黄土–古土壤剖面

1. 剖面粒度基本特征

剖面顶部 20cm 是风成黄土 ［图 7.24（a）］，除风成的三个悬浮组分外，多数里面还有少量跳跃组分，这里由于地处高阶地，旁边就是深达上百米的深沟，不可能有河流沙，因此，这些跳跃组分属于风成沙成因。剖面中部 22～236cm 是典型风成黄土 ［图 7.24（b）］，

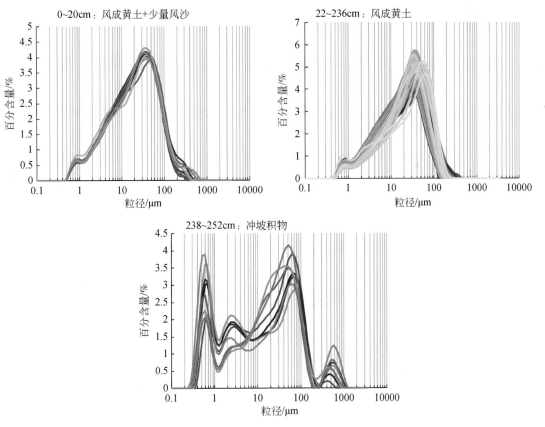

图 7.24　贵德巴卡台剖面粒度分布类型

与黄土高原的黄土完全相似。可见一些人认为3000m以上高原只有细粉尘的推测（方小敏等，2004）是不成立的。剖面下部238~252cm是非风成沉积［图7.24（c）］，与典型环境的沉积物粒度分布（殷志强等，2009）对比，应属于冲洪积物和风化壳的混合沉积物类型。

整个剖面的上部古土壤的磁化率高于下部黄土，最高达110×10⁻⁸m³/kg左右，并出现了三起三落的波动旋回（图7.25），与西侧的河卡剖面非常相似，甚至更为精细。根据粒度组分和磁化率的特点，整个剖面可划分成四段：第一段就是底部的冲洪积物，有五个组分；第

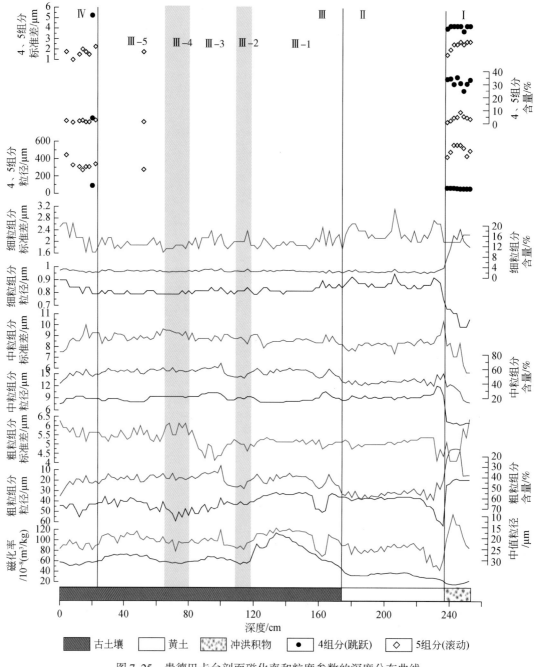

图 7.25 贵德巴卡台剖面磁化率和粒度参数的深度分布曲线

二段是风成黄土，磁化率很低，粒度较粗；第三段是古土壤，磁化率高、粒度细，其中又可划分成五个小段；第四段是近地表的 22cm，有少量风成沙的混入。

对比粒度和磁化率曲线，可以看到两者基本呈反向波动，在一些特殊位置，粒度表现出更突出的变化波动，如深度 100cm 和 160cm 的两个位置。

图 7.26 是上述指标的时间序列曲线，可以看到大约 15400a B.P. 以前这里没有风成黄

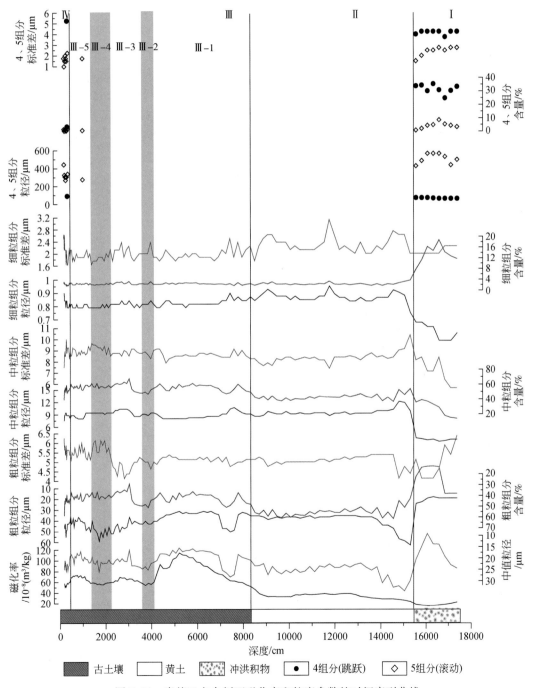

图 7.26 贵德巴卡台剖面磁化率和粒度参数的时间序列曲线

土堆积，而是存在流水冲刷的沉积。而直到大约 8000a B. P. 以前，这里都堆积风成黄土，大约自 9000a B. P. 开始，这里夏季风开始逐步加强，到 8000a B. P. 前后开始形成全新世古土壤，进入阶段Ⅲ。在 7400a B. P. 前后出现了一个粒度突然变粗的事件，但磁化率指示的夏季风表现没有这么突出，这表明这个事件可以是冬季风的突然加强结果。大约 5100a B. P. 前后夏季风到达极盛，其后冬夏季风在几次小幅波动中逐步减弱，进入了 4000a B. P. 后的Ⅲ-2 干冷事件期。这次干冷事件后的Ⅲ-3 阶段里，冬夏季风又小幅加强，其后 2000a B. P. 前后冬夏季风再次减弱，然后又在 1000a B. P. 前后，冬夏季风再次加强，大约 400a B. P. 前后其后再度恶化，并出现了风沙。

巴卡台剖面所在的高阶地在贵德盆地黄河北侧，剖面旁边就是高差达 400 多米的深谷，北侧 10km 是拉脊山脉的日月山雪山，所处平台是 NW 向山谷的一部分，这个山谷向西北与青海湖相连，因此，是早期青海湖流域的一部分，因此，剖面底部的砾石层应该不是黄河的河流沉积物，而是西入青海湖的河流沉积物。这里的冬季风基本沿山谷自西北而来，因此，黄土来源应主要是青海湖盆地的沙漠和冲洪积物，柴达木盆地可能也有一定贡献。西北 10km 不远处有一片流沙地，因此，剖面顶部的风成沙应该与这片沙地有关。

2. 贵德盆地全新世气候变化

图 7.27 显示了巴卡台剖面磁化率、粉尘搬运距离、风力强度、秋春近地面气温 INST 和湍流强度的全新世变化。

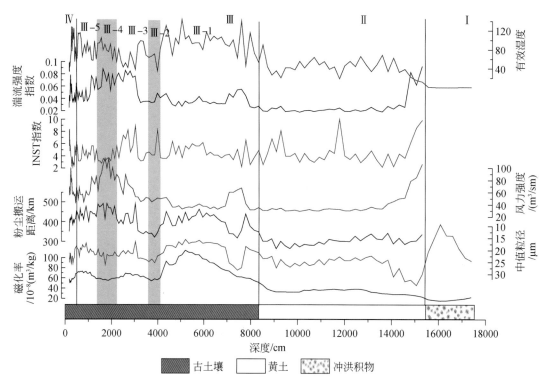

图 7.27　巴卡台（BKT）剖面典型气候指标的全新世变化
磁化率、中值粒径、粉尘搬运距离、风力强度、湍流强度、INST 和有效湿度

可以看到磁化率、粉尘搬运距离具有基本同步的波动，说明巴卡台和它的粉尘源区（青海湖盆地）全新世时期具有相似的气候波动。风力强度和湍流强度则具有与磁化率和粉尘搬运距离很不相同的变化，反映出巴卡台的冬夏季风具有各自的波动变化，这与河卡谷地冬夏季风同步的波动模式不同。根据磁化率划分的气候阶段特征如下。

阶段Ⅰ：由于剖面底部不是风成黄土，因此，指标不宜与黄土的指标比较。应该是早期多水时候沉积的地层。

阶段Ⅱ：8400～15500a B. P.，典型黄土沉积、巴卡台和其粉尘源区都极为干旱，风力仅早期较强，以后变动不大，气温有一定波动，～12000a B. P. 和～9000a B. P. 前后有两次升温、变干的波动，之间的低温持续时间较长，涵盖了新仙女木事件时段，可能反映青藏高原较高海拔导致的低温环境对 YD 降温事件反应迟钝，而对升温更为敏感。总体上冬夏季风都很弱。

阶段Ⅲ：约 4100～8400a B. P.，是全新世土壤形成期，气候暖湿。

Ⅲ-1：约 4100～8400a B. P. 暖湿时期，即全新世适宜期，巴卡台和其粉尘源区都气候暖湿。夏季风自 9000a B. P. 开始就逐步加强，约 8400a B. P. 后，巴卡台环境保持稳定，而其粉尘源区在 7900a B. P. 前后退缩到最远，反映这里植被改善、有效湿度增加。其后，在 7000～7600a B. P. 出现了一次风力加强、粉尘源区扩大、湿度增加的事件，粉尘源区植被环境恶化，但巴卡台环境仍基本稳定。7000a B. P. 后，风力减弱，湿度和温度增加，夏季风逐步加强，巴卡台和其粉尘源区气候继续同步改善，约 5200a B. P. 前后达到极致，最为暖湿。5000a B. P. 以后，夏季风开始在波动中逐步减弱，而风力强度代表的冬季风则在缓慢加强。

Ⅲ-2：约 3600～4100a B. P. 暖干事件，磁化率和粉尘搬运距离指示这是巴卡台及其粉尘源区的一次明显干旱事件，气温为小峰，早期偏于暖干、冬季风风力略有增加，增幅不大，后期则偏于冷干。

Ⅲ-3：约 2200～3600a B. P. 暖干时段，巴卡台气温升高、湿度先高后低，总体偏干，气候先冷湿后暖干，总体偏暖干，成壤强度增加，而其粉尘源区范围也有一定萎缩。这个阶段的中期大气湍流强度突然急剧加强，而风力强度是在持续逐步增强，因此，应该是升高的气温造成的湍流加强。

Ⅲ-4：约 1300～2200a B. P. 冷湿时段，这是一个巴卡台和其源区变化不同步的时期，巴卡塔出现降温、湿度增加、风力加强、成壤程度减弱的气候恶化特点，而其粉尘源区却进一步萎缩，环境改善，因此，这是一个冬季风加强、气温降低的时期。这个阶段的大气湍流强度继续强劲，而这时气温低、风力强，因此，应该是增强的冬季风造成了大气湍流加强，这与Ⅲ-3不同。

Ⅲ-5：约 400～1300a B. P. 暖湿时段，巴卡台的气候再次小幅改善，气温小幅升高，风力明显减弱，成壤加强，大气湍流强度也开始减弱，而其粉尘源区略有扩大，是冬季风减弱、夏季风略加强的时段。

阶段Ⅳ：约 400a B. P. 以后，降温时段，风力强度再度加强，温度降低，湿度增加、粉尘源区扩大，是一次先冷干后暖湿、冬季风加强夏季风减弱的时期。

如果对比粉尘搬运距离和磁化率，可以看到两者大多数波动相似，但Ⅲ-4阶段相反，Ⅲ-3、Ⅲ-4、Ⅲ-5在粉尘源区表现为一个远距离时段，说明源区的环境持续较好，而巴卡台由于冬季风加强和降温，环境出现了波动。

风力强度代表的冬季风与磁化率代表的夏季风变化完全不同，风力只有两次明显加强，在约 7600～7000a B. P. 期间的短暂加强造成了粉尘源区的环境恶化，而在约 2300～1400a B. P. 期间的风力加强与巴卡台的环境恶化对应。

分析大气湍流强度的变化，可以看到其波动也与其他指标存在很大不同，大多数时候都与风力强度一致，显示受控于风力强度的变化，但Ⅲ-3 阶段则与升温对应，反映受控于升高的气温。

7.4.3　循化白庄黄土-古土壤剖面

1. 剖面粒度基本特征

加仓剖面的粒度分布曲线显示出典型的风成黄土粒度特征（图 7.28），与黄土高原黄土一致。

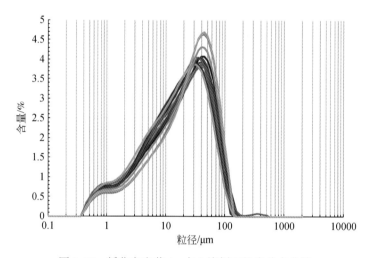

图 7.28　循化白庄黄土-古土壤剖面粒度分布曲线

加仓黄土-古土壤剖面各指标的深度序列展示在图 7.29 中，磁化率和粒径基本呈反向波动关系，显示这里的冬夏季风基本呈此消彼长的变化。据此可将剖面划分成上下两段，下部（Ⅰ）大约 113cm 以下是黄土、灰白色，成壤程度差，磁化率值很低，一般在 $15\times10^{-8}\sim25\times10^{-8} m^3/kg$，波动不显，而粒度较粗，有先细后粗的变化趋势。剖面上部（Ⅱ）（0～113cm）是古土壤层，磁化率值较高，最高值达 $164\times10^{-8} m^3/kg$。上部古土壤层又可细分成三层，其中，下面的第一层Ⅱ-1（55～113cm）是古土壤层，颜色为深棕色，成壤化最强，磁化率值最高，粒度最细，磁化率有先急剧升高，到达极值后，再缓慢降低的特点。中间的第二层Ⅱ-2（20～55cm）是弱发育古土壤层，颜色为黄棕色，略比剖面下部的Ⅰ层色深，磁化率值也高一些。顶部一层Ⅱ-3（0～20cm）也是土壤层，多草根，褐棕色，比Ⅱ-1 颜色浅，湿度大，磁化率值也较高，介于Ⅱ-2、Ⅱ-3 层之间。

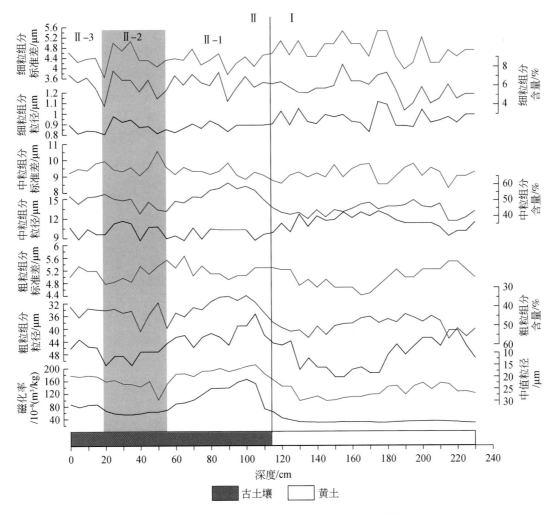

图 7.29　加仓剖面典型气候指标的深度变化曲线

图 7.30 是加仓剖面的时间序列曲线,看见下部 1.13m 的黄土是 26000～6000a B. P. 近 2 万 a 的黄土堆积,上部 113cm 的古土壤层是近 6000a 的沉积,这显示全新世暖湿时期的黄土沉积速率远大于冰期干旱时期的黄土沉积。

从大约 7000a B. P. 开始,磁化率逐步增加,显示气候在逐步改善,成壤化程度增加,到 6000a B. P. 左右,古土壤开始形成,进入阶段Ⅱ–1。

Ⅱ–1 阶段(约 6000～3700a B. P.)的早期,磁化率迅速增加,反映夏季风在短时间内快速加强,气候暖湿程度增加,5200a B. P. 前后到达最暖湿时刻,其后夏季风缓慢减弱。整个Ⅱ–1 的古土壤层基本对应于全新世适宜期。

Ⅱ–2 阶段(约 3700～2100a B. P.),磁化率指示夏季风减弱到Ⅱ阶段的最低,粒度也有所变粗,但未到Ⅰ阶段的程度,暗示冬季风未达到Ⅰ阶段时的强度。

Ⅱ–3 阶段(2100～0a B. P.),磁化率指示夏季风又有加强,粒度也相应变细。

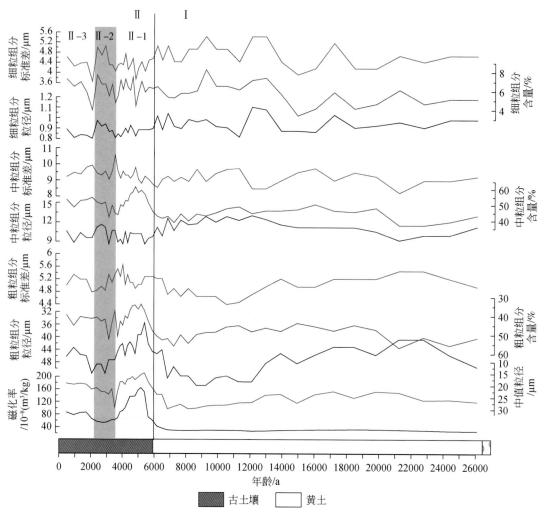

图 7.30　加仓剖面典型气候指标的时间序列曲线

2. 循化盆地全新世气候变化

循化–尖扎盆地是拉脊山和积石山围限的一个菱形盆地，堆积在积石山北麓山坡上的加仓黄土是来自西北方向的冬季风所带来的。高原冬季风从西侧李家峡–松巴峡一带的山脉豁口进入盆地，在盆地内不同高程的山地、河流阶地上堆积黄土，从地理位置分析，巴卡台剖面位于加仓剖面的上风向位置，因此，应该具有相似的粉尘源区和相似的气候波动模式。

图 7.31 显示了位于循化盆地东南、积石山北麓的加仓剖面气候指标的全新世波动。根据磁化率划分的两个阶段气候特征如下。

阶段 I（约 26000～6000a B. P.）：这个时期磁化率值和有效湿度低，显示夏季风很弱。风力强度很大，特点是从大约 22000a B. P. 时的低值逐步加强，到 10000a B. P. 前后到达最大，然后逐步减弱，6000a P. B. 左右风力最弱。而粉尘搬运距离指示的加仓粉尘源区呈相反的波动趋势，在 20000a B. P. 前后的 LGM 反而较远，向冰消期演变时反而源区逐步变近，这应该是风力加强造成的结果。而 INST 指示的近地面春季气温与风力强度变化相似，可能

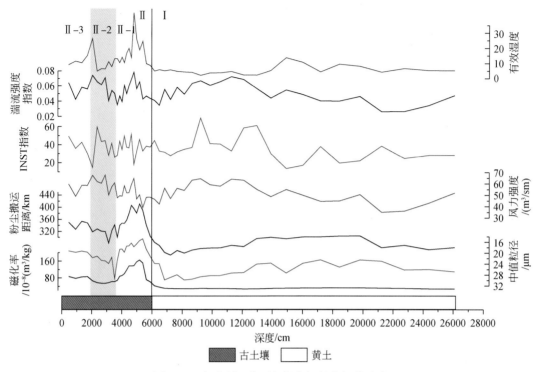

图 7.31　加仓剖面典型气候指标的全新世波动

两者之间有一定关系，11000a B. P. 左右的气温低谷可能与 YD 事件对应。这个阶段是夏季风弱、冬季风强盛的干冷时期，其中有多次短时间的升温和降温事件。

阶段 Ⅱ（6000 ~ 0a B. P.）：这个时期磁化率、有效湿度、粉尘源区距离都出现高峰，说明加仓和其粉尘源区的环境比阶段 Ⅰ 时期好，植被发育更好。风力强度早晚期弱、中期强，经历了由小变大再减弱的一个过程，风力最强时与阶段 Ⅰ 最强时相当。气温波动频繁，但普遍较高。大气湍流的波动多数情况下与风力变化一致，说明主要受风力控制。

Ⅱ-1 阶段（约 6000 ~ 3700a B. P.）：为全新世适宜期，5200a B. P. 前后达到气候最适宜峰值。磁化率、湿度和源区距离的峰值都反映这个时期夏季风在加仓先迅速加强到达顶峰，然后逐步减弱。早期风力强度较弱，湿度、磁化率指示的夏季风达到最适宜峰值后，风力加强，并迅速达到峰值，然后开始减弱，到 3700a B. P. 前后冬夏季风都减弱到谷底。这个时期的气温在较高水平上波动频繁，而大气湍流强度的高峰比风力更显著，因此，除了风力外，气温梯度对大气湍流也有明显贡献，大气湍流的峰值同样在相位上略滞后于磁化率和源区距离。这个时期应该是一次夏季风大幅加强、冬季风小幅增加并略滞后于夏季风的暖湿阶段。

Ⅱ-2 阶段（约 3700 ~ 2000a B. P.）：这是 4ka B. P. 以后的一次气候恶化事件。磁化率指示这个时期循化的夏季风减弱到了低谷，粉尘源区也同步扩张，这时的风力强度和大气湍流强度是一个增长的过程，并在晚期到达最大。这时的气温却有升高，因此，这可能是一个夏季风减弱、冬季风加强的暖干事件。

Ⅱ-3 阶段（2000 ~ 0a B. P.）：这个时期的夏季风在循化和粉尘源区都略有加强，风力强度和大气湍流强度是一个由高变低的过程，气温在开始前的一次低谷后，一直在升温，有效湿度正好相反，是由高而低的变化过程。因此，这个时期可能是一次冬季风减弱、气温升高的暖干过程。

7.4.4　循化循同路黄土-古土壤剖面

1. 剖面粒度基本特征

整个循同路剖面长 162cm，主体都是典型的黄土粒度类型，如 14 ~ 62cm、66 ~ 70cm 和 76 ~ 162cm 的样品。少数几个层位是生长了少量草本植被的半固定风成沙类型，如 64cm、72 ~ 74cm。顶部 0 ~ 12cm（图 7.32）有混杂了风成沙的风成黄土，也有半固定风成沙，指示了晚期近现代存在环境恶化趋势。

根据剖面的磁化率深度分布曲线（图 7.33），整个剖面可以分成三层，底部的第一层（Ⅰ）是黄土，灰白色，磁化率值很低，成壤化程度很低，粒度也最粗。中上部的第二层（Ⅱ）是古土壤层，磁化率值高，一般都在 $80 \times 10^{-8} m^3/kg$ 以上，与 Ⅰ 层的低磁化率呈突然增加的突变关系，但粒度曲线仍是渐变过渡关系，说明 Ⅰ、Ⅱ 层之间不存在沉积间断，但存在环境突变。Ⅱ 层的磁化率在高位上波动，在 62cm 处达到最高值 $123 \times 10^{-8} m^3/kg$，这时有偶尔几个层位出现了风成沙，显示存在出现出强劲的风力环境，在 40 ~ 46cm 出现低谷后，在 32cm 前后再次出现低峰。近地表 12cm 是第三层（Ⅲ），也是现代高山的草地土壤层，磁化率值急剧降低，这时的风成黄土混杂了属于跳跃组分的风成沙成分。

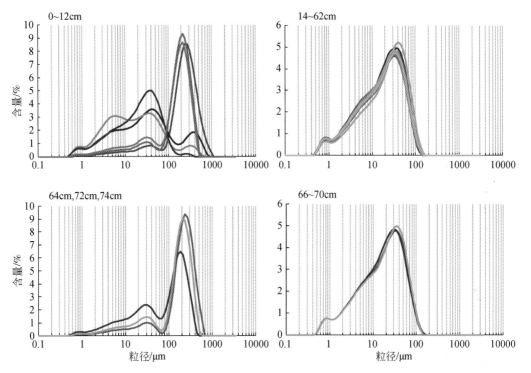

图 7.32　循同路剖面不同深度样品的粒度分布类型

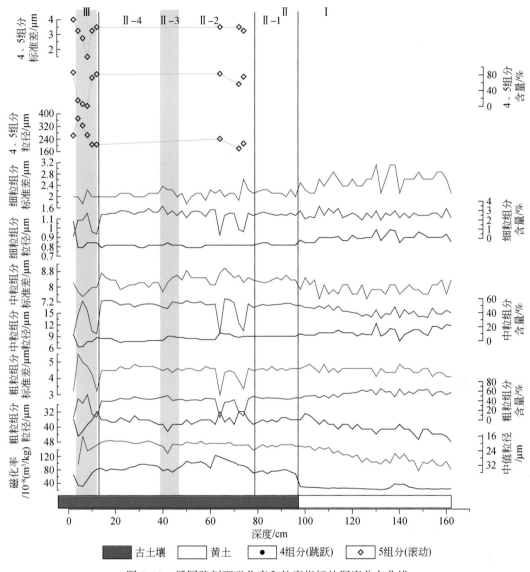

图 7.33　循同路剖面磁化率和粒度指标的深度分布曲线

从各种指标的时间序列上分析上述地层的年代（图 7.34），发现 I 层的顶界年龄大约是 13ka，剖面底部年龄大约为 24ka，在大约 11000a 沉积了 60 多厘米的黄土，而其上近 100cm 的黄土也是约 12000a 堆积的，显示出全新世暖湿环境比之前的干冷环境沉积了更多的黄土。阶段 I 的磁化率很低，但在 19.5k～18.5ka B. P. 之间磁化率小幅升高、粒度变细，暗示有一个气候好转事件。从 17ka B. P. 开始虽然磁化率变化不大，但粒度逐步变细，暗示夏季风变化不大，但冬季风在逐步减弱。

13k～10ka B. P. 的短暂时间里磁化率从 $40×10^{-8}m^3/kg$ 左右迅速升高，接近 $80×10^{-8}m^3/$ kg，进入阶段 II（13k～0.3ka B. P.）开始了古土壤堆积和发育。II 阶段根据磁化率的波动划分的四个阶段，II-1 阶段（约 13k～7.2ka B. P.）磁化率和粒度都保持了一个较为稳定的状态，变化很小，其晚期磁化率略有降低、粒度小幅变粗。II-2 阶段（约 7.2k～3.1ka

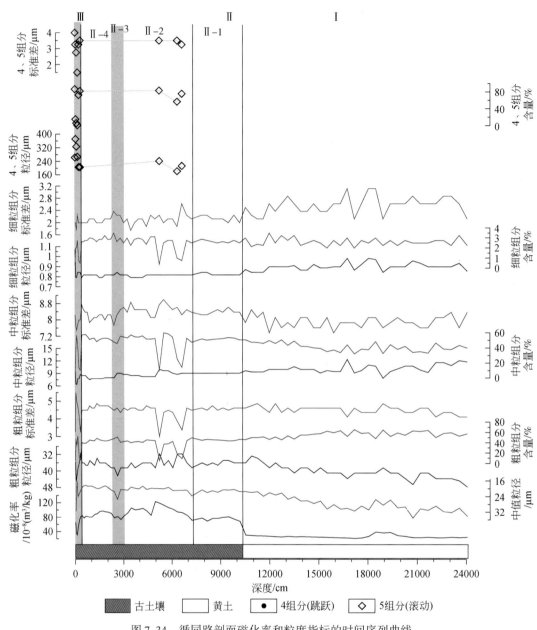

图 7.34　循同路剖面磁化率和粒度指标的时间序列曲线

B. P.）磁化率升高明显，并在 5ka B. P. 以后出现一次短暂降低，显示 5.2ka B. P. 前后达到了全新世适宜期，这个阶段的粒度变幅很小。Ⅱ-3 阶段（约 3.1k～2.5ka B. P.）是一次气候恶化事件，磁化率降低指示夏季风减弱，而粒度变粗暗示冬季风在加强。Ⅱ-4 阶段（约 2.5k～0.3ka B. P.）磁化率升高明显，尤其早期升幅较大，粒度也同时变细。之后进入Ⅲ阶段，气候恶化，磁化率大幅降低，粒度变粗、波动强烈。

2. 积石山南麓全新世气候变化

循同路剖面位于积石山 EW 向主山脊线的南侧，虽然距离循化加仓剖面的距离不远，但实际属于积石山南麓，其风成黄土的物源来自西侧和西南侧，而加仓剖面位于积石山北麓，粉尘物源是其 WN 方向。因此，两个剖面具有不同的冬季风风向。积石山南麓的黄土分布实际上从同仁盆地一直延伸到剖面所在山坡，黄土覆盖在基岩之上，循同路剖面的风成沙正是来自西南侧的同仁盆地。循同路剖面的海拔高度远高于加仓剖面，植被生长状况和土壤发育程度都好得多，尤为明显的是土壤湿度大、颜色为深褐色。

　　整个序列春季近地表气温没有趋势性波动，有效湿度则表现出了 II 阶段明显的高湿度，尤其是适宜期。

　　根据图 7.35 各种环境指标对三个阶段的气候环境分析如下。

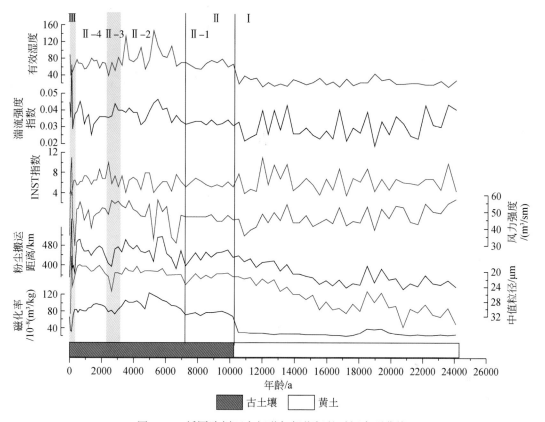

图 7.35　循同路剖面全新世气候指标的时间序列曲线

　　I 阶段（约 24k ~ 13ka B. P.）：夏季风微弱，几乎很难影响到这里。但 19.5k ~ 18.5ka B. P. 之间夏季风有小幅加强，其粉尘源区环境也有改善，源区退缩，温湿度都有小幅增加。17ka B. P. 以后粉尘源区环境逐渐改善，源区距离逐步增加，14k ~ 12ka B. P. 期间有一个增温事件出现。11ka B. P. 前后有一次降温事件，可能与 YD 事件有关。这个时期的风力似乎有逐步减弱的趋势。大气湍流强度、气温和风力强度的变化具有相似性。

　　II-1 阶段（约 13k ~ 7.2ka B. P.）：这个时期夏季风急剧加强导致气温稳定升高、湿度大幅增加，粉尘源区先退到最远处后又缓慢前进，风力强度和湍流强度都变化不大。这暗示夏季风对粉尘源区的影响自末次冰期以来一直在逐步加强，而对循同路剖面地区的影响则是突然加强，造成降雨大幅增加。

　　Ⅱ-2 阶段（约 7.2k~3.1ka B. P. ）：全新世适宜期，7ka B. P. 左右粉尘源区出现了短暂恶化，然后又恢复到一个稳定的良好状况；风力强度则在先出现一次减弱后，又迅速加强，并多次大幅波动，这些波动与粉尘源区同步，说明粉尘源区的变化受冬季风控制。冬春气温反而不是很高，而湍流强度明显加强，并大于阶段 Ⅰ 。有效湿度也达到了最大，并在 5ka B. P. 之前达到最大，说明夏季风带来了丰沛的降雨。

　　Ⅱ-3 阶段（约 3.1k~2.5ka B. P. ）：这是一次逐步升温的干旱事件，有效湿度降低，大气湍流强度处于由高变低的过渡状态，风力强度达到峰值、粉尘源区扩大并前进。因此，这是一次冬季风加强、夏季风减弱导致的干旱事件，期间温度具有波动中升高的趋势。由于测年点较少的原因，这个事件的年龄精度可能有些偏年轻。

　　Ⅱ-4 阶段（约 2.5k~0.3ka B. P. ）：这是又一次夏季风加强、冬季风减弱造成的升温期。粉尘源区再次退缩，风力减弱，并导致大气湍流出现低谷，气温继承上阶段的高值，保持在一个较高水平上，有效湿度略比上阶段高，但不如Ⅱ-2适宜期阶段。

　　Ⅲ阶段（约 0.3k~0ka B. P. ）：风力强度大幅增加，粉尘源区急剧恶化、扩张，气温降低，湍流强度加强、有效湿度降低，均显示是一次夏季风减弱、冬季风加强的气候事件。

7.4.5　民和峡口黄土-古土壤剖面

1. 剖面粒度基本特征

　　整个峡口剖面的样品都具有典型黄土粒度分布特征（图7.36），因此，是几个地点黄土最厚的一个剖面。河卡、巴卡台、加仓和循同路剖面都以全新世时期的黄土堆积为主，而峡口剖面下部的黄土厚达 4m 多，还未见底。

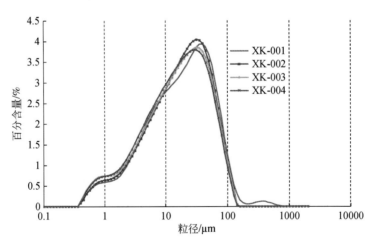

图 7.36　峡口剖面黄土组分粒度分布特征

　　剖面下部黄土段，磁化率值保持为一个 $30\times10^{-8}m^3/kg$ 左右的低值，基本没有明显的波动。粒度特征上看，中值粒度在下部黄土段较粗，只有小幅波动，粗粒组分在下部黄土段有明显含量很高的特点，从 2m 开始逐步变细。顶部的古土壤层厚 1.7m 左右，黑褐色，磁化率值从下向上逐步升高，先在 1.5m 处磁化率出现一个薄层的异常小高峰，指示了一次早期的气候暖湿事件，然后恢复到正常趋势曲线上后，继续逐步升高，在 50cm 处磁化率达到顶峰值，达 120×10^{-8}m^3/kg 左右。从近地表 30cm 开始，磁化率下降，指示了晚期的气候恶化趋势。粒度在古土壤段表现出逐步变细的趋势，其间在深大约 95cm 以下，粗粒组分含量出现了明显增加的层位。

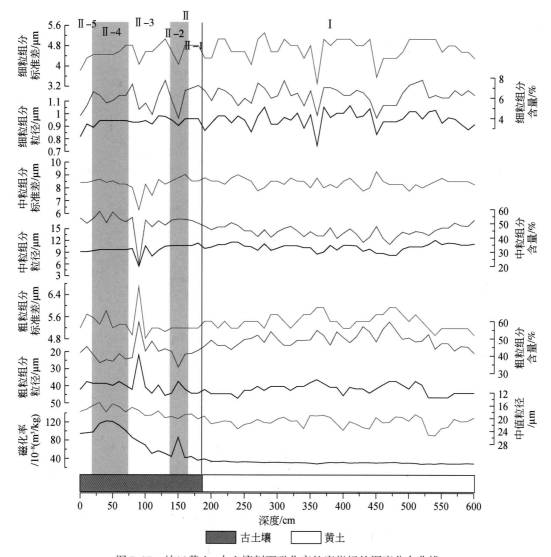

图 7.37　峡口黄土–古土壤剖面磁化率粒度指标的深度分布曲线

从峡口剖面各指标的时间序列曲线（图 7.38）上看，剖面可以划分成两个阶段，其中阶段 II 又可细分成五个时期。阶段 I 是下部黄土层，磁化率值低而稳定，显示夏季风影响强度小，成壤作用微弱；粗粒组分粒径较粗、含量很高。

阶段 II 是全新世古土壤形成时期。其又可划分成五个时期。II–1 是磁化率开始缓慢增加、粗粒组分含量开始逐步减少的一个过渡阶段。在 II–2 中大约 6ka. B. P 前后出现的磁化率低峰应该是全新世适宜期的结果，但与其他几个剖面相比，显然其峰值磁化率偏低，仅 86×10^{-8}m^3/kg 左右，持续时间也很短，表现出夏季风对这里的影响微弱的迹象。II–3 时期

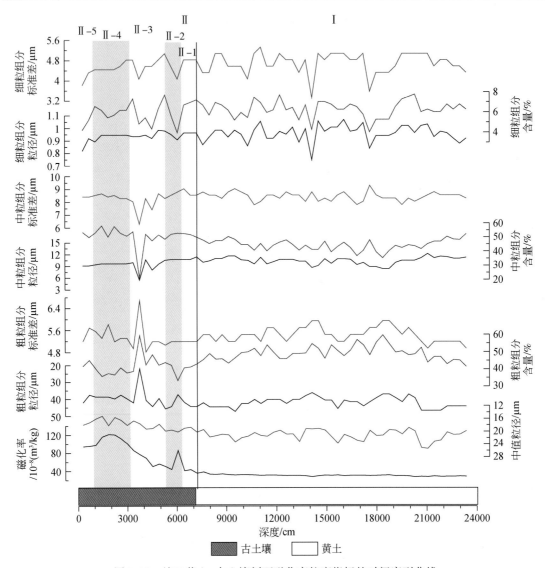

图 7.38　峡口黄土–古土壤剖面磁化率粒度指标的时间序列曲线

是 Ⅱ–2 时期后的一个气候恶化阶段，期间也是磁化率快速增加的一个时期，继承了 Ⅱ–1 时期磁化率的变化趋势，期间粒度粗粒组分出现的快速波动，机制有待进一步分析。Ⅱ–4 是磁化率达到峰值的一个时期，然而却不是全新世适宜期，而是 3ka B. P. 以后的一次湿润期。Ⅱ–5 是最新的一次气候恶化时期，磁化率降低，粗粒组分含量增加。

2. 官厅盆地全新世气候变化

　　峡口剖面位于官厅盆地北侧分水岭，是堆积在古近纪–新近纪红层之上的第四纪黄土。西侧是南北向的拉脊山，冬春盛行风向是来自北面的北风，是西风和东北风在这里汇合后向南沿拉脊山东麓所形成的，因此，其粉尘物源可能有湟水河流域的冲洪积物，也有北方的巴丹吉林和腾格里方向的沙漠戈壁，并以后者居多。因此，官厅盆地的粉尘应主要与东亚的冬季风有关，而高原冬季风只居次要地位。

前面根据磁化率波动划分了黄土–古土壤两个阶段的沉积，古土壤层又细分出五个时期，根据峡口剖面典型气候指标的时间序列记录（图 7.39），我们发现这五个时期除 Ⅱ–1 外居然都对应着一次有效湿度的峰值，每两个时期之间均以一次湿度低谷的干旱事件为分界。

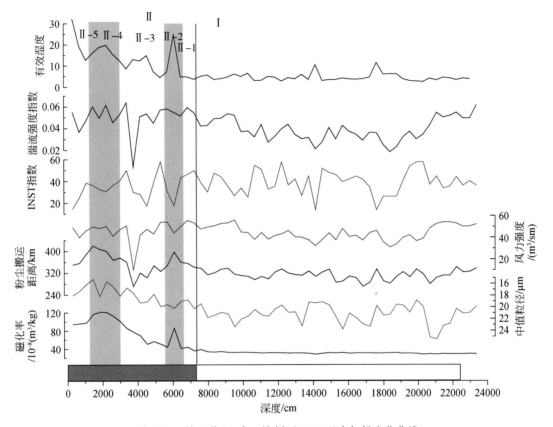

图 7.39　峡口黄土–古土壤剖面 LGM 以来气候变化曲线

大气湍流强度具有冰期弱、全新世增强的趋势性特点，风力强度也有类似的特点，这与东部其他地区黄土沉积不一样，但与河卡、巴卡台、加仓、循同路岗查以全新世黄土为主的特点一致。湍流强度、风力强度和源区距离最显著的一个变化是 4ka B. P. 后出现了一个低谷。春季近地表气温的波动缺少趋势性变化，多百年—千年尺度波动。

对峡口剖面古气候阶段的气候特征分析如下。

阶段 Ⅰ（约 7.1k～2.4ka B. P.）：春季近地表气温多波动，无趋势性变化，18ka B. P. 前后是明显低温期，14ka B. P. 的低温可能对应升温；粉尘源区总体较近，但有效湿度、风力强度和大气湍流强度都是一个宽缓的低谷，显示这个时期总体是一个干旱、风力变化不明显的时期，气温有类似全球性的 LGM、Bond、YD 等波动事件。

阶段 Ⅱ（7.1k～0ka B. P.）：有效湿度明显增加，湍流强度增加，风力强度比阶段 Ⅰ 略有加大，粉尘源区明显退缩。

Ⅱ–1（约 7.1k～6.5ka B. P.）：有效湿度增加不明显，湍流强度增加明显，气温升高，风力强度加强，粉尘源区明显后退，因此，这个时期以升温、源区后退为主。

Ⅱ–2（约 6.5k～5.3ka B. P.）：有效湿度急剧大幅增加，湍流强度保持高值，气温降低明显，风力强度小幅减弱，粉尘源区后退至最大，这是一个气候冷湿、粉尘源区后退为特点的时期。粉尘源区距离是一个宽而明显的峰值，而有效湿度却是一个窄而高的峰值，显示夏季风增强的影响在粉尘源区影响更长久，而在官厅盆地则较短暂。

II-3（约5.3k~3.2ka B. P.）：有效湿度在早期降至低谷，随后增加，到中期再次出现湿度峰值，其后又下降出现低谷；风力强度和湍流强度早期保持高值，晚期出现急剧降低的低谷；气温也有先升后降的特点；粉尘源区由II-2时期的最远，逐步逼近，晚期出现低谷，指示粉尘源区环境持续恶化，这是一个气候先暖湿、后冷湿、粉尘源区前进为特点的时期。最突出的一个特点是3.8ka B. P. 左右出现的湍流强度、风力强度、气温和源区距离都出现了低谷，但湿度并未大幅减小，由于气温低谷略有超前，因此，推测这是一个降温导致的冷湿事件，夏季风并未减弱，冬季风明显减弱。这个冷湿事件在其他剖面都有类似记录。

II-4（约3.23k~1ka B. P.）：这是一个有效湿度再次出现峰值、气温降低、风力和湍流强度升高、粉尘源区大幅后退的时期，是冬季风减弱、夏季风加强的冷湿气候环境。

II-5（~1ka B. P. 以后）：从与II-4过渡期的低湿度开始大幅增加，并达到剖面最大值；气温、风力和湍流强度都小幅降低，粉尘源区扩张前进，是一个夏季风加强、冬季风变化不明显的、更为冷湿的气候环境。

7.5 青藏高原东北缘 LGM 以来气候波动的区域性特征

五个剖面位于青藏高原东北边缘地区黄河上游的几个不同盆地，被积石山、拉脊山、何卡山所分割围限，因此受地形影响很大。这里的黄土古土壤发育虽然与黄土高原类似，但携带粉尘而来的并不是主导黄土高原地区的东亚冬季风，而是青藏高原的高原冬季风，这种高原冬季风是西风与高原季风共同作用的结果，山脉的走向、分布格局都影响着近地面风场的结构。因此，不同盆地可能会具有不同的环境特征。

而影响这个地区的夏季风由于地理位置偏于西北、南邻高原的关系，则以西南季风（印度季风）为主，来自印度洋的西南季风部分沿三江河谷北上，经川西到达甘西、青海，部分则直接越过青藏高原，经昌都、玉树，到达果洛、黄南和海南地区。但是否受东南季风的强烈影响，则还需要更多的研究。

为了分析几个盆地的气候波动异同，我们对比分析五个剖面的气候变化序列和极值（表7.3）。

表 7.3 研究区五个剖面的海拔高程与磁化率值

剖面名称	海拔高程/m	磁化率/10^{-8}(m^3/kg)	
		最高值	最低值
共和盆地河卡	3239	76.8	31.3
贵德盆地巴卡台	3466	114.50	15.82
积石山南麓循同路	3227	123.09	21.15
循化盆地加仓	2813	164.68	27.43
官厅盆地峡口	2424	121.96	27.81

7.5.1　青藏高原东北缘的全新世时期夏季风特征

青藏高原东北缘的夏季风可以从几个剖面的磁化率、源区距离、有效湿度和春季近地面气温几个方面的时间序列结合剖面的地理位置来分析。图 7.40 是五个剖面的磁化率曲线。其特征可从五个方面讨论。

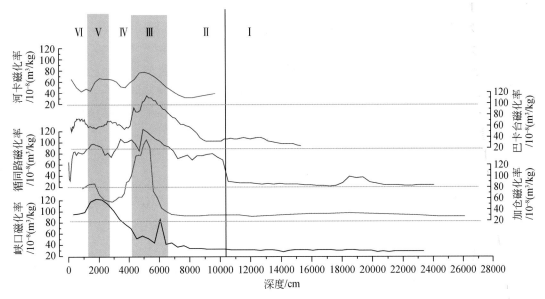

图 7.40　河卡、巴卡台、循同路、加仓和峡口五个剖面的磁化率时间序列

（1）磁化率值差异：磁化率最强的是加仓剖面，5.2ka B. P. 前后达到 $164×10^{-8}$ m^3/kg，但持续时间很短。磁化率高值持续时间最长的是循同路剖面，全新世以来基本都在 $70×10^{-8}$ m^3/kg 以上，说明循同路这里的夏季风影响最强。磁化率值最低的是河卡剖面，最高只有 $77×10^{-8}$ m^3/kg，这应该与河卡位置最偏西、夏季风强度最弱有关。末次冰期期间的磁化率值普遍很低，大多在 $20×10^{-8}$ ~ $30×10^{-8}$ m^3/kg，这可以视为黄土磁化率的背景值，反映了几乎没有多少成壤作用的黄土堆积环境。

（2）五个剖面中四个磁化率的最高值都在 5.1ka B. P. 前后，峰值区大约从 6.5ka B. P. 持续到 4.2ka B. P. ，是典型的全新世适宜期，只有峡口剖面是一个小峰，暗示官厅盆地与其他四个地区具有系统差异。分析认为这是由于官厅盆地属于亚洲冬季风影响区的西缘边界，加上拉脊山南北向山脉形成的地理屏障，导致官厅盆地堆积的黄土成壤程度偏低造成的。

（3）西部两个剖面相似程度高，而东部三个剖面相互之间的差异较大。而东部也是拉脊山和积石山地貌最凸出的地区，峡口在拉脊山东侧，加仓在拉脊山西侧和积石山北麓，循同路则在积石山南麓，因此，山脉阻挡是重要的影响因素。循同路剖面磁化率在 11ka B. P. 左右就急剧升高，而东侧的峡口剖面还保持着冰期的磁化率低值，因此，分析这时西南季风大幅急剧加强，向北带来大量水汽，越过青藏高原东部的巴颜喀拉山、阿尼玛卿山后，水汽末梢被积石山阻挡，在高海拔的积石山南麓形成降雨。由于峡口剖面还在官厅盆地北部，增加了拉脊山的阻挡，造成也是磁化率值最低的。而河卡和巴卡台两个地点没有积石山的阻挡，贵德盆地和共和盆地之间也没有大型山脉分割，因此，磁化率值开始增加的时间（8k～9ka B. P.）虽晚于循同路，却又早于加仓和峡口。

全新世适宜期（Ⅱ–2）几个剖面多具有基本一致的峰值区，其中，河卡、巴卡台和循同路三个剖面都是磁化率逐渐升高，达到峰值后快速下降的不对称形态，说明三地都受西南季风的主导影响。而加仓剖面是当西南季风达到极盛后，季风越过积石山开始影响循化盆地后，才开始古土壤的形成发育。峡口由于位于最东北端，受积石山和拉脊山阻拦，是西南季风影响最弱的地方。

由此认为西南季风自11ka B. P. 开始加强，并影响到青藏高原北缘地区，适宜期则是西南季风再度大幅加强的时期。

（4）全新世适宜期后各地普遍出现了一次环境恶化事件，西部河卡和巴卡台的时间基本一致，在大约3.8ka B. P. 前后；而相距不远、分居积石山南北麓的加仓和循同路剖面的时间基本一致，在2ka B. P. 前后，这时的河卡和巴卡台已进入新的一次环境转好期，磁化率出现峰值；峡口则不明显。这显示东、中、西各地的气候变化不同步。

适宜期后各地又出现了1～2次气候好转，地区性差异明显增加，可能反映各地夏季风具有不同的西南季风和东南季风影响强度比例。

（5）另一个共同的特点是最近几百年多出现了环境恶化，磁化率值明显降低，反映了夏季风在近现代的减弱。

根据五个剖面的磁化率曲线（图7.40），可以将末次冰盛期以来的古气候划分成五个阶段。

图7.41给出了五个剖面有效湿度的变化，是对上述夏季风变化的再次栓释。可以看到全新世时期巴卡台和循同路的湿度最大，其次是河卡，而东部加仓和峡口的有效湿度最低，说明水汽来自南边的印度洋，西南季风贡献最大，而东南季风影响居于次要地位。

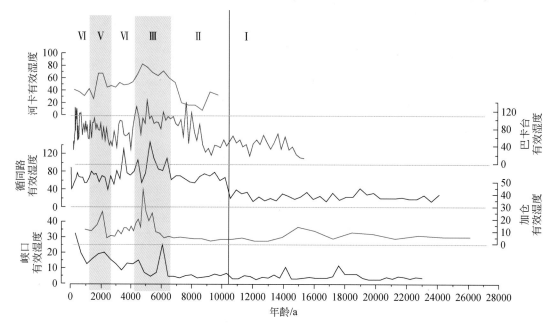

图7.41　河卡、巴卡台、循同路、加仓和峡口五个剖面的有效湿度时间序列

全新世适宜期期间，最早的湿度高峰峡口剖面最突出（约 6ka B. P.），其对应时间位置上西部的循同路、巴卡台和河卡剖面在较高的湿度背景上也有小峰，因此，推测这是来自东面的东南季风的贡献。而峡口外其他四个剖面在 5ka B. P. 前后的高湿度应该是西南季风从南面印度洋带来的水汽所致。2ka B. P. 前后各地都出现了高湿度，推测东南季风的贡献较大。

图 7.42 是粉尘搬运距离时间序列曲线，它反映了五个剖面的粉尘源区环境的变化，与植被生长状况、有效湿度有关。粉尘源区的进退扩张变化与各剖面点磁化率指示的环境变化基本相似，磁化率值升高、成壤作用加强时，粉尘源区也同时收缩后退。几个方面特点表现如下。

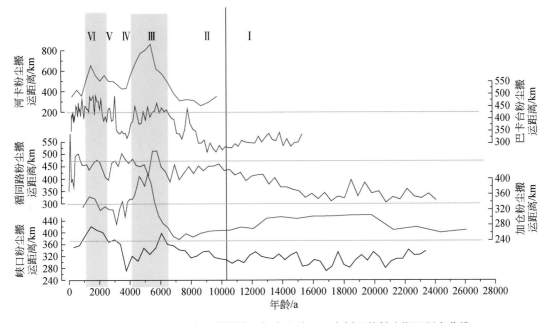

图 7.42　河卡、巴卡台、循同路、加仓和峡口五个剖面的粉尘搬运距离曲线

（1）巴卡台的粉尘源区总体环境较好，源区较远，而与其他剖面不同，6.5k ~ 4.5ka B. P. 适宜期时巴卡台的源区并不是环境最好的时候，反而是 2k ~ 1ka B. P. 的时候源区环境最好、距离最远。

（2）循同路剖面的粉尘源区则从冰消期开始一直在缓慢逐步改善，源区逐步后退，与循同路剖面点这里自 1.1ka B. P. 开始夏季风快速加强不同。粉尘源区在全新世总体上有改善，但缺少类似其他剖面源区的适宜期（6k ~ 5ka B. P.）波动。

（3）从粉尘源区距离波动特征的相似性，可以推测加仓、河卡和巴卡台的粉尘源区具有共性，可能存在一定重叠，而循同路的粉尘源区不同于它们。

（4）峡口剖面粉尘源区的全新世环境变化比磁化率更典型，出现了两个峰值段，6ka B. P. 前后的适宜期峰值时段超前于其他剖面适宜期 5.2ka B. P. 的峰值时段，由于官厅盆地的黄土主要来自相距仅 150km 的腾格里沙漠方向，因此，推测主要受东南季风的影响，并超前于西南季风的加强时间。

（5）粉尘源区的全新世环境变化也可划分成类似磁化率的五个阶段，除循同路剖面外，其他四个剖面都有两段明显的环境改善期，即 6k ~ 5ka B. P. 的适宜期（Ⅲ）和 2.6k ~ 1.1ka B. P. 的源区退缩期（Ⅴ），粉尘源区大幅收缩，粉尘搬运距离明显加大，与磁化率的阶段 Ⅴ 相比，粉尘源区的 V 阶段略滞后于沉积区的 V 阶段，这可能反映了夏季风的推进过程。

（6）4k～3ka B. P. 期间普遍存在一次源区环境恶化事件（除循同路外）（在阶段Ⅳ中），甚至在剖面地区没有显示的峡口，其粉尘源区也在这个时期扩张，表明这次恶化事件在高原季风系统的西北粉尘源区和亚洲季风系统的北方粉尘源区都同样存在。

图 7.43 是河卡、巴卡台、循同路、加仓和峡口五个剖面的春季近地面气温指数 INST 的时间序列曲线，虽然它并不能代表五个地点年均温的变化，但还是提供了一些分析古气候变化的重要线索。特点归纳如下。

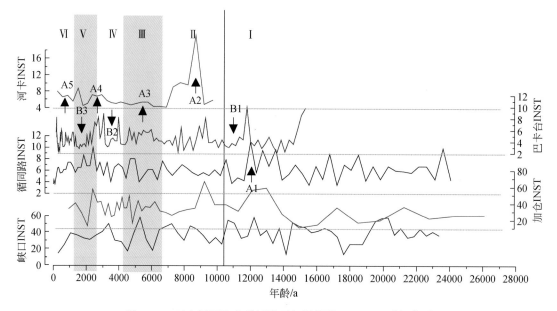

图 7.43　五个剖面的春季近地面气温指数（INST）时间序列

（1）总体上看春季近地面气温自末次冰盛期以来的趋势性变化不明显，以高频波动为主。这是由于一方面春季气温不代表年均温，另一方面各剖面位于不同盆地，受地形影响大，因此，这与末次冰期气温低于全新世的普遍认识不矛盾。

（2）在百年至千年时间尺度上，存在几个大致同步的增温和降温事件。

A1 增温事件：12ka B. P. 前后，在加仓、循同路、巴卡台和峡口剖面上有表现，前两个剖面最明显，巴卡台剖面似乎有滞后。

A2 增温事件：9ka B. P. 前后，在河卡、巴卡台、加仓剖面上有表现。

A3 增温事件：5.5ka B. P. 前后，在河卡、巴卡台、加仓和峡口剖面上有小增幅度表现。

A4 增温事件：2.5ka B. P. 前后，在河卡、巴卡台、循同路、加仓和峡口剖面上都有表现，峡口剖面似乎略超前。

A5 增温事件：0.8ka B. P. 前后，在河卡、巴卡台、循同路和峡口剖面上有小幅增温表现，巴卡台剖面最明显。

B1 降温事件：11ka B. P. 前后，在巴卡台、循同路和加仓剖面上有表现，可能与 YD 事件有关。

B2 降温事件：3.5ka B. P. 前后，在河卡、巴卡台、循同路和加仓剖面上有表现，峡口剖面似乎略有超前。

B3 降温事件：1.8ka B. P. 前后，在河卡、巴卡台、循同路、加仓和峡口剖面上都有表现。

这些温度升降事件与根据磁化率划分的六个阶段部分存在对应关系，有一些却并不完全对应。另外，一些事件并没有在所有剖面上都有显示，虽然我们还无法确定是因为记录的问题还是确实没有的问题，但显然根据目前的证据我们还难以做更进一步的推测。

7.5.2 青藏高原东北缘的冬季风特征

青藏高原东北部以高原冬季风为主导，现代气象记录也显示了这一点（图7.44），官厅盆地则主要受东亚冬季风的影响，对比五个地点的风力强度变化曲线（图7.45）得出以下结论。

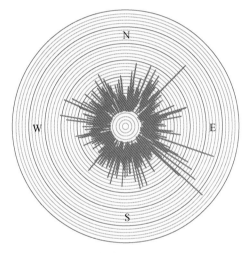

图 7.44 黄河上游夏藏滩气象站风向数据（2012-1-23 至 2015-9-18 逐日平均风向）

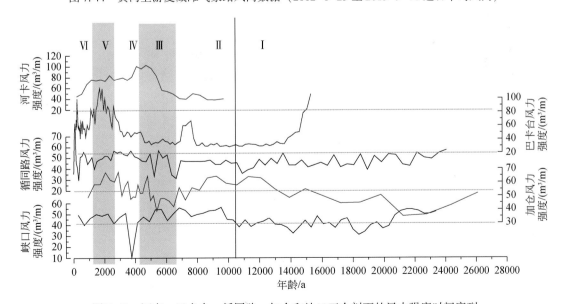

图 7.45 河卡、巴卡台、循同路、加仓和峡口五个剖面的风力强度时间序列

（1）各地点相互之间存在着很大的差异，显然由于青藏高原东北部地区复杂的山脉展布格局、高差悬殊的地形地貌，造成大气环流畸变、各地近地面风场各异，缺少统一的风场演化模式。

（2）但总体上几个剖面都具有全新世时期风力强度比末次冰期大的特点，尤其是 5ka B. P. 以后的风力强度普遍较高，这可能是几个剖面（除峡口）全新世粉尘堆积厚度大于末次冰期的原因之一。

（3）全新世适宜期（阶段Ⅲ）的风力强度普遍是低谷，反映是一个夏季风加强而高原冬季风减弱的时期。

（4）而 2ka B. P. 前后的气候好转期（阶段Ⅴ）却出现了风力强度的峰值，说明这个时期与适宜期（阶段Ⅲ）不同，是一个夏季风和高原冬季风都加强的时期。

（5）约 3. 8ka B. P. 前后的气候恶化期（阶段Ⅳ）风力强度多偏弱，显示是夏季风减弱为主导的时期。

7.6　小　　结

7.6.1　末次冰期气候特征

青藏高原东北缘地区末次冰期以来气候波动反映的干湿变化存在争议，传统观点认为该地区和全球气候变化趋势相同，即氧同位素偶数阶段气候表现为冷干、奇数阶段表现为暖湿，但有人与此观点相反。本章在对区内积石山和拉脊山围限的季风过渡区群科-尖扎盆地内夏藏滩滑坡湖中深 25.1m 的湖相-黄土沉积剖面研究的基础上，分析了滑坡湖沉积物的物质来源，利用湖泊沉积物粒度中的中粒悬浮组分探讨了该区末次冰期以来的气候变化特点，主要认识如下。

（1）滑坡湖明显不同于滑坡堰塞湖，其沉积过程均类似于"玛珥湖"，物源非常局限，主要来自于滑坡洼地周边的地表流水搬运堆积物。

（2）末次冰期以来，青藏高原东北部气候出现了 58k~50ka B. P. 和 30k~15ka B. P. 两个多雨湿润期，显示出这里降温期冷湿的特点，这两个时期也是该区巨型滑坡频发的时期。末次冰期中这里还出现了多次类似 Heinrich 事件的千年尺度干湿波动，暗示青藏高原东北部可能也存在类似的气候驱动。

（3）尖扎盆地 58k~50ka B. P. 和 30k~15ka B. P. 两个多雨冷湿期的原因可能因盆地位于我国青藏高原东北部，在全球降温时，影响该区的印度季风强度减弱，夏季风前缘退缩到拉脊山-积石山一带，而这时高原冬季风强盛，使该区成为锋面降雨集中区，因此，该区在冷期的湿润气候具有地区特殊性。

7.6.2　全新世气候波动

根据温湿度组合、风力强度变化和粉尘源区收扩演变特点，分析了青藏高原东北缘黄河上游地区全新世时期的气候波动、区域环境变化、冬夏季风关系，划分了主要气候阶段，主要结论如下。

（1）山脉阻挡是造成各地记录差异的主要影响因素，拉脊山东南段是亚洲冬季风和高原冬季风系统的重要分割线。

（2）全新世时期西南季风是影响共和–循化地区的主要夏季风系统，高原冬季风则是影响这个地区的主要冬季风，而官厅盆地则主要受亚洲冬季风的影响，翻越青藏高原的西南季风不是影响官厅盆地的主要夏季风系统。

（3）全新世时期青藏高原东北缘共和—官亭地区的全新世可划分为六个阶段，其特征如下。

A. 西南季风大约从 11ka B. P. 开始加强并影响青藏高原北部地区，约 6.5k ~ 4.2ka B. P.，冬季风大幅减弱，强盛的西南季风主导了这个地区的气候，形成了典型的全新世适宜期，以湿度大幅增加、温度小幅升高的暖湿为特点。

B. 全新世适宜期后大致在约 4.2k ~ 2.6ka B. P. 期间各地普遍出现了一次以冷干为特点、粉尘源区扩张、冬夏季风均减弱的环境恶化事件，晚期气温升高，这次恶化事件在高原季风系统的西北粉尘源区和亚洲季风系统的北方粉尘源区都同样存在。

C. 其后约 2.6k ~ 1.2ka B. P. 的时期，各地的粉尘源区均收缩、环境好转，而各粉尘沉降地由于气候小幅增湿、降温、风力加强的程度不同，出现不同的成壤程度，推测是以冬季风明显加强、夏季风小幅加强的时期。

D. 约 1.2ka B. P. 以后，粉尘源区先收后扩、风力先减后增、湿度增加、气温小幅回升、成壤强度先强后弱，是一次冬夏季风变化均小幅加强，但交替频繁、地区间差异增大、总体环境趋于冷湿、环境恶化。

7.6.3　末次冰期以来气候波动与滑坡的关系

（1）通过夏藏滩滑坡湖相层剖面揭示黄河上游地区在 LGM、30ka B. P. 和 50ka B. P. 等特征时段为冷湿的气候变动模式，而这些时段又是区内古滑坡、老滑坡集中发育期，因此，冷湿期由于水量较多，同样可能是滑坡发育的集中期。区内滑坡发育与传统意义上滑坡主要发生气候变化的暖湿期不完全一致。

（2）全新世以来，区内自西向东在 6.5k ~ 4.2ka B. P.，西南季风增强，属于全新世适宜期，白刺滩滑坡、席笈滩滑坡、八大山等泥岩及半固结成岩滑坡均发生在这一时期。约 1.2ka B. P. 以后，区内总体趋于冷湿，冬季由于气温降低，冰雪动融，夏季短时强降雨诱发的大型滑坡灾害时有发生。

第8章 黄河上游构造变动与滑坡

8.1 新构造活动与滑坡

黄河上游贵德-尖扎-循化-化隆一带发育大量的巨型滑坡，这些滑坡有的因降雨而产生，有的则源于古地震的诱发。这里曾经发生的古地震造成了地面的强烈形变和大量表层重力构造的发育，不仅破坏了原有的第四系甚至全新统地层，形成了众多的地表裂隙，而且重新塑造了这里的地形地貌，留下了大量有别于其他地质营力成因（如降雨的沟谷侵蚀、重力滑坡崩塌、风蚀等）的地貌形迹，野外考察已证实了这些遗迹的真实性。

研究区主体处于 NNW 向的拉脊山与 NWW 向的西秦岭北缘-积石山断裂围限的菱形范围内，受青藏高原整体变形挤压影响，区内活动构造极其发育。周保（2010）分析了区内主要的盆地及隆起带边界控制性断裂及新近系以来活动过的断裂，认为区内共发育 16 条大型活动断裂带，这些断裂带对滑坡发育起到了一定的触发作用。作者在野外调查过程中，发现尖扎东逆冲断裂、马尔坡（积石山）断裂和拉脊山东断裂分别触发了规模不等的滑坡发生，且在尖扎盆地黄河北岸发育有明显的重力断层构造，其对该地区滑坡的广泛发育同样贡献较大。

通过 GEOEYE-1 数据、02C 卫星数据、Google Earth 等高分辨率遥感图像的详细解析，确定了区内的各种挤压形迹、拉张裂隙，尤其是黄河两岸的正断层，绘制了各种形迹的空间展布，分析构造应力场特征，开展了黄河上游龙羊峡—寺沟峡段古地震遗迹的遥感与地面特征研究，探讨了其对黄河两岸滑坡的贡献。

黄河上游的滑坡主要分布在黄河两岸的新生代地层分布区，且主要在贵德到官厅段内，其上下游的滑坡数量明显减少，远离黄河的基岩区滑坡也很少，表明这个地区具有触发巨型滑坡的独特条件。野外调查发现该区的地形起伏、高差变化明显比外围地区大，显然这正是该区巨型滑坡极为发育的重要原因。

8.1.1 尖扎黄河北岸正断层与滑坡

尖扎黄河北岸的德恒隆、锁子地区总体上受控于青藏高原的抬升挤压，变形强烈，断层极其发育，尤其是受西秦岭-积石山逆冲断裂带影响，德恒隆地区的伸展正断层主要分布在该断裂带的北侧，且以羊龙村和向家岭村为中心，在重力的作用下，断层上盘物质向黄河河谷区的海拔最低点滑动，前新生界地层上覆于上新统红层之上，但这些重力滑动构造形成的正断层群形成时代可能较早，可能是早中更新世或更早时代的产物，由于它们不是在存在大规模自由临空面情况下形成的，因此不能归为滑坡，而由于其规模宏大，分析认为只有强大的古地震才能形成如此规模的正断层群。由于高原东北缘整体性抬升和重力滑塌，该地区诱发滑坡的可能性极大，尖扎盆地黄河左岸的山尕滩滑坡、锁子滑坡等均位于该断裂带的控制下。

从图 8.1（a）的立体遥感影像上明显看到三个台阶，反映了三次构造重力正断层地貌，这种地貌是青藏高原多期次隆升过程中高原内部为填补凹地而形成。在正断层作用下，如有临空面出现的地方，即有可能发生滑坡，如黄河北岸的三叠系灰绿色砂岩发生滑动，覆盖在新近系的泥岩上面 [图 8.1（c）]，而在同样的高度上，黄河南岸是新近系地层，所以断裂应该在北岸的新近系和基岩之间。

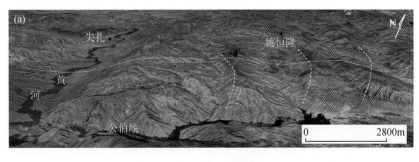

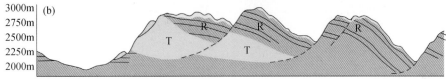

图 8.1　重力地貌与滑坡发育关系

（a）尖扎黄河北岸 Google 影像；（b）重力作用下的地质剖面：黄色为黄土、红色为古近系–新近系泥岩沉积，蓝色为三叠系片麻岩；（c）三叠系灰绿色砂岩披覆于新近系红黏土上

8.1.2　循化黄河南岸积石山断裂与滑坡

沿积石山断裂北盘，东从与拉脊山断裂交汇的比隆村开始，西直达尖扎的贾加乡一带，

在近 SN 向的山梁上发育大量拉张裂隙带。这些张裂隙倾向北侧黄河方向，剖面上呈铲状，上陡下缓，但有时会出现反向变化，反映出山体被向北侧拉开特点，但由于还没有发生大规模滑动，因此，断面形态还不是一个铲状圆弧。

　　加仓村山梁上发育的地裂缝带（图 8.2），每条带宽几米到 20 多米不等，山体为基岩山，地表覆盖厚度为 2～3m 的全新世黄土。地裂缝已深入基岩，但一些地方的地表土层却依然相连，未被断开，显示地裂缝形成时代很近，现在仍在活动之中。还有的地方由于流水改造，形成了深陡冲沟，由于其构造原因，沟深而壁陡，而与正常冲沟的缓、浅相区别。

图 8.2　加仓村附近的构造裂缝与滑坡
（a）裂隙与冲沟；（b）地表草皮仍然相连，地下裂缝则形成了暗洞；（c）现代黄土滑坡；（d）并列式泥岩滑坡

　　这些地裂缝横贯整个基岩山梁（图 8.3），并位于山梁靠近南侧大山的后部，而非山梁前缘的临空陡崖区，表明虽然重力是形成这些地裂缝的重要因素，但触发这些张性地裂缝形成应该另有原因。积石山断裂是一条产状南倾、向北逆冲的挤压逆冲断裂，而这些地裂缝则是向北倾斜的铲状断层，二者性质相反，因此，不会是积石山逆冲断裂直接的地表表现，而属于表层重力构造，只有积石山断裂活动造成的地震，才可能提供如此巨大的力量拉裂整个山体，因此这些地裂缝应该就是积石山断裂活动造成的古地震所触发的地表重力构造。

　　加仓村张裂隙带剖面形态为上陡下缓的铲形产状，倾向北侧，但有时会出现反向或起伏变化，反映出山体被向北侧拉开特点。沿着该断裂带，触发了加仓不稳定斜坡，该地裂缝带上有的地方裂隙已引发大规模滑坡，如加仓村西侧的麻日村滑坡。

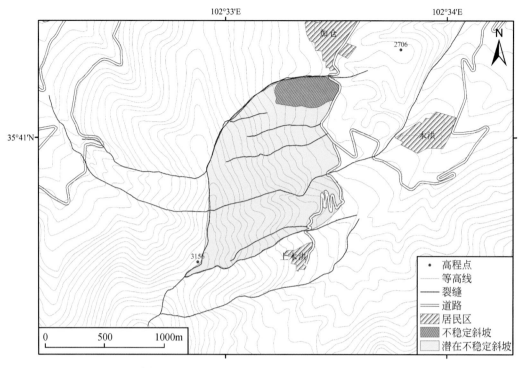

图 8.3　加仓不稳定斜坡与构造裂缝平面位置图

8.1.3　羊龙村古地震与滑坡

研究发现区内至少存在三处古地震遗迹密集区（带），分别是羊隆村古地震遗迹集聚区（图 8.4）、积石山地裂缝带和关沙–梅家地裂缝密集区。另外，区内黄河北侧山地还发育大

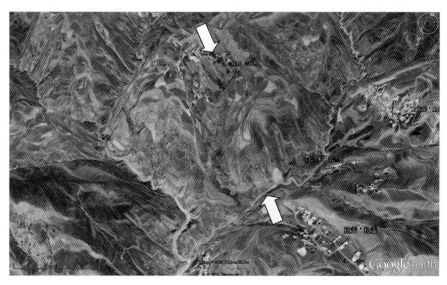

图 8.4　羊隆村地裂缝冲沟斜切山坡

白色箭头为挤压应力方向

量重力滑动构造形成的正断层群，形成时代可能较早，可能是早中更新世或更早时代的产物，由于它们不是在存在大规模自由临空面情况下形成的，因此不能归为滑坡，而由于其规模宏大，分析认为只有强大的古地震才能形成如此规模的正断层群，但由于本研究专注于年代新（全新世时期）、地表形迹明显的古地震遗迹，因此，本章不对该正断层群做介绍分析。

该区的古地震遗迹有两类，一类是地裂缝，另一类是巨型正断层。一些滑坡可以因地震而发生，由于降雨等其他因素也可以诱发滑坡，所以只有特殊形态的滑坡才可能作为古地震遗迹的解译标志。

地裂缝：在遥感图像上多表现为冲沟和沟谷，与正常流水侵蚀形成的沟谷不同，这些冲沟和沟谷并不沿山坡的坡向展布，而是经常斜切坡向，表现出非山坡流水正常侵蚀形成的特点。

一些地裂缝与地质构造有关，具有较规律的走向延伸，以斜切山坡为主要遥感判别标志，野外调查经常能发现存在活动断裂，如羊隆村的古近系-新近系红黏土与第四系末次冰期的马兰黄土呈断层接触关系。一个典型特征是挤压性质的断裂由于其封闭性质，在地貌上不易形成沟谷，因此，在遥感图像上一般不易分辨，但其垂直方向上伴生的张裂隙则容易被水侵蚀，在第四系黄土区形成落水洞，最后串联形成沟谷，在古近系-新近系红黏土区形成的深裂隙常常形成深而狭窄的深沟。一些地裂缝则表现为追踪张裂隙。

滑坡：有些滑坡位于没有明显落差临空面的地方，附近有地质活动构造存在，其发生形成很难用降雨触发来解释。

研究区内古地震造成了地面的强烈形变和大量表层重力构造的发育，不仅破坏了原有的第四系甚至全新统地层，形成了众多的地表裂隙，而且重新塑造了这里的地形地貌，留下了大量有别于其他地质营力成因（如降雨的沟谷侵蚀、重力滑坡崩塌、风蚀等）的地貌形迹。例如，尖扎黄河北岸高地上化隆县羊隆村的新近系红黏土与第四系末次冰期的马兰黄土呈断层接触关系（图8.5），表明断裂活动时间在全新世，该断裂走向近EW，挤压性质，兼具走滑特征，具有古近系-新近系红黏土高角度逆冲到末次冰期黄土之上的特点。

调查发现羊隆村发育一条地裂缝，沿该地裂缝形成串珠状塌陷坑（图8.6），并向冲沟发展，其走向近SN，明显与山坡的坡向斜交，显示出断裂控制的特点。

图8.7是羊隆村东侧由两条近SN向裂隙围限的下沉地块，两条裂隙断面新鲜，西侧一条已发育成沟谷，而东侧一条则为断崖。其中的滑坡地块面积宽大，在没有高大临空面情况下，直接下沉，其形成的滑坡很难用降雨触发来解释，根据其位于活动断裂附近的特点，分析认为应该是全新世地震活动导致形成的。

另外一处古地震遗址中心位于关沙-梅家，这里也是地裂缝密集区。该区位于黄河北岸群科以北的大沟内，为新近系和第四系地层分布区，这里的冲沟直而多折，走向常与坡向斜交，具有追踪X型节理的张性裂隙特点，总体走向近EW。裂隙带切割山体，引起山体块状滑塌，其形态严格受裂隙控制，呈不规则状，与正常滑坡的圆弧形态存在很大差异。推测这里可能是一个古地震中心区，是近EW向挤压下形成的地裂缝密集区。根据该区与拉脊山

图 8.5　羊隆村古近系–新近系地层与第四系黄土断裂接触关系

图 8.6　羊隆村沿地裂缝形成的近南北向串珠状塌陷坑

图 8.7　羊隆村东侧由两条近南北向裂隙围限的下沉地块

的相对关系看，该区东北侧发育明显的 EW 向环状正断层形成的基岩山地，本区正好处于正断层的延长线方向上，因此，近 EW 向的地裂缝与区域地质构造存在密切联系，是基底断裂在地表盖层上的直接表现。

与羊隆村古地震遗迹密集区相比，两处的挤压应力方向似乎正好相反，关沙-梅家地裂缝密集区为 EW 向挤压，而羊隆村古地震遗迹密集区为南北向挤压，因此，可能它们分属两次不同地震的震中区。从地表形迹影响地貌的特征看，羊隆村古地震时代可能早于关沙-梅家古地震，而积石山地裂缝带可能最晚，形成后活动一直持续到现在。

8.1.4　官亭盆地拉脊山断裂与滑坡

拉脊山北缘断裂为西宁构造盆地南缘的控制断层，新构造运动时期以断块间差异性升降运动为主。断裂西起日月山，东北沿拉脊山北缘与南缘断裂平行展布，全长近 150km，倾向为 SW，倾角为 45°～65°，以挤压逆冲为主。

断裂穿过官亭盆地西侧，在大约 3.95ka B. P.，沿着盆地西侧积石山山麓大断裂发生强烈地震，盆地西部二级阶地，包括喇家聚落地面，被数组地震裂隙分割破坏（图 8.8）。在喇家地震遗址中可见砂脉、裂缝填充物、砂土液化、喷砂和地裂缝、地层错位等，根据中国地震烈度表，喇家地震的烈度为Ⅸ度，震级为 7.1 级。受地震影响，官亭盆地北侧山前发生多处地震滑坡崩塌（图 8.9），喇家地震的同时诱发了官亭盆地北侧大规模的山体滑坡和崩塌，其堆积体及沟谷中的松散碎屑物后被洪水携带形成山洪泥石流袭击了喇家遗址区，发生过程类似 2010 年 8 月 8 日的甘肃舟曲山洪泥石流和 2008 年 9 月 26 日的北川老县城泥石流（强降水或持续降水携带汶川地震诱发的松散碎屑流）。

砂土液化

图 8.8　喇家地震裂缝与砂土液化地质现象

图 8.9　喇家遗址北山崩塌滑坡分布位置

8.2　化隆卷坑黄土剖面记录的古地震记录

化隆剖面位于化隆县南侧的卷坑村附近的公路旁边，地理位置为 36°05′04″N，102°14′4″E，海拔为 3010m，地表植被为高山草甸，草高约为 20cm，生长茂密。剖面区域上位于 NWW 走向的山间盆地，此处为 NWW 走向的山地边缘，该山坡实际就是由一条 NWW 走向的正断层所控制，断层为北降南升性质，断层下盘是南侧基岩山体，山顶为薄层黄土覆盖，断层上盘是北侧断陷盆地，沿断层带一线山坡上堆积了第四纪黄土，剖面就采于第四纪黄土顶部，附近有正断层控制的小型冲沟。剖面为全新世黄土–古土壤，底部黄土，中部古土壤，顶部也为黄土。野外可以看出地表山坡全新世古土壤地层波状起伏，呈滑塌迹象。剖面深度为 2.46m，每隔 2cm 取一个样，共取样 123 个。

剖面岩性描述如下。

0~30cm（HL001-015）：草根层，色深，较湿，松散，多根；

30~94cm（HL016-047）：黄土；

94~140cm（HL048-070）：灰黑色，松散，有鼠洞，多根，颜色较深，富含有机质；

140~184cm（HL071-092）：灰黑色，较致密，偶含砾石（山上滑落），多白色假菌丝体，富含有机质；

184~246cm（HL093-123）：与上层有过渡，色偏黄红，黄土质。

剖面磁化率显示在中部的古土壤层中间 120cm 处突然出现了磁化率陡坎，呈现出不连续特点，60cm 深度也出现了一个磁化率突变低谷，与正常气候变化造成的磁化率变化有所不同（图 8.10）。虽然粒度曲线上这两个深度并没有显示大的变化，但显然粒度可以不表现出大的变化，因为都是黄土。最重要的是 [14]C 测年数据显示 2m 以上的年龄都是 1760±30a B. P. 以来的，时代很新，而且 100cm 处年龄仅 820±30a B. P.，晚于顶部 45cm 的 1040±30a B. P.，出现了年龄倒转，因此，有理由相信 120cm 和 60cm 两处磁化率不连续点都是地层滑脱面，山坡上出现了低角度滑坡，使地层出现了重复。从年龄数据看，这两个滑脱面可能是在很近的时间内相继发生的，至少晚于 800a B. P.，很可能就是 200～300a 前才发生的。

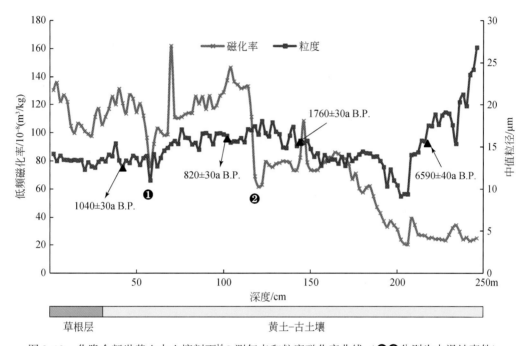

图 8.10　化隆全新世黄土古土壤剖面 [14]C 测年点和粒度磁化率曲线（❶❷分别为古滑坡事件）

结合该剖面位于 NWW 向活动正断层带上，而南侧 8km 处羊隆村曾发现大量古地震遗迹，因此，推测这个剖面上发现的黄土滑脱层应该就是这次古地震所导致的山体滑坡。虽然这条 NWW 向活动正断层可能不是发震断裂，但在地震中必然会受到震动影响而引发山体滑坡。据此得到初步结论，在大约距今 300～200a 里，大致以羊隆村为震中的地区发生过一次较为强烈的地震，引发了大量的山体滑坡，化隆处于强烈度带边缘，化隆盆地边缘山坡也出现了强度不算大的表层黄土滑坡。

通过地层剖面来揭示古滑坡事件在国外也有报道，如 Trauth 等（1999）在阿根廷西北部的安第斯山脉通过第四纪古气候记录发现了多期次的滑坡群事件。因此，通过地层剖面也能够较好地反映古滑坡事件。

8.3　小　　结

区内新构造活动强烈，古地震遗迹众多，对巨型滑坡控制作用显著。构造活动控制的滑坡主要表现在以下三个方面。

（1）高原隆升与滑坡。高原在间歇性抬升的过程中，在一些河谷区及周边形成了正断层，并在有临空面的地方发生滑坡，如尖扎北岸的正断层与滑坡；

（2）深大断裂与滑坡。高原抬升过程中形成的深大断裂、拉张裂缝容易诱发滑坡，如拉脊山断裂与滑坡；

（3）古地震与滑坡。现代地震群发的地方滑坡数量明显增多，如汶川8级地震诱发了约5.6万处滑坡（Tang et al., 2010；Tolga et al., 2011；Yin et al., 2011）、芦山7级地震诱发了3000多处滑坡（殷志强等，2013a）。根据地质地貌演化规律，由今及古，地震遗迹较多的地方滑坡同样频发，而研究区羊龙村、官亭喇家等地古地质遗迹非常典型，因此，这些地区的滑坡很可能是由地震诱发的。

（4）尖扎黄河北岸正断层、循化黄河南岸积石山断裂、羊龙村分布的地震遗迹、官亭盆地拉脊山断裂不同程度诱发了崩塌滑坡和不稳定斜坡，断裂与滑坡关系密切，其（地震）成为基岩滑坡发生的主控因素。

第9章 黄河上游支流地貌演化与滑坡

黄河在该区段有众多的一级支流（图9.1），本章通过谷歌地球的高度配置文件分别提取了研究区内较大的22条黄河一级支流的纵剖面，并做出纵剖面图。分析各盆地河流剖面的形态特征，对比黄河左岸和右岸的支流剖面特征差异，结合河流裂点形成机理和岩性、构造特征、侵蚀过程、气候等因素特征进行分析，对比前人的阶地测量研究数据，重建研究区内地貌演化的基本过程。

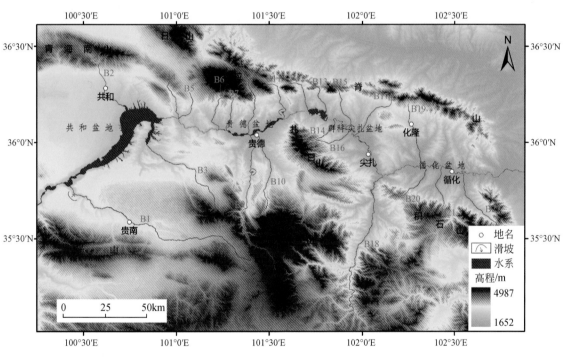

图 9.1 研究区位置和黄河支流分布图

B1. 茫拉河；B2. 恰卜恰河；B3. 沙沟河；B4. 多隆沟河；B5. 浪麻河；B6. 叶后浪河；B7. 多拉河；
B8. 农春河；B9. 莫曲河；B10. 高红崖河；B11. 尕让河；B12. 松巴沟河；B13. 夏琼寺河；B14. 尕布沟；
B15. 黑城河；B16. 安中沟；B17. 巴燕河；B18. 隆务河；B19. 化隆河；B20. 街子河；B21. 循同河；B22. 清水河

9.1 黄河上游纵剖面形态的地貌特征

从黄河的纵剖面图来看（图9.2），主要发育三处裂点：拉西瓦峡、公伯峡和积石峡（李家峡很有可能也有一处裂点，但是因为李家峡水库对河流纵剖面的改造，已经无法从纵剖面图上反映出来了）。它们基本位于各个古汇水盆地的分水岭的位置。说明在黄河的溯源侵蚀过程中，是逐次切开各个汇水盆地的分水岭的（张培震等，2006）。

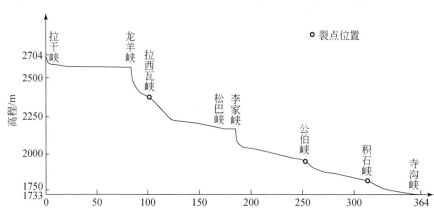

图9.2　黄河干流纵剖面形态图

黄河在150ka B. P. 切穿龙羊峡贯通了共和盆地的古内流水系后，继续溯源侵蚀作用，至30ka B. P. 侵蚀到拉干峡。在这个过程当中，共和盆地经历了一个比较稳定的构造抬升作用，盆地内部几乎没有发生差异抬升。

黄河在贵德盆地的纵比降最大，尤其是在贵德盆地西部，黄河的河床高程从2500m 陡降到2200m，因此，该区段黄河水流的势能是最大的，水流势能和动能之间的转化，导致黄河在龙羊峡到贵德盆地之间的夷平面上深切了数百米。数百米的高陡边坡也为滑坡等地质灾害的发育提供了良好的地形条件。而贵德盆地东部是泥石流、滑坡等地质灾害发育较为密集的地区，具有规模大、发育期次多等特征，多期的滑坡和泥石流发育，不断改变黄河在盆地内的流向，形成多次流向摆动，现代贵德盆地内遗留下多处黄河废弃河道形成的牛轭湖。

在滑坡发育最为密集、规模最大的群科–尖扎盆地，黄河的纵比降却是整个研究区内最小的，但是我们看到的现代黄河纵剖面是经过后期多次地貌改造以后形成的，在滑坡发生时，这些区段应该存在着高陡边坡，巨型滑坡的发生缩小了地形的不平整度，对黄河的剥蚀起到了逆向作用力。

循化盆地东部的积石峡是拉脊山和积石山强烈抬升的交接地带，阶地测量和测年数据（赵振明、刘百篪，2003）显示，这里自早更新世以来经历过数次显著抬升过程。

9.2　黄河上游支流纵剖面形态的地貌和构造意义

研究区内黄河主要支流有19条，其中，在芒拉河、莫曲河和尕让沟岸边分别发育了芒拉河左岸滑坡、麻吾峡滑坡和阿什贡滑坡。黄河支流纵剖面形态所反映的构造和地貌演化信息对于解释黄河支流滑坡的发育具有重要意义。

芒拉河的裂点距离黄河12km，芒拉河左岸滑坡距离黄河1.4km，莫曲河裂点距离黄河23km，麻吾峡滑坡距离黄河17km，尕让沟裂点距离黄河13km，阿什贡滑坡距离黄河5km。巨型滑坡均发育在河流裂点的下游，且均发育在河流的凹岸。因此，除了跟地貌演化和断裂带的因素有关，河流的侧向侵蚀作用对于滑坡的发育也起到了重要的作用。

9.2.1　共和盆地

共和盆地内有三条黄河主要支流（B1，B2，B3；图 9.3），其中 B1 芒拉河为研究区内黄河最大的支流，B1 和 B3 位于黄河的右岸，B2 位于黄河左岸。从纵剖面形态上来说，B1 的纵剖面为线性函数剖面形态，而 B2 和 B3 接近于指数剖面形态，3 条支流剖面下凹程度均不大，也没有明显的裂点，反映出共和盆地内部处于构造运动相对稳定的状态，三条河流均发源于 4000m 左右的高山区，流经共和盆地内 3000~3200m 的夷平面后注入黄河。

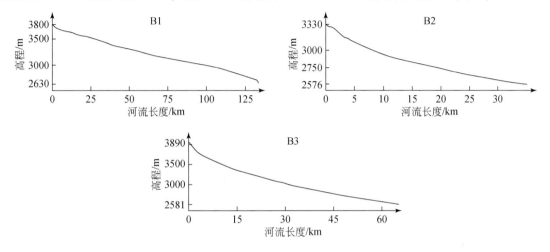

图 9.3　共和盆地黄河支流形态对比

9.2.2　贵德盆地

贵德盆地是研究区内黄河支流数量最多的一个盆地（图 9.4），其河流纵剖面形态也最为复杂，既有上凸型的也有下凹型的纵剖面，体现出贵德盆地内部不同区域构造运动的差异性。其中只有 B9 和 B10 位于黄河右岸，尽管两条河均为巴吉山的冰雪融水形成，且两条河的距离也较近，但是河流纵剖面形态差异却非常大，B9 接近于线性，而 B10 则明显呈下凹状态。黄河左岸共有 6 条支流，B4 和 B7 的纵剖面轻微下凹，为指数剖面形态，B6 和 B11 则呈现非常明显的下凹特征，为对数剖面形态。B5 为研究区内典型的上凸型河流剖面形态，B8 则有一处裂点，裂点的位置为拉脊山与贵德盆地的分界线，说明 B8 支流曾发生一次溯源侵蚀作用，在溯源侵蚀作用发育的过程中，拉脊山强烈抬升，导致 B8 支流的侵蚀基准面下降，下蚀作用增强。

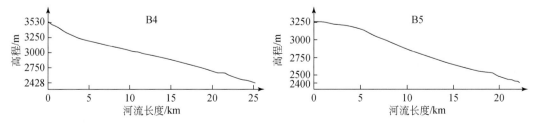

图 9.4　贵德盆地黄河支流纵剖面形态对比

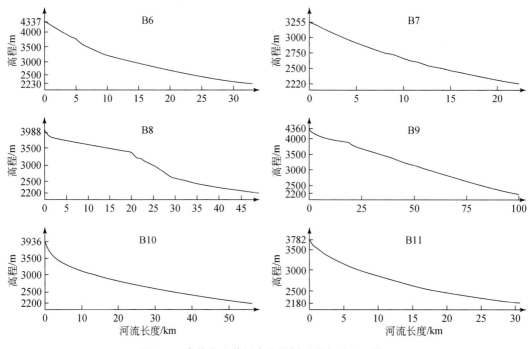

图 9.4 贵德盆地黄河支流纵剖面形态对比（续）

9.2.3 群科-尖扎盆地

群科尖扎盆地共有七条黄河支流，其中 B12、B13、B15、B17 的纵剖面呈明显下凹形态，B14 和 B18 呈近似直线形态，B16 呈轻微下凹形态。从河流纵剖面形态来看，群科-尖扎盆地的黄河支流的上游侵蚀与下游堆积渐趋平衡（图 9.5）。

盆地内的构造活动区域较为稳定的状态，上游高山区的物质剥蚀搬运到下游堆积，河流的下切速率与构造抬升速率基本区域平衡，河流处于均夷状态。

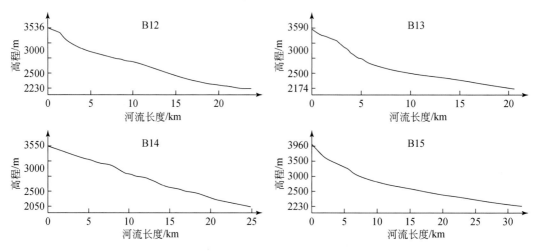

图 9.5 群科-尖扎盆地黄河支流纵剖面形态对比

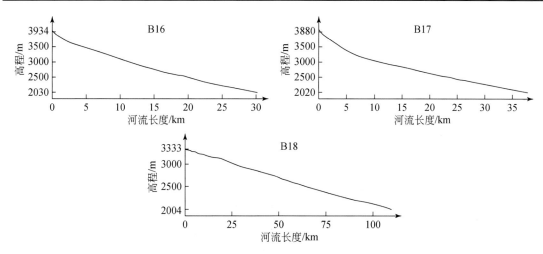

图 9.5　群科–尖扎盆地黄河支流纵剖面形态对比（续）

9.2.4　循化盆地

循化盆地内主要有四条黄河支流（图 9.6），B19 有一处裂点，裂点位于黄河左岸拉脊山与盆地的交界地带，黄河右岸的三条支流剖面则均呈下凹形态。说明晚更新世以来，黄河的左岸拉脊山至少经历一次显著的抬升作用。而右岸的积石山地区，河流上游所在的高山区经历过强烈的抬升作用（Liu *et al.*，2013），而下游所处的盆地腹地则构造稳定。

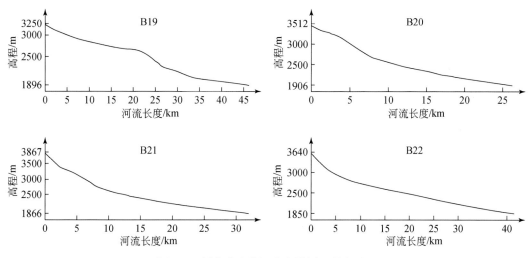

图 9.6　循化盆地黄河支流纵剖面形态对比

9.3　黄河上游贵德盆地现代水系格局

黄河在青藏高原东北缘依次经过共和盆地、贵德盆地、尖扎盆地和循化盆地，从拉脊山和积石山之间的积石峡流出这一连串的山间盆地。贵德盆地内共有八条黄河一级支流，是青藏高原东北缘黄河支流最多的一个山间盆地。

在贵德盆地内，黄河自西部的龙羊峡进入，多隆沟、浪麻河、叶后浪河、多拉河、农春河、莫曲河、高红崖河、尕让河、松巴沟九条重要支流依次将拉脊山、巴吉山和扎马杂日山的冰雪融水汇入黄河，形成面积达 700 多 km² 的现代河谷平原。盆地中部的三河平原宽为 5km 左右，面积约为 42km²，黄河河道位于盆地中部偏北，河漫滩非常发育，海拔为 2200m 左右，分布有 Ⅰ ~ Ⅲ 阶地，南岸分布较广，北岸零星展布；高红崖河在兰角村一带河谷宽为 2500m，发育有三级阶地；莫曲沟河在新街、环仓一带河谷宽 200 ~ 2500m，中段河流穿经新近系砾岩组成的峡谷。岩层主要由全新统的冲洪积和冲积含泥沙卵石层组成。河谷平原区阶地多开垦为耕地，是人类经济活动最频密的地区。

综合青藏高原山间盆地的总体情况来看，黄河在贵德盆地西部的纵比降最大，黄河的河床高程从 2500m 陡降到 2200m，因此，该区段黄河水流的势能是最大的，水流势能和动能之间的转化造成黄河在夷平面向下深切达数百米。本书通过 DEM 数据和谷歌地球高度配置文件提取了贵德盆地内黄河及其重要支流的纵剖面，并对其形态进了简要分析。

黄河在贵德盆地内河道长约 83km，从其纵剖面形态来看，在上游 30km 的尼那地区存在一处裂点（河流纵剖面曲线上的坡度转折点，在裂点的上游和下游，河流纵剖面的坡度呈明显差异；图 9.7），野外调查也在尼那地区发现五级河流阶地，表明该处曾经历过一段新构造活跃期，黄河发生过数次强烈下切，可能是受 150ka B. P. 共和运动的影响，盆地西部强烈隆升，黄河发生一次溯源侵蚀作用。

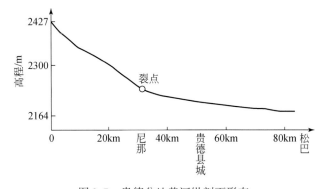

图 9.7　贵德盆地黄河纵剖面形态

张会平（2008）曾用 SRTM- DEM 数据对黄河上游循化–贵德盆地的黄河二级以上支流纵剖面形态进行过分类，认为河流纵剖面形态存在上凸型和下凹型的区分。贵德盆地内黄河支流的纵剖面形态复杂，体现出贵德盆地内部不同区域构造运动的差异性。例如，莫曲河和高红崖河位于黄河右岸，尽管两条河均由巴吉山的冰雪融水形成，且两条河的距离也较近，但是河流纵剖面形态差异却非常大，莫曲河接近于线性，而高红崖河则明显呈下凹形态，黄河左岸共有七条支流，多隆沟和多拉河的纵剖面轻微下凹，呈指数剖面形态，叶后浪河、尕让河和松巴沟则呈现非常明显的下凹特征，呈对数剖面形态。浪麻河则具有典型的上凸型河流剖面形态，农春河的纵剖面存在两处裂点，反映盆地北部拉脊山经历过两次显著的构造抬升，导致农春河的侵蚀基准面下降，在裂点处发生溯源侵蚀作用。

9.4　黄河上游支流地貌与滑坡发育关系

　　研究区内黄河支流的两岸也是巨型滑坡发育的密集区，其中，以芒拉河左岸滑坡（B1）、麻吾峡滑坡（B9）和阿什贡滑坡（B11）最具代表性。黄河支流的下切作用，为滑坡的发生提供了临空面，同时滑坡的发生也对河谷地貌起到了改造作用。

　　芒拉河的裂点距离黄河 12km，芒拉河左岸滑坡距离黄河 1.4km，莫曲河裂点距离黄河 23km，麻吾峡滑坡距离黄河 17km，尕让沟裂点距离黄河 13km，阿什贡滑坡距离黄河 5km。巨型滑坡均发育在河流裂点的下游，且均发育在河流的凹岸。因此，除了跟地貌演化和断裂带的因素有关，河流的侧向侵蚀作用对于地貌的改造也起到了重要的作用。

9.4.1　麻吾峡滑坡与莫曲河河谷

　　麻吾峡滑坡发育在黄河一级支流莫曲河中下游右岸，离莫曲河注入黄河的河口约 20km。地理坐标为 101°23′57″E，35°50′58″N。地貌上为莫曲河东侧丘陵地带，峡谷两侧地形陡峭，岩性为新近系砂砾岩。该滑坡地处低山丘陵区，为岩质滑坡，原始山坡岩性为新近系砂砾岩，表层风化破碎，岩层产状为水平。滑坡为切层滑坡，滑体上陡下缓，滑坡后壁陡峭，呈围椅状，后壁与滑坡堆积物高差达 310m，坡度达 75°，在滑坡体后缘两侧形成两条冲沟。滑体后部发育有滑坡洼地，地势低洼平缓，面积较大，雨季时有积水。在多年雨水冲刷作用下，形成小型洪积扇（图 9.8）。滑坡后缘冲沟十分发育，滑体上有多处鼓丘，在滑体后部还有一处滑坡湖。

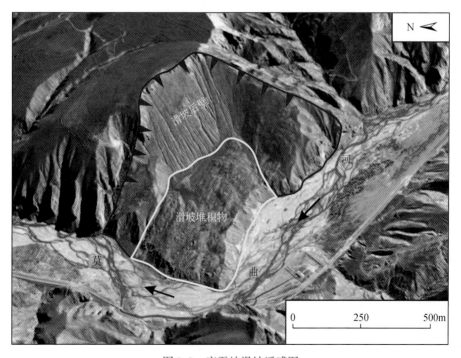

图 9.8　麻吾峡滑坡遥感图

　　滑体长750m，宽1000m，平均厚50m，主滑方向为280°，残留体积约为$3.75×10^7 m^3$，属特大型滑坡。滑体后部形成典型的滑坡湖，滑坡湖内无积水，植被较为茂盛，滑体表面凹凸不平，有四处鼓丘。滑坡发生时滑体上曾出现多组裂缝，现已呈阶梯状，裂缝消失。

　　滑坡前缘南侧一面较直立，高出河床38m，坡度约40°，坡脚处被河水冲蚀，形成近于直立的陡坎，常有小规模的崩塌发生。滑坡前缘北侧坡度较缓，约为28°。滑坡发生时挤占近一半莫曲河河道，河流在滑体前缘开始弯曲，河水流向角度偏转了近40°（图9.9）。该滑坡下滑速度较快，为高速推移式滑坡，其形成年代不详。

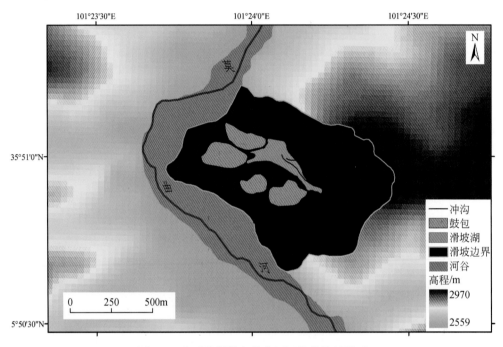

图9.9　麻吾峡滑坡与莫曲河河谷的作用关系

　　该滑坡的形成其主控因素是地质构造与地形地貌条件，在降雨和河水冲刷的诱发下发生。麻吾峡谷两侧山体陡峭，坡度达30°以上，个别在45°以上，山坡相对高差达400m，坡面上冲沟发育，坡脚处被河水冲刷，形成高10~30m的陡坡，坡度达70°以上，个别位置近于直立，整个坡体呈现出上陡、中缓、下陡的山坡，为滑坡的产生创造了有利的空间条件。山坡顶部为80m厚的Q^{pl-al}砂砾石层，下伏新近系砂砾岩，岩层表面风化破碎，岩层节理裂隙发育，特别是一些卸荷裂隙十分发育。降雨沿岩层裂隙渗入下部岩层，使得岩层面软化，力学强度降低，裂隙不断扩大，从而导致斜坡变形，山坡整体下滑。莫曲河水冲蚀坡脚，也是斜坡失稳的重要因素之一。河水沿河谷右岸紧贴斜坡流淌，由于河水的长期冲蚀作用，斜坡坡脚处常发生小规模崩塌，坡脚形成高达30m的陡峭边坡。滑坡发生后，滑体伸入莫曲河河谷，并挤占部分河道（图9.9），但在河谷左岸并未发现滑体物质，在河流上游也未发现滑坡堵河的相关证据，因此，认为麻吾峡滑坡并未堵塞莫曲河，但是滑坡改变了莫曲河原来的流向，滑体挤占河道导致莫曲河向左侧拐弯，河流右岸变成凸岸，左岸不断受到剥蚀，物质在右岸堆积，因此，滑体总体上是稳固的，没有发生次级解体滑坡的直接威胁。

9.4.2 芒拉河左岸滑坡与芒拉河河谷地貌

芒拉河左岸滑坡位于黄河一级支流芒拉河下游，靠近芒拉河注入龙羊峡水库的河口处。滑坡发生在河流的凹岸（图 9.10），这是由于凹岸不断受到河水单向环流的侵蚀，在靠近河岸的位置产生了良好的临空条件。滑体堆积在河谷内，但对芒拉河的河道并未产生影响，滑坡发生后芒拉河的流水又将堆积在河谷内的滑体冲开一部分，但仍有部分滑坡体残留在河谷内。从滑体残留程度来看，芒拉河左岸滑坡发生的年代不太久远，应发生于为研究区最新一期滑坡发育密集期（殷志强等，2013c），对应全新世气候适宜期。

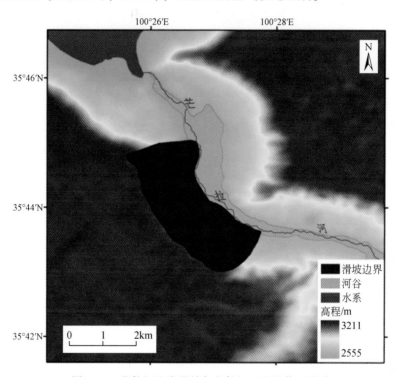

图 9.10 芒拉河左岸滑坡与芒拉河河谷的作用关系

9.4.3 阿什贡滑坡与尕让河河谷

尕让河发源于黄河与湟水的分水岭拉脊山，近 SN 向注入黄河。在尕让河下游距离河口 2～10km 处发育了一系列滑坡（图 9.11）。例如，尕让滑坡、阿什贡滑坡、革匝滑坡等。其中，阿什贡滑坡的发生与尕让河地貌发育有着至关重要的联系。

根据周保（2010）的研究结果，阿什贡滑坡发生在 8.9ka B. P. 。在滑坡前缘以及尕让河上游分别发现了湖相层，这是阿什贡滑坡堵塞尕让河的重要证据。根据湖相层顶部高程，结合现代地形线可以近似计算出阿什贡滑坡形成的堰塞湖面积约为 4.42km²。

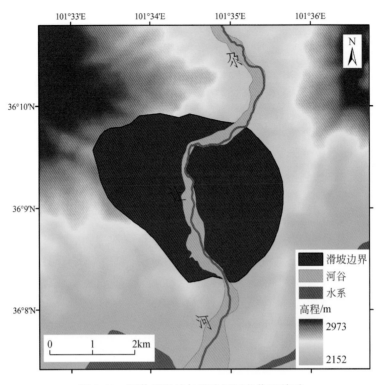

图 9.11　阿什贡滑坡与尕让河河谷位置关系

　　通过遥感解译及野外调查研究发现，尕让沟后期切穿了阿什贡滑坡的滑体，重新注入黄河，但河道与滑坡前相比发生了改变。原因是河水切开滑体后，将发育在滑体上的冲沟贯通，与下游河道连接起来。

第10章 黄河上游巨型滑坡主控因素

10.1 巨型滑坡主控因素研究方法

10.1.1 滑坡时空分布与触发机制

构造活动–地表过程–气候变化耦合系统是一个复杂的、涉及多学科的综合性研究领域，也是世界各国的地球科学家研究的热点问题之一（李建彪，2005）。该耦合系统的两极为构造活动与气候变化，共同的作用对象为地球表面。构造活动通过所形成的地形地貌影响区域及局地气候变化，而气候变化的反馈作用又表现为风化、剥蚀地形地貌促使地表抬升或夷平（王令占等，2009）。围绕活动构造、古地震、气候变化等内外动力地质作用对古滑坡时空分布和发育动力机制的研究一直受到各国科学家的重视，且在近十多年来已成为欧洲各国滑坡研究的热点之一（殷坤龙等，2000）。

目前，滑坡时空分布与触发机制研究主要集中在滑坡在空间和时间上的分布规律及诱发因素。空间上受地形地貌、地层岩性、岩土体结构、地震及降水变化等影响，时间上主要与新构造运动和第四纪气候变化等密切相关，触发因素方面主要集中在断裂活动（地震）、气候变化（降水和冰雪融水）两个方面。研究方法主要通过野外调查、遥感解译来获得巨型滑坡的分布规律，时间上主要通过^{14}C、OSL 和 ESR 测年进行分期，然后结合地貌演化过程进行构造和气候方面的解释。在滑坡空间分区方面，张春山等（2003）研究了黄河上游地区地质灾害分布规律与区划；李媛等（2004）认为中国的滑坡灾害主要分布在滇西南高中山区、川西南滇中中高山区、陇中陇东黄土高原区、吕梁山太行山区、秦岭大巴山高中山区和鄂黔滇中山区六个地区。在滑坡时间分布与触发机制方面，张年学等（1993）通过对库区一些滑坡的测年并与深海氧同位素阶段对比分析，认为库区滑坡的发育期与岩溶发育期类似，它与降水多、强度大的温暖潮湿或冷湿气候期一致；邓清禄和王学平（2000）认为库区滑坡的活动期与断层活动期之间存在着一一对应的关系，暗示断层活动与滑坡存在多方面的内在联系；陈剑（2005）开展了三峡库区滑坡的时空分布特征与成因探讨，认为三峡库区大型古滑坡在空间分布和规模上主要受到地层岩性、地质构造、岸坡结构、新构造力场等影响因素的综合控制，在时间上主要集中在 15.0 万~2.7 万 a B. P.，33 万~27 万 a B. P.，41 万~37 万 a B. P.，并且与暖湿多雨的气候期相对应，新构造运动（地壳抬升促使河流急剧下切）和第四纪气候变化（强降水过程）的耦合作用是三峡库区发生多期大型古滑坡的主要动因；李晓等（2008）以三峡水电工程库区大型山体滑坡为研究对象，提出新构造运动和第四纪气候变化的耦合作用是三峡库区发育多期大型古滑坡的主要动因，层间剪切作用和水岩相互作用的耦合是基岩滑坡滑带形成演化的主控因素。段钊（2010）开展了泾河两岸滑坡的时空分布规律及历史演化研究；刘雪梅（2010）研究了三峡库区典型河段河谷地貌的演化过程，分析了滑坡区的地质环境和古气候环境，探讨了万州区古滑坡与区内地质环境演化过程之间的关系。

Santaloia 和 Cancelli（1997）等对意大利北部典型的 Apennine 区域巨型滑坡进行研究，从区域地质环境的演化和地层结构角度，分析了巨型滑坡的诱发因素和破坏机制。Thomas（1997）认为香港、巴西东南部等地湿润气候区岩体的强烈风化作用导致岩土体强度降低，从而引发滑坡。Margielewski 等（2000）对喀尔巴阡山复理式地层中的滑坡活动与全新世以来气候波动的关系进行了深入研究，建立了不同冰川作用亚期与滑坡集中活动时期的对应关系，认为气候潮湿阶段，滑坡活动集中。殷跃平（2000）在现场调查的基础上，分析了西藏波密易贡高速巨型滑坡特征，认为滑坡主要是由气温转暖，冰雪融化，使滑坡体饱水近而失稳所致。Kellogg（2001）认为全球变暖产生的大量冰川融水在冰川消退期可能诱发滑坡，如科罗拉多的威廉姆斯佛克山地区。

Trauth 和 Strecker（1999）利用湖相地层中纹泥所反映的气候变化和古滑坡测年结果，认为阿根廷西北部古气候变化与滑坡发育有良好的对应关系。Soldati 等（2004）采用碳同位素测年、地层学、历史分析以及滑坡类型研究等方法，对意大利北部阿尔卑斯山前缘地区15000 年以来的大量古滑坡与气候变化关系进行了综合研究，认为冰川地质作用与气候环境分别是两期古滑坡发育的主控因素，并认为该地区滑坡活动有两个非常集中的时段，第一个时段发生在雨木冰期的后退过程，第二个滑坡集中阶段则发生在5000～2500 年前的亚北方冰期（Subboreal），冰川作用和气候环境分别是两个不同时段滑坡形成的主要影响因素。Chigira（2002）和殷志强等（2008）认为强震、极端天气气候事件和全球气候变化事件也是滑坡发生的主要触发和诱发因素。近年来，受全球极端气候事件的影响，滑坡灾害，尤其是大型、特大型滑坡灾害发生频率越来越高（黄润秋，2007）。

10. 1. 2　滑坡与地貌演化过程

滑坡是地表斜坡破坏的一种典型模式，也是地貌演化过程的一种表现形式，在活动构造等地质内动力及气候变化等外动力条件共同作用下形成、发展和演化（刘雪梅，2010）。地壳抬升、断层活动、地震等内动力作用直接或间接地影响着古（老）滑坡的形成、发育和演化过程。气候变化则会对地形地貌、水文条件、河流侵蚀、风化作用等外部环境因素产生重要影响，往往会触发古（老）滑坡的发生。

不同的专家学者通过滑坡的空间形态、相互叠置关系、河谷区的阶地高程、阶地年代学等手段来研究滑坡的演化过程和演化期次。例如，李锡堤（2011）研究了台湾草岭大崩山（滑坡）的地层岩性与地貌演变过程，认为草岭滑坡在1862～1999 年发生了五次大规模的滑动过程，每次滑动均受控于地形地貌的变化。李会中等（2006）开展了金坪子滑坡形成机制分析与河段河谷地貌演化地质研究，指出滑坡与河谷区地貌演化的四阶段模式，即古滑坡从"孕育"到"成熟"阶段，古滑坡事件发生及"堰塞湖"形成阶段，"堰塞坝"逐步解体及现代金沙江河谷地貌"雏形"显现阶段，现代金沙江河谷地貌形成与后期改造阶段。陈松等（2008）开展了黄土坡滑坡发生的地质地貌作用过程研究，陈国金等（2013）进行了长江三峡库区滑坡发育与河道演变的地质过程分析，殷志强等（2013a）研究了黄河上游滑坡发育对高原隆升和河流下切响应过程。李守定等（2006）从河谷演化的角度讨论了清江茅坪滑坡形成演化过程；谢守益等（1999）认为黄蜡石滑坡群演化的主要发育期对应于古气候的暖期，指出地貌演化对地质灾害的孕灾过程以及滑坡对地貌的改造模式对于认识一个地区的滑坡形成机理和后期防治减灾对策制定具有现实意义。

关于研究区滑坡发育对地貌演化的响应关系，李吉均等（1996）、彭建兵（1997）、李小林等（2011）分别从河流阶地演化的角度进行了探讨。例如，李吉均等（1996）研究了晚新生代黄河上游地貌演化与青藏高原隆起过程，认为黄河上游地区 3.4M ~ 3.0Ma B. P. 是一个构造长期稳定、气候炎热和红色盆地广泛发育的时期，形成了分布广泛的高原主夷平面，2.5Ma B. P. 和 1.7M ~ 1.66Ma B. P. 相继发生强烈隆升，青藏高原地貌总轮廓基本形成，黄河现代水系格局出现，随后，黄河及其支流发育一系列阶地，记录了青藏高原阶段性隆升及黄河溯源侵蚀的全过程。其中，1.7Ma B. P.，积石峡被切开，循化盆地进入黄河水系；1.1Ma B. P. 黄河切穿积石峡到达循化盆地，0.6Ma B. P. 切穿公伯峡到达化隆盆地，0.6M ~ 0.15Ma B. P. 贯通贵德盆地（李吉均等，1996；崔之久等，1998），150ka B. P. 前后发生的"共和运动"造成共和盆地抬升，龙羊峡被切穿，共和盆地的水体与下游串联起来。这一系列的高原抬升和黄河下切背景为研究区滑坡的发育提供了广阔的临空条件和物质来源。彭建兵等（2004）提出了与高原隆升构造变形对应的青藏高原运动以来的地质灾害效应，认为青藏高原的隆升过程表现为四个隆升阶段、15 个隆升幕，尤其是共和运动阶段成为了地质灾害的高发期，高原周缘的黄河上游流域、长江上游流域、雅鲁藏布江下游区及"三江地区"，成为地质灾害事件集中发生的区域，其中的地震、崩滑流、断裂活动等地质灾害效应最为强烈，成为影响现代人类工程活动和生存环境的主要灾害。刘百篪等（2003）和赵振明、刘百篪（2003）系统研究了黄河中上游阶地对青藏高原东北部第四纪构造活动的反映，他们在河流阶地测量和测年基础上绘制了典型河流阶地剖面图，并对河流阶地反应的新构造运动进行了详细的分析。提出了青藏高原东北缘地区的 80ka 和 10ka 两个构造期，每一次构造运动发育了大规模的滑坡、泥石流等地质灾害，地质灾害效应非常明显。

河流阶地的发展演化记录了河流流域环境的演变过程，河流的发育史也是古岸坡的演变史，同时包括滑坡的演变史，河流区的滑坡形成发育受控于河谷的形成发展。目前对单体滑坡的滑体特征、成因机制等滑坡动力学和滑坡灾害学方面研究得较多，但对滑坡的演化期次、演化过程研究得较少，其实河谷区古滑坡发育受控于地形地貌的演化过程，因此，对河谷区地貌演化过程研究能够了解滑坡的发育过程、影响范围及其触发因素，将为现代滑坡灾害研究提供启示。

10.1.3 滑坡主控因素研究

滑坡发生的直接触发因素有地震、降雨、水库蓄水、人类工程活动等，其中，地震型滑坡和降雨型滑坡最为常见，危害也最大。常宏等（2014）通过对鄂西清江流域滑坡崩塌致灾背景及成灾模式研究，认为因构造作用、岩性结构、河流地貌演化、人类活动、降雨等致灾背景的不利叠加组合导致滑坡多发，且受其影响而呈集中或带状分布，主控因素为降雨和库水位波动。祝建等（2008）对西藏樟木口岸特大型古滑坡形成机理分析后认为基岩顶面附近的残坡积粉质黏土或粉土与降雨是古滑坡形成的主控因素。殷志强等（2013a）以 2008

年以来先后发生的汶川地震、玉树地震、芦山地震、岷县漳县地震和彝良地震触发的滑坡灾害为研究对象，开展了地震滑坡空间分布与主控因素研究，认为地震地质灾害的空间展布特征主要受控于发震断裂的活动性质、地震动峰值加速度（PGA）、震区地形坡度和高差、距断裂带和水系的距离等方面。地震型滑坡灾害主要沿地震断裂带呈带状分布，逆冲型地震较走滑型地震诱发的高位、高速远程滑坡数量多，方量大，危害严重。

总结起来，地震型滑坡的主控因素为断层活动、降雨型滑坡的主控因素为极端气候事件、水库型滑坡的主控因素为库水位波动，此外，冰雪融水、冻融作用、采矿修路等工程活动也可能成为滑坡发生的主控因素。

10.2　巨型滑坡发育主控因素

滑坡的形成机制往往综合受控于地球的内动力因素和外动力因素，是内外动力地质作用耦合的结果，但起主控作用往往只是其中之一。从已发生的特大型和巨型滑坡事件分析，降水和地震是我国灾难性滑坡的最主要诱发因素，近年来，我国极端强降雨事件和强震事件频发，由此引发的灾难性滑坡造成的群死群伤事件也呈逐渐增加趋势。例如，2010 年因降雨诱发的贵州关岭滑坡、2013 年因极端强暴雨诱发的四川三溪村滑坡、2013 年因冰雪冻融等诱发的镇雄赵家沟滑坡等，2013 年因地震诱发的干沟头滑坡、堡子滑坡、挖木池滑坡，2014 年因地震诱发的云南鲁甸红石岩滑坡、甘家寨滑坡等。

这些都是近年来已知诱发因素的滑坡典型类型，那么位于黄河上游的古滑坡和老滑坡发生的主控因素是什么？作者在进行古滑坡测年分期的同时，也借鉴现代已知诱发因素的一些滑坡的特征，将今论古，厘定黄河上游巨型滑坡的主控因素。

青藏高原的抬升和高原上的冰雪融水造就了这个地区黄河的强烈下切，形成了高差巨大的地貌条件，高陡边坡极其发育，从地形地貌上为干流区滑坡的集中发育提供了充分的临空条件。地层岩性上，该区域的大部分特大型、巨型滑坡为白垩系砂砾岩滑坡和新近系泥岩滑坡，古近系和新近系各断陷盆地沉积的红层为晚更新世以来特大型、巨型滑坡的广泛发育提供了丰富的物质条件。区域性深大断裂的挤压活动引发地震，形成了大规模表生重力滑动构造以及大量次生拉张裂隙，为巨型滑坡的形成提供了动力条件，而湿润期的集中降雨成为该滑坡的直接触发因素。

10.2.1　气候因素

距今 12.5 万年前后的第四纪晚更新世早期或氧同位素 5e 时期，青藏高原温暖湿润，气候波动幅度剧烈。随着青藏高原进一步差异隆升和"共和运动"的发生迫使黄河上游地区内的扎马山-日月山隆升加剧，黄河水系切穿龙羊峡溯源侵蚀进入到共和盆地（李小林等，2011）。同时这时也是末次间冰期开始的时间，伴随着末次间冰期的开始，青藏高原东北缘地区降水量增多，黄河上游干流两岸进入加速侵蚀切割期，在高原隆升和黄河河谷强烈下切作用下，黄河干流两岸高陡边坡发育，这为研究区滑坡的广泛发育创造了临空条件。

研究区地处青藏高原东北缘地区，受地形影响，降水稀少，年均不足 200mm，黄土极其发育也指示地质历史时期降水量不大（潘保田和王建民，1999；谢远云等，2003；鹿化煜等，2003），加之巨型滑坡堆积体方量巨大，降雨很难成为其最主要的诱发因素，且降雨的影响范围有限。但在气候演化的冰期（Glacial）向间冰期转换过程中或间冰期期间，温度升高，青藏高原腹地的冰川融水大幅度增加，由此加强对黄河河谷区的侵蚀切割作用，在短时期内形成深切河谷，造成边坡临空面迅速扩大，为巨型滑坡的发生提供了重要条件。

根据前人对古里雅冰芯和青藏高原古大湖 125ka B. P. 的古气候研究和渭南黄土地层 L_1（Qin *et al.*，2008）的研究工作，认为每一个阶段及阶段转换期都有因较强烈的气候波动而引起降水量发生了不同程度的变化。例如，施雅风等（2002）、施雅风和于革（2003）、施雅风（2009）综合分析了冰芯、高湖面及植被变化的记录发现高原在 40k～30ka B. P. 青藏高原存在一个普遍的异常温暖湿润时期，温度比现代高 2～4℃，降水有四成至成倍的增加，体现了一次特强夏季风事件。青藏高原北侧也在大降水范围内，青藏高原湖泊总面积为现代湖泊面积的 3.8 倍。

1. 气候型滑坡诱发因素

综合研究区滑坡的发育分期特征和气候变化记录，作者认为研究区滑坡形成发育期与末次间冰期以来的全球气候变化期具有响应关系（图10.1、图10.2），古气候演化引起的降水量的变化对研究区滑坡的形成发育具有强大的触发作用。具体分析如下。

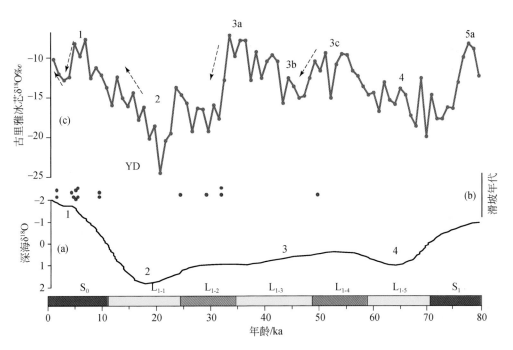

图 10.1　滑坡发育年代与气候变化曲线图

（a）深海氧同位素曲线（Imbrie，1990）；（b）滑坡年代数据；

（c）古里雅冰芯曲线（姚檀栋等，1997）；S_0 与 S_1 分别为全新世古土壤和晚更新世古土壤层；

L_{1-1}、L_{1-3}、L_{1-5} 为黄土地层；L_{1-2}、L_{1-4} 为弱发育古土壤地层（Qin *et al.*，2008）

1）53k～49ka B. P.

前人研究认为青藏高原从 58ka B. P. 开始缓慢进入了深海氧同位素 3a 阶段（姚檀栋等，

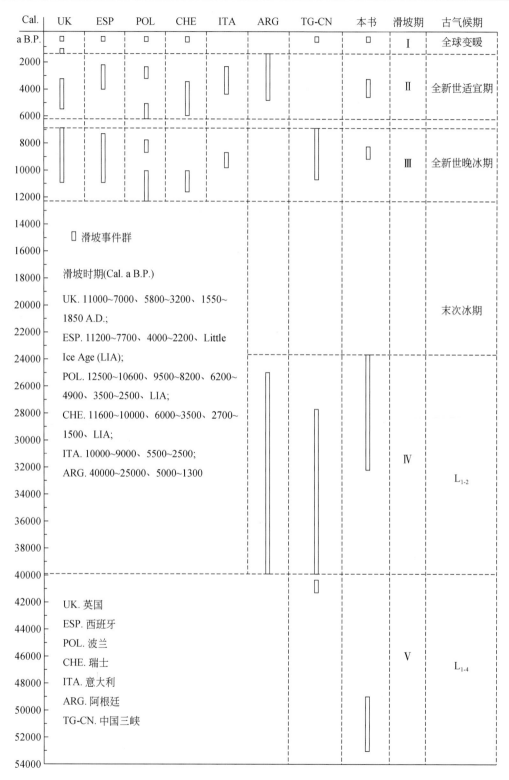

图 10.2　全球各地滑坡的主要发育期与古气候期响应关系对比

1997)，温度开始缓慢升高。川西若尔盖地区的花粉记录也显示从 58ka B. P. 开始进入间冰阶的异常高温期（唐领余，2009），降水量随之增大，随着青藏高原冰川融雪和降水量的增加，黄河干流两岸斜坡的侵蚀作用得到了空前增强，在降雨事件和冰雪融水的触发作用下，53k ～49ka B. P. 发生了一期古滑坡，时间上对应于黄土–古土壤沉积的 L_{1-4} 阶段，如群科–尖扎盆地的夏藏滩滑坡I期、夏琼寺滑坡等。三峡库区的新滩滑坡也发生于这一时期（张年学等，2005）。

2）33k ～24ka B. P.

33k ～24ka B. P. 期间发育的这一期古滑坡对应于黄土地层的 L_{1-2} 弱暖期阶段。研究表明，青藏高原在这一时期不同于南极 Vostok 记录，呈现出气候异常温暖湿润，有人称之为"高温大降水期"或"很强的夏季风事件"，降水量显著增加，古湖泊面积增加，青藏高原出现泛湖期，古植被发育，达到了间冰期的程度。随着从 MIS 3c 到 3a 阶段温度的缓慢回升，降水量持续增加。因此，在气候变化的触发下又发生了一期古滑坡，此结论与前人在北美洲的阿根廷西北部地区的滑坡群、我国的三峡库区等地气候变化对古滑坡形成发育的影响研究结果一致（图 10. 2）。

3）10k ～8ka B. P.

研究区和全球其他地区一样在 11ka B. P. 左右出现了新仙女木事件（Younger Dryas），其为末次冰期的最后一个冷事件，$\delta^{18}O$ 值降低，全球冰量增多。但在 10. 5ka B. P. 冷事件结束，青藏高原迅速升温，进入温暖的全新世。随着温度升高，降水量和冰川融水增加，黄河侵蚀切割速率又一次得到加强，在温暖潮湿的全新世早期发生了一次老滑坡，这一期滑坡事件在英国（Ibsen *et al.*，1997）、波兰 Carpathians（Gonzalez *et al.*，1996）、西班牙 Cantabrian（Alexandrowicz *et al.*，1993）、瑞士（Margielewski *et al.*，2000）、意大利 Dolomites（Soldati *et al.*，2004）等地都有反映，指示这一期滑坡可能具有全球性。

4）5 k ～3. 5ka B. P.

关于5k ～3. 5ka B. P. 的全新世适宜期，研究区处于暖湿气候环境控制下，降水增多。伴随气温的整体升高以及短尺度的季风气候耦合，在降水的诱发作用下，一些古滑坡的前缘遭受岸坡侵蚀而发生解体，这期间高原再次进入滑坡泥石流发育的高发期，巨型滑坡频发，西部山谷区出现了多期老滑坡堵江形成堰塞湖现象，在气候的触发下该河段内又发生了一期滑坡。这一期滑坡事件同样在英国、波兰 Carpathians、西班牙 Cantabrian、瑞士、意大利等地都有反映，此外，阿根廷西北部的安第斯山脉的老滑坡群的发生时间也和 El-Nino 与ENSO 事件相对应，认为气候潮湿和剧烈波动是滑坡发生的触发因素（Dixon *et al.*，2000）。

5）现代

研究区的现代滑坡多为修路等人类工程活动和短时强降雨诱发，主要表现为已有滑坡的再解体或再滑动，如1943 年发生的查纳滑坡和2005 年发生的烂泥滩滑坡。

2. 气候型滑坡堆积体特征

以 2013 年 1 月 11 日镇雄赵家沟滑坡和 7 月 22 日都江堰三溪村两个现代滑坡为例，论述现代气候型滑坡（极端强降雨、温度异常变化等因素诱发的滑坡灾害）的堆积体特征，为黄河上游古滑坡主控因素分析提供参考依据。

赵家沟滑坡：该滑坡位于西南乌蒙山区，具有明显的汇流区、滑源区、运动铲刮区、覆盖区四个部分特征（图 10. 3）。

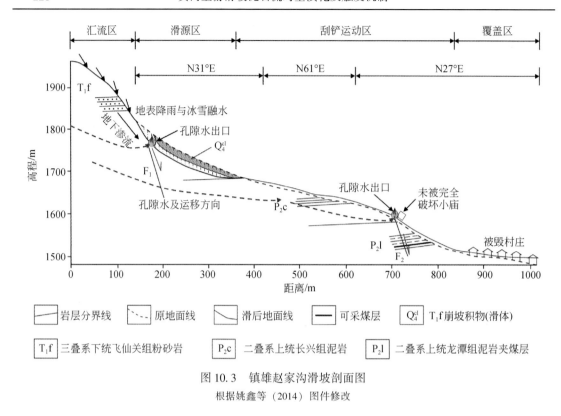

图 10.3　镇雄赵家沟滑坡剖面图

根据姚鑫等（2014）图件修改

汇流区：位于滑坡后缘顶部，海拔为 1867 ~ 1934m，水分来源主要有基岩裂隙水、松散岩类孔隙水、气温升高引起的冰雪融水和降雨入渗，现场调查发现，滑坡后壁底部有大面积的残坡积层孔隙水出露（图 10.4），其成为滑坡体饱水最主要的来源。同时，滑坡源区顶部

图 10.4　滑坡源区的冰雪融水和孔隙水

受植被替代性影响明显，上部为粉砂岩，发育小型乔木，下部为第四系残坡积层，发育草本植物和矮小灌木。植被替代性差异引起了汇流区土体含水量的差异，残坡积层上生长的草本

植物和矮小灌木更易储水。

滑源区：源区位于斜坡陡崖中部，主要由大量的崩坡积层（Q_4^{col+dl}）粉质黏土混碎块石组成，呈棱角状，无磨圆度，砂泥岩夹碎块石土厚度为 3~5m，碎石、块石含量为 30%~40%，结构松散，极易饱水，自然状态下稳定性差，为赵家沟滑坡提供了直接的物源。残坡积层下部为三叠系飞仙关组（T_1f）砂岩、页岩地层，滑源区后壁顶部高程约 1870m，剪出口高程为 1775m，源区高差 95m，后壁垂直高差 15m，源区沿主滑方向的纵向长度约 130m，宽度约 96m。源区坡脚有孔隙水出露，为地下水相对丰富地带。

运动铲刮区：滑动剪出启动后，滑体铲刮冲沟左侧边界，受地形控制，偏转约 30°后继续高速下滑，铲刮区前部高程 1628m，铲刮区高差 147m，滑程约 390m。该段地形坡度相对平缓，宽约 100m，地形坡度为 5°~15°，斜坡表层残坡积物较厚，已被开垦为梯级林地。滑体运动过程中，受表层阻挡发生抛撒堆积，在缓坡平台右边界发生两次隆起，形成了高约 1.5m 的土石混合体，堆积体形态呈长条形面包状堆积［图 10.5（a）］。

覆盖区：滑体在向下运动过程中，到高程为 1605~1610m 遇到一处陡坎，其高差约 30m，地形坡度为 35°~45°，基岩裸露；陡坎下部为平缓的洼地（高程为 1535~1565m），地形坡度为 5°~15°［图 10.5（b）］。从第二级陡坎到前缘堆积体最远处距离约 270m，高差为 78m（前缘高程为 1550m）。

图 10.5　滑坡运动区与覆盖区微地貌特征

滑坡发生的 1 月是镇雄县月降水量最小的月份之一，自 2012 年 12 月以来，降水量呈逐渐增加的趋势，从 2012 年 12 月 1 日的 0.3mm 到 2012 年 12 月 29 日、2013 年 1 月 10 日的 2.2mm，到 2013 年 1 月 11 日滑坡发生时的累积降水量达 15.9mm（图 10.6），尤其是 2013 年 1 月 10 日的降水量为 2012 年 12 月 1 日到 2013 年 1 月 31 日 60d 中降水量的最大值，第二天（即 1.11）滑坡发生。滑坡发生后，降水量又呈下降趋势，因此，滑坡的发生和该地区的降水量具有密切关系，但作者认为这不是主要诱发因素，因为即使 15.9mm 的水量全部入渗，也不足以诱发特大型滑坡的发生。

通过离赵家沟滑坡区距离最近的镇雄县尖山乡 2012 年 12 月 1 日~2013 年 1 月 31 日的气温监测曲线（图 10.7）可知，从 2012 年 12 月 13 日起到 2012 年 12 月 29 日止，气温呈总体急剧下降趋势，2012 年 12 月 29 日的温度为-3.1℃，下降幅度为 12℃，两天后的 2013 年 1 月 2 日起，气温又降低到 2013 年 1 月 5 日的-2.8℃。从 2012 年 12 月下旬起，由于气温低，赵家沟滑坡区及邻区被大范围冰雪所覆盖，中间的短暂升温造成部分冰雪融化，融水进

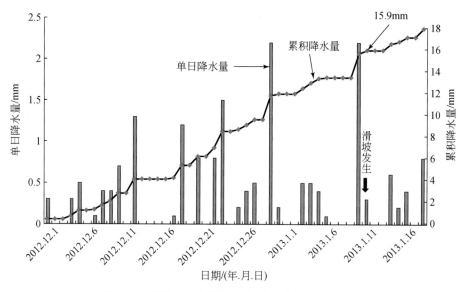

图 10.6　镇雄赵家沟滑坡发生前后降水量变化曲线

入斜坡体上的残坡积土层。2012 年 12 月 29 日和 2013 年 1 月 4 日及前后几天，地表气温均位于 0℃以下，滑坡体上的 Q_1 和 Q_2 孔隙水出口被封堵，这一现象得到了当地老乡的证实，当地居民告诉作者，滑坡发生前，Q_2 孔隙水一直冒水，且水流非常清澈，但在滑坡发生前 5 天左右（即 2013 年 1 月 5 日）水流突然停止，根据图 10.7 曲线可知，2013 年 1 月 5 日正是 2013 年 1 月气温最低的日子，最低温度为 -2.8℃，因此，Q_1 和 Q_2 孔隙水出口处由于温度低于 0℃被封冻，但土壤内温度高，裂隙水运移通道并未被封冻，由于出口堵塞，大量的地下裂隙和孔隙水无法排泄，地下水水位雍高至斜坡体上的残坡积土层中，造成土体过分饱和（图 10.8），类似泥浆，结合姚鑫等（2014）认为斜坡上的残坡积层饱和原状土孔隙度高达

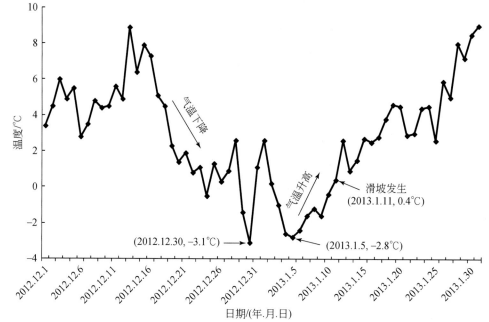

图 10.7　镇雄尖山乡 2012 年 12 月至 2013 年 1 月气温变化曲线

图 10.8　赵家沟滑坡前缘陡坎和 Q_2 孔隙水出露位置

62.6%，天然含水量为 59.7%，该土体的液限为 56.9%，达到了流塑状态的实验数据，作者认为气温变化引起的 Q_1 和 Q_2 裂隙水出口封冻堵塞是滑坡发生的主要控制因素。滑坡发生后的 1 月 12 日，由于温度升高，Q_1 和 Q_2 孔隙水出口解冻，地下水顺利排出。

因此，气候变化中的极端低温造成滑坡区残坡积层孔隙水出口封堵，孔隙水在残坡积层内部富集，水位雍高造成上层土体过度饱和，成为滑坡发生的主控因素。

这一现象类似我国每年春季均要对黄河进行冰凌爆破，由于黄河河道在宁夏、内蒙古和山东等地均出现由低纬度流向高纬度的特征，而我国气温自南向北升高，因此，当上游低纬度的河段黄河水解冻，但下游高纬度的河段还处于冰封状态，因此，必须开展爆破作业，否则因出现冰塞、冰坝堵塞河道造成黄河泛滥，赵家沟滑坡的启动过程与黄河类似，只是黄河每年进行爆破，未发生大的灾害，赵家沟地区未早期识别到这一现象，造成了灾害的发生。

三溪村滑坡：该滑坡位于我们四川 5.12 汶川地震区，根据该滑坡的运动及滑坡堆积体特征，可将其分为砂砾岩滑动区、碰撞铲刮区和碎屑流堆积区三个部分（图 10.9）。

滑动区：滑坡滑动区后壁顶部高程为 1132m，剪出口高程为 887m，高程降低最大达 245m，后缘平面呈不规则状，宽度约为 280m，后缘壁直立达 90°，高差约为 20m。

碰撞铲刮区：滑坡后缘砂砾岩滑动遇阻后碰撞到五里坡沟道侧壁，铲刮五里坡表层残坡积土和树木，在沟道东侧形成长约 500m，宽约为 200m 的铲刮区，表层第四系残坡积土层和树木卷入后增加了物源体积，同时撞击后滑体自身发生解体也形成了碎屑流，碎屑流偏转后沿 NW 向高速流动。

碎屑流堆积区：堆积体总体表现为流动性质，流动方向为 NW 向，坡度约为 10°，堆积距离约为 1000m，物质主要由滑坡体撞击粉碎后的块石、树干、土体等组成，零星可见巨石，最大块径长度约为 3m。

图 10.9 三溪村滑坡–碎屑流特征
(a) 滑动运动分区及运动路径；(b) 后缘拉裂缝及松散堆积体；
(c) 后缘堆积体中的巨大砂岩块体；(d) 碎屑流体中的巨大块石；Ⅰ、Ⅱ、Ⅲ为滑坡分区

这里，作者将因降水诱发的滑坡称为"湿滑坡"，所谓"湿滑坡"是指滑坡体在形成和滑动的过程中明显有水（降雨、冰雪融水、长期地下饱和水等）的参与，滑坡体表现为塑性变形、碎屑流，一般坡度较缓，如 2014 年 8 月 8 日会泽县清水河黄竹林滑坡、2013 年都江堰三溪村滑坡（殷志强等，2014）和昭通头寨滑坡碎屑流（唐川，1991）等。

结合 2010 年 6 月 28 日发生的贵州关岭滑坡（殷跃平等，2010）、1991 年 9 月 23 日发生的云南昭通头寨滑坡（唐川，1991）、2013 年 1 月 11 日发生的镇雄赵家沟滑坡等灾难性滑坡分析，认为降水型滑坡的堆积体表面有明显流动痕迹，有水参加的特点，往往能够转化为滑坡碎屑流，在较缓的地形上滑动更远的距离，若受沟谷地形控制后就发生偏转，滑坡体表面明显褶皱，表面形态较完整。

10.2.2 地震因素

研究区处于 NNW 向拉脊山断裂和 NW 向积石山断裂围限的盆地内，活动断裂发育，古地震遗迹众多，但自器测时代以来该地区未发生过 5.0 级以上地震，因此，也未观测到地震直接触发巨型滑坡的证据。为进一步分析研究区的古滑坡是否属于地震型滑坡，我们采取将近论古的方法，从近期发生的六处典型地震型滑坡为例，如 2013 年芦山地震诱发的干沟头滑坡碎屑流，2013 年岷县漳县地震诱发的挖木池滑坡碎屑流、堡子村滑坡，2014 年鲁甸地震诱发的红石岩滑坡、王家坡滑坡和甘家寨，总结现代典型地震型滑坡堆积体分布特征，指出不同诱发类型滑坡体的形态、堆积特征等差异，以期为黄河上游地区古滑坡的主控因素研究提供参考依据。

1. 干沟头滑坡碎屑流

该滑坡位于天全县老场乡大庙村的汤家沟，是芦山地震触发的方量最大的滑坡。该滑坡在滑动过程中受地形控制发生分叉，后缘最高处高程为 2105m，后缘坡度约 60°，滑体在滑动过程中经碰撞、铲刮坡体形成碎屑流，中部分为两支，支沟在前缘与主沟交汇形成一个完整的滑坡—碎屑流堆积体，碎屑流前缘高程为 1161m，前后缘高差 944m，平面整体类似"∧"形（Zhang *et al.*，2013）（图 10.10）。两条沟的长度和宽度不同，其中主沟长约 1.5km，平均宽约 110m，主沟方向为 310°，支沟沟长 1.4km，宽度为 64 ~ 127m，碎屑流覆盖区的植被和沟道被严重破坏，堆积体平均厚度为 8 ~ 9m，滑体面积约 0.31km²，总方量约为 260 万 m³（图 10.11），其仅是汶川地震诱发的最大滑坡（安县大光包滑坡）方量的 0.2%。野外实地调查发现，滑坡体后缘主要由二叠系的泥岩、灰岩和砂岩组成，表层为 5m 左右的风化残坡积层，滑体碎屑流区主要由 10cm ~ 5m 大小不一的滚石、碎石和土体组成，松散堆积，在强降雨诱发下极有可能发生大规模泥石流，对下游居民区和农田构成了巨大威胁。

2. 挖木池滑坡碎屑流

岷县梅川镇永光村四社挖木池黄土滑坡分为两部分，作者将其定为 1# 和 2# 滑坡，两处滑坡堆积体中部的经纬度坐标分别为 104°09′00.89″E，34°31′12.73″N 和 104°09′08.25″E，34°31′13.06″N，两处滑坡均位于Ⅷ度极震区，遥感影像和滑坡平面图上能够清晰地分辨出滑坡体的范围和运动路径及方向（图 10.12）。1# 滑坡长为 1500m，均宽约为 28m，堆积体平均厚度约为 8m，滑体面积约为 4.2 万 m²，体积约为 21 万 m³。滑坡后缘高程为 2700m，前缘高程为 2545m，前后缘高差为 155m，整体呈现"上宽下窄"的平面形态，滑动过程中铲刮、撞击挖木池村民组房屋 4 户，造成 12 人遇难。

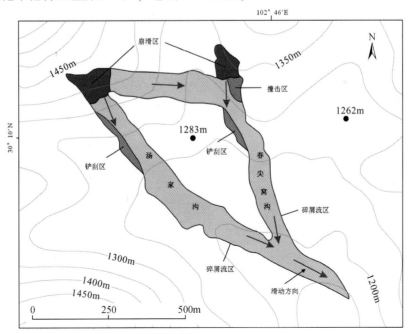

图 10.10　四川芦山地震干沟头滑坡-碎屑流平面图

图 10.11　四川芦山地震干沟头滑坡-碎屑流图像
（a）震后遥感影像；（b）滑坡后缘及碎屑流堆积区；（c）震前 Google 影像

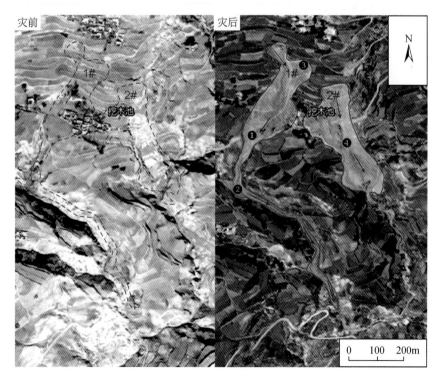

图 10.12　挖木池黄土滑坡遥感影像及其平面图

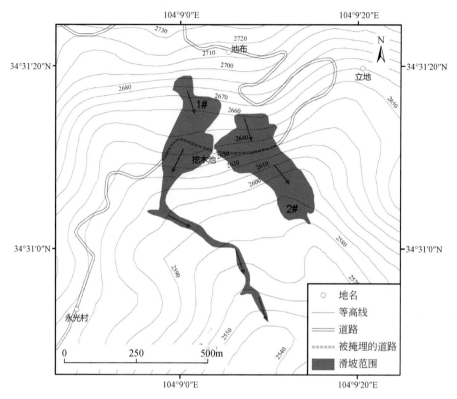

图 10.12 挖木池黄土滑坡遥感影像及其平面图（续）
高分影像来自国家测绘地理信息局网站，红色箭头指示碎屑流运动路径和流动方向

1#滑坡滑体从后缘启动后经铲刮两侧沟壁，携带了沟道中的碎屑堆积层沿沟谷受地形控制向下运动，经两次碰撞后运动方向由 S 变为 SE，再次碰撞旋转后转为 S 向，碎屑流滑动1.2km 后停止，碎屑流覆盖区的植被和沟道被严重破坏。因此，1#滑坡是一处由地震诱发的高速远程黄土滑坡—碎屑流灾害。野外实地调查发现，滑坡后缘上方的平台上发育有多处直径为 2~4m 的落水洞，滑坡后壁近似直立，后壁在滑动过程中留下的磨光面和擦痕明显（图 10.13），滑移区沟谷两侧山体开裂，裂缝宽度为 10~25cm，长约 50m。滑体碎屑流移动区堆积体主要由 1~5cm 大小不一的碎石和黄土组成，含水量大，在强降雨诱发下极有可能发生碎屑流，危险流通区的道路和耕地。

图 10.13 挖木池黄土滑坡滑移区及 1#滑坡后壁擦痕

图 10.13　挖木池黄土滑坡滑移区及 1#滑坡后壁擦痕（续）

（a）1#滑坡滑移区后部；（b）1#滑坡滑移区前部；（c）1#滑坡后壁擦痕；（d）2#滑坡滑移区前部

2#滑坡位于 1#滑坡的东侧 180m 处，也属于地震诱发的滑坡−碎屑流类型，滑动长度为 510m，宽约为 200m，滑体面积约为 3.3 万 m²，滑坡堆积体体积近 10 万 m³。

7 月 21 日，岷县地震区 24h 降水量为 20.2mm，为强降雨级别。降雨入渗马兰黄土深部，造成土体含水量达 24.53%，处于近饱和状态。因此，在 NE 向次级断裂破碎带上地震动触发下，挖木池滑坡从后缘启动，受地形控制发生碰撞铲刮，土体发生液化后变成碎屑流和泥流性质，并在重力作用下沿沟谷发生搬运堆积，距离达 1.2km。

3. 堡子村滑坡

该滑坡位于岷县维新乡的堡子村的洮河左岸，滑体中部经纬度坐标为 103°55′34.41″E，34°39′54.57″N，因岷县地震 M_s5.6 级强余震触发。滑坡后缘高程为 2420m，前缘高程为 2276m，高差为 144m，滑坡体长度约为 400m，宽度约为 200m，平均厚度约为 12.5m，方量约为 100 万 m³，该滑坡堵塞公路约为 500m，掩埋房屋 12 户 100 余间，造成两人死亡。

对比 2012 年 5 月 29 日的震前［图 10.14（a）］和 2013 年 10 月 24 日震后的 Google Earth 遥感影像［图 10.14（b）］，发现堡子滑坡体原斜坡上的梯田、道路，坡脚的多处房屋均被错动、掩埋，灾后滑坡堆积体在遥感影像上呈现灰白色，滑坡体空间呈长条形和多台阶型。震后

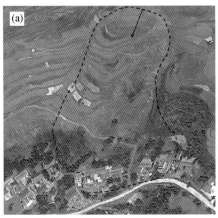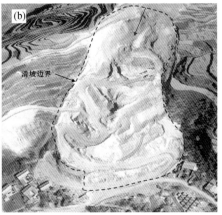

图 10.14　堡子黄土滑坡灾前在后遥感影像对比图

（a）灾前；（b）灾后；遥感影像均来自 Google earth

野外调查发现，该滑坡后壁发育于一处古滑坡的直立后壁上，本次滑坡后缘顶部距古滑坡后缘顶部距离约为 20m（图 10.15）。滑坡在主震和强余震的诱发下整体向下短距离滑动，滑动距离约 60m，滑体将前缘堡子村公路左侧的 100 余间房屋向前推动 15m 并掩埋。滑体后部地形反翘形成一个鼓丘，滑坡左边界明显可见滑坡滑动过程中留下的磨光面和擦痕。

图 10.15　维新乡堡子黄土滑坡滑移区及滑坡侧壁擦痕

（a）滑坡体全貌；（b）滑坡后缘古滑壁与现代滑壁；（c）滑坡侧壁擦痕；（d）滑坡堆积体及前缘泥石流扇

堡子滑坡受控于两条 NE 向的拉张、平行、次级断裂，断裂从滑坡后缘的老湾里一直延伸到洮河，并造成山体拉裂形成宽 40～90m，深 20m 的宽大裂缝，断裂伸展方向与滑坡滑动方向一致，在该断裂破碎带的控制下，堡子村地区古滑坡、现代滑坡、泥石流均较发育。

4. 红石岩滑坡

红石岩滑坡分布在鲁甸县火德宏乡和巧家县包谷垴乡交界的牛栏江两岸，分为红石岩古滑坡和鲁甸地震诱发的红石岩 8.03 滑坡两部分（图 10.16、图 10.17），受 8.03 地震影响，两侧山体发生滑动形成了牛栏江红石岩堰塞湖。

红石岩古滑坡：根据地形地貌特征分析，红石岩古滑坡由两期组成，Ⅰ期滑坡后缘高程为 1972m，前缘高程为 1151m，前后缘高差 821m。滑体宽度约 2.68km，沿主滑方向的长度约 1.77km，后壁多次崩塌后已变缓，中部滑坡已被改造成红石岩村，前缘滑体明显挤占牛栏江河道。Ⅱ期古滑坡发生在Ⅰ期滑体的左边界，中心地理坐标为 27°01′49″，103°23′54″。Ⅱ期滑坡后缘顶部高程为 1867m，弧形后壁直立，高差近 300m，坡度为 70°～80°，岩性主要为二叠系灰岩。滑坡整体呈标准的古滑坡"圈椅状"地形，由陡峭的后壁、侧壁及其下的

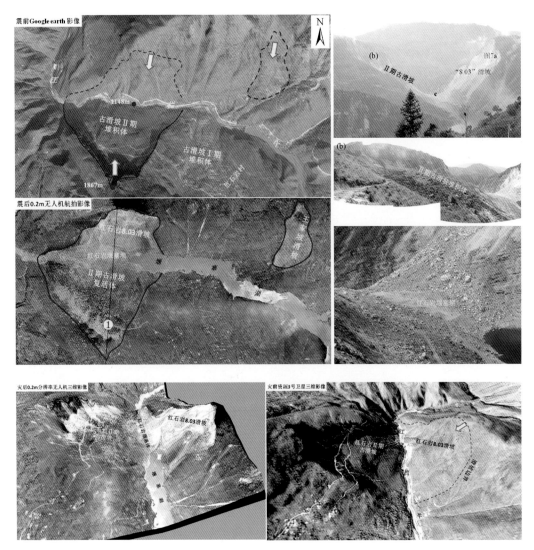

图 10.16　红石岩滑坡及堰塞坝地震前后对比图

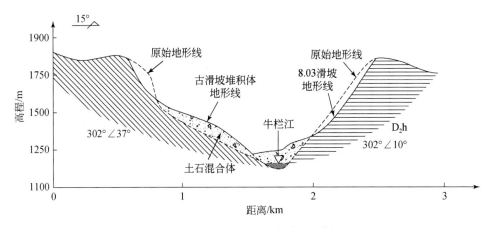

图 10.17　红石岩 8.03 滑坡与古滑坡剖面图

缓坡组成，中部缓坡滑体又由陡缓相间的四级平台组成，高程分别为 1500m、1450m、1400m 和 1250m，岩性组成主要为灰岩和第四系残坡积层混杂堆积，前缘牛栏江河谷高程为 1148m，前后缘高程差 719m。滑坡体长约 1180m，后缘宽约 660m，前缘宽约 1360m，滑体面积为 1.293km²，按平均厚度为 50m 计，古滑坡体积为 $6.5 \times 10^7 \text{m}^2$，属于特大型滑坡范畴，由于滑坡堆积体没有见到明显水作用的痕迹，推测属于"干滑坡"，可能是地震诱发，滑坡发生后，将牛栏江河道向 N 挤压，河道明显变窄。同时受此次地震影响，古滑坡体后缘发生了不同程度崩塌，前缘滑坡复活下滑，目前后缘崩塌体仍不稳定，有进一步下滑的可能。

红石岩 8.03 滑坡：该滑坡位于火德红镇李家山村红石岩组，红石岩电站大坝（目前已被淹没）下游 1km 处。后壁顶部高程为 1836m，后缘宽度为 406m，前缘宽度为 970m，滑体长度约 1030m，坡度为 50°～85°，滑坡区面积为 0.7km²，滑坡总体积约 $1.2 \times 10^7 \text{m}^3$，地层岩性为泥盆系中统红石崖组（$D_2 h$）黄灰色泥质白云岩及灰绿色泥岩、白云质砂岩，裂隙发育。滑坡发生后严重堵塞牛栏江形成红石岩堰塞湖，目前后缘仍残留有约 $0.6 \times 10^7 \text{m}^3$ 的松散土石混合体。

红石岩堰塞体：堰塞体位于红石岩水电站取水坝下游 600m，距离震中的鲁甸县龙头山镇 8.2km。因鲁甸 8.03 地震造成的右岸红石岩滑坡和左岸古滑坡复活而形成，堰塞湖区回水长 25km，库容量达 2.6 亿 m³，坝体顶部高程约 1216m，坝体高程约 1100m，沿河段长度为 880m，宽 390m，堰塞体高度约 116m，面积为 0.257km²，体积约 2300 万 m³。堰塞体地形零乱，主要由崩解破碎的灰岩、砂岩块石、碎石土和第四系残坡积层组成，块石、碎石含量大，黏土质成分含量低，由于高速滑动堆积，故堰塞体非常致密，无空隙，稳定性好。

5. 王家坡滑坡

王家坡位于牛栏江右岸红石岩水电站上方的王家坡村，分为王家坡 1#滑坡和 2#滑坡，1#滑坡为土石混合体滑坡，由地震直接诱发，2#滑坡为土质牵引式滑坡，可能由地震和堰塞湖共同诱发。

1#滑坡从后缘启动后铲刮坡体，高速运移的岩土裹挟着气体，产生气垫效应，滑坡发生时，王家坡社居民沈礼高正在滑体范围外 6m 处采摘花椒，亲眼目睹了滑坡发生的全过程：受地震竖向力的作用，1#滑坡后缘大块岩石被瞬间垂直抛起，多次翻转后在重力作用下向下滑动，5s 内灰尘布满整个峡谷，能见度不足 2m，滑坡滑动过程中扬起的粉尘在 4 小时才慢慢散尽。滑坡体平面形态呈不规则"长舌"状，后缘高程 1844m，前缘高程 1310m，前后缘高差约 534m，滑体宽度约 275m，长约 1060m，面积为 0.22km²，滑坡体积约 880 万 km³，坡度为 28°～40°，主滑方向为 215°，滑面为第四系风化层与下面基岩的接触面，属大型同震高位土石混合体滑坡。该滑坡造成 12 人死亡，掩埋民房 10 余户，滑坡威胁 20 余户。上部主滑区前缘陡崖剪出后在陡崖面上形成坡面碎屑流，沿坡面及坡脚堆积，滑坡体变形边界明显，滑坡发生后，后缘顶部出现至少八条拉裂缝，裂缝宽度为 70～100cm，深度为 4～7m，且后缘陡坎底部残留有堆积体，宽约为 190m，长约为 250m，土石方量约为 50 万 m³，在降雨诱发下，滑坡体有进一步滑移的可能，堆积体前缘有大块灰岩滚石，滑坡整体稳定性差（图 10.18）。

图 10.18　王家坡滑坡全貌及遥感影像图

（a）1#滑坡滑源区残留滑体和后缘拉裂缝；（b）1#滑坡中部铲刮摩擦面；（c）1#滑坡分区；

（d）1#滑坡后缘拉涨裂缝；（e）1#滑坡前缘松散堆积体

6. 甘家寨滑坡

甘家寨滑坡位于龙头山镇的沙坝河右岸甘家寨子，该寨子坐落在一处古崩塌滑坡体上，堆积体厚度约30m，古滑坡体前缘将河道挤压，明显发生弯曲。本次地震诱发的甘家寨滑坡后缘高程为1512m，前缘高程为1209m，前后缘高差约300m，主滑方向为130°，滑坡体长约700m，宽约250m，滑体面积为69万 m^2，体积约700万 m^3，滑坡发生后摧毁了甘家寨子32户50余人和停在公路上的20多辆汽车。同时，滑坡体对岸的光明村河谷也发生了大规模的浅表层滑坡，呈条带状展布，长约 2km，碎石土含量约 95%，坡度为 30°～60°，为表层的风化层和第四系的残坡积表层滑动，滑坡群面积约 0.6km² （图 10.19、图 10.20）。

甘家寨滑坡边界清楚，后壁直立，呈弧形，后缘宽度为 70m，后壁顶部为一小平台，平台下部的居民房受本次滑坡影响已不见踪影，后壁上部为浅黄色的二叠系顺层强风化灰岩，部分岩体从表层滚落。侧边界上有明显的滑坡滑动过程中的擦痕，滑体中部形成三级台阶，每级台阶均分布有大量的残坡积堆积土和大灰岩块石，极不稳定，在降雨诱发下发生的可能性大。滑坡前缘宽度约 750m，前缘毁坏公路，短时间堵塞沙坝河道。堆积体物质为碎石土夹杂大块灰岩，灰岩直径可达 5m。目前，前缘滑坡上残留一户二层民屋，该二层砖混结构房屋被顺斜坡移动了 20m，一层已被碎石土掩埋，二层整体框架未受破坏。

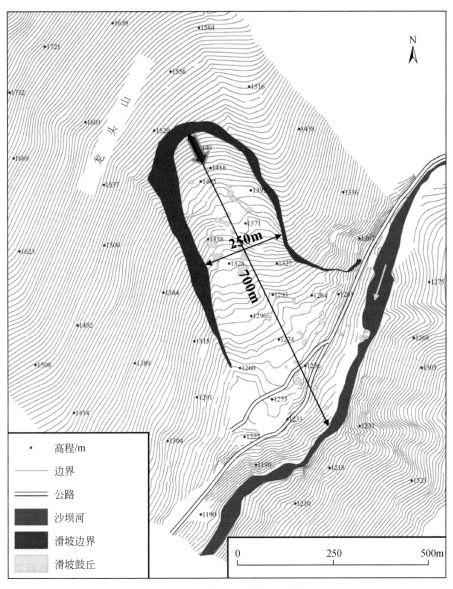

图 10.19 甘家寨滑坡平面图

图 10.20　甘家寨滑坡及沙坝河左岸同震条带状滑坡群

（a）甘家寨滑坡前缘；（b）甘家寨滑坡后壁及中部堆积体

7. 地震型滑坡的特征总结

1）大多数地震型滑坡表现为"山剥皮"型

通过不同地区的典型地震型滑坡的地貌特征研究发现，大多数的地震型滑坡主要以中小型浅表层滑坡崩塌为主，且主要发生在高陡边坡和高山峡谷区，地层上主要为第四系残坡积层和强风化岩层沿坡体坠落，"山剥皮"现象严重（裴向军等，2013）。

典型的例子如 2013 年的芦山地震区宝盛乡（图 10.21）和 2014 年的鲁甸震区的牛栏江峡谷（图 10.22）。

2013 年 4 月 22 日发生的芦山地震的震后遥感影像解译发现宝盛乡太平河和玉溪河附近发生了 86 处崩塌滑坡点，绝大部分为"山剥皮"型滑坡。

2014 年 8 月 3 日发生鲁甸地震诱发的滑坡主要分布在深切峡谷区，如牛栏江、沙坝河和龙泉河等高陡深切河谷区，这些滑坡点主要为浅表层群发性岩质崩滑，岩性主要为第四系

图 10.21　四川芦山县宝盛乡震后崩塌滑坡灾害解译图

底图由国家测绘与地理信息局提供

图 10.22　红石岩地震滑坡滑体特征

（a）古滑坡堆积体；（b）现代地震滑坡

残坡积层和强风化岩层沿坡体坠落，厚度为 0.3~5m，表现为"山剥皮"特征。对比不同地区的地震滑坡，发现大多数地震滑坡均具有浅表层滑动和"山剥皮"现象（裴向军、黄润秋，2013），而降雨滑坡普遍表现为深层滑动特征，滑动面较深（殷志强等，2014）。因此，浅表层滑动和"山剥皮"现象是地震滑坡区别降雨滑坡的一种显著标志。

2）地震型滑坡的滑坡堆积体较松散，呈"抛撒"状和"干滑坡"特征

地震基岩滑坡的滑体较松散，表现为大块岩石的"抛撒"性质，如鲁甸地震区的红石岩滑坡，滑坡体整体呈标准的古滑坡"圈椅状"地形，由陡峭的后壁、侧壁及其下的缓坡

组成,中部缓坡滑体又由陡缓相间的四级平台组成,岩性组成主要为灰岩和第四系残坡积层混杂堆积,由于滑坡堆积体没有见到明显水作用的痕迹,推测属于"干滑坡",可能是地震诱发,滑坡发生后,将牛栏江河道向 N 挤压,河道明显变窄。

野外调查发现,鲁甸地震诱发的崩塌滑坡表现为松散的块体(土石混合体)滑动和滚动特征,无水的润滑作用,表现为明显的"干滑坡"特征(图 10.23)。所谓"干滑坡"是指滑体没有经过水的润滑和浸泡作用,滑体内水分含量低,滑体内岩石与土地混杂堆积,非常松散,缺少统一、完整、滑距大的滑面,滑坡发生时易起尘扬灰、滑坡体大小石块混杂有一定的重力分选(大的远、小的近)、很少能保持滑体整体完整性,滑体内脆性变形为主,没有因饱和水分出现的塑性变形,一般发生于高陡边坡的悬崖处,如震区的三个特大型滑坡(红石岩滑坡、王家坡滑坡和甘家寨滑坡)均表现为明显的"干滑坡"特征,汶川地震中的大光包滑坡(殷跃平等,2012)、岷县地震中的堡子村滑坡等均表现为明显的"干滑坡"特征。

图 10.23　鲁甸地震区红石岩地震"干滑坡"堆积体特征

地震滑坡的滑体较松散,对基岩滑坡的抛掷效应更明显,如红石岩滑坡,无降雨的冲刷痕迹,形态不规则,后缘直立。鲁甸地震诱发的崩塌滑坡还表现为松散的块体(土石混合体)滑动和滚动特征,无水的润滑作用,表现为明显的"干滑坡"特征(图 10.24)。

图 10.24　鲁甸地震区"干滑坡"(a)与"湿滑坡"(b)堆积体特征对比

地震后山体拉裂,在强降雨诱发下发生的滑坡同时具有"干滑坡"和"湿滑坡"的特征,表现为干滑坡与湿滑坡的过渡类型,如 2013 年芦山地震后发生的干沟头滑坡-碎屑流(殷志强等,2013a)和岷县地震后发生的挖木池滑坡-碎屑流等。

　　从机理上看，降雨滑坡应该有水的参与，而地震滑坡没有水参与，所以这个可能是最大的差异。而有没有水参与，可能会在运动方式、滑体形态、边坡稳定性、滑面特点等方面产生差异。地震由于液化，土体表面发生褶皱，而降雨型滑坡无此现象。有时表现为两者的耦合作用，先降雨后地震（如岷县地震区挖木池滑坡），先地震后降雨（如都江堰三溪村滑坡）。

　　"干滑坡" 与 "湿滑坡" 无论是在遥感影像（图 10.25）还是在现场调查中，两者有明显的区别。作者通过在汶川地震区（Gorum et al.，2011）、芦山地震区、岷县地震区（徐舜华等，2013）、鲁甸地震区等地野外调查发现，降水滑坡（降雨、冰雪融水等）和地震滑坡与干湿滑坡有一定对应关系，因此，其可以作为鉴别古滑坡成因（降水诱发、地震诱发、地震+降水诱发）的依据之一。

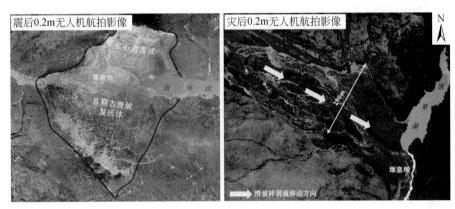

图 10.25　红石岩滑坡（左）与黄竹林滑坡（右）0.2m 无人机航拍影像

　　地震型滑坡主要受断裂控制，沿发震断裂呈带状分布，范围有限，且逆冲型地震较走滑型地震诱发的高位、高速远程滑坡数量多，方量大，危害严重。

　　从地震型滑坡与降水型滑坡的滑动距离方面考虑，有如下公式：

$$f_{摩} = \mu N = \mu G \cos\theta$$

当 $\mu G \cos\theta = G \sin\theta$ 时，滑坡静止不动；

因此，$\mu = \mathrm{tg}\theta = H/L$，假定 $H/L = \beta$，那么，$\mu < \beta$，滑坡发生滑动，

假定 $\mu = H/L = \gamma \times \beta$，同一地区滑坡滑动介质的 β 值相同，

因此，γ 是滑动距离的关键参数，而地震滑坡与降雨滑坡的触发因素不同，其滑动的距离差异明显。

　　γ 值越小，滑动距离越远，降雨滑坡的 γ 值小，故滑动距离远。而同一地区滑坡滑动介质相同，因此，如果有水的参与，滑坡的滑动距离就远。这一结论与樊晓一等（2012）的同一规模等级的地震和降雨诱发灾难性滑坡的水平和垂直运动距离不同，地震诱发的灾难性滑坡与滑坡远程运动的关系较小，而降雨诱发灾难性滑坡与滑坡的远程运动的关系较大的观点一致。

10.2.3　黄河上游滑坡堆积体特征

　　黄河上游地区滑坡主要分布在河谷区和峡谷区，其中，河谷两侧地层岩性主要为新近系

泥岩和黄土，其滑坡形态大多呈现较规则的圈椅状、长舌状等，堆积体表面明显褶皱，呈台阶状，滑坡所在的斜坡体坡度较缓，滑坡体在形成和滑动的过程中明显有水（降雨、冰雪融水、长期地下饱和水等）的参与，滑坡体表现为塑性变形、碎屑流，在较缓的地形上滑动更远的距离。

峡谷区主要为白恶系砂砾岩，河谷呈"V"型谷，地形陡，坡度大，滑坡滑动距离短，滑体内水分含量低，滑体内岩石与土地混杂堆积，非常松散，缺少统一、完整、滑距大的滑面，滑坡发生时易起尘扬灰、滑坡体大小石块混杂有一定的重力分选（大的远、小的近）、很少能保持滑体整体完整性，滑体内脆性变形为主，没有因饱和水分出现的塑性变形。

根据前面对现代典型的地震型与降雨型滑坡的对比分析，结合研究区已经调查的 21 处巨型滑坡的岩性、滑体形态及堆积体特征，作者将其根据主控因素归类如表 10.1。

表 10.1　黄河上游巨型滑坡主控因素分类表

滑坡主控因素	滑坡类型	滑体形态和堆积体特征	力学变形模式	代表性滑坡
地震触发型	受控于震区地层岩性，但以基岩滑坡数量较多	滑体较松散，对基岩滑坡的抛掷效应更明显，形态不规则，后缘直立；岩石块体（土石混合体）有滑动和滚动特征	构造控制，滑坡主要沿断裂带展布，且以断裂上盘分布数量居多	孟达滑坡、戈龙布滑坡、锁子滑坡、德恒隆滑坡、加仓滑坡、官亭北山滑坡等
降水诱发型	黄土滑坡、泥岩滑坡、半固结成岩滑坡、堆积层滑坡	滑体表面表现褶皱，多级阶梯状，有明显的水流动痕迹，往往能够转化为滑坡碎屑流，在较缓的地形上滑动更远的距离，表面形态较完整	降水诱发，与滑动面贯通、堆积体饱和程度密切相关	夏藏滩滑坡、夏琼寺滑坡、参果滩滑坡、康杨滑坡、烂泥滩滑坡、支乎具滑坡、阿什贡滑坡、山根滑坡等

10.3　小　　结

本章研究了区内的主要活动断层、深大断裂及古地震与滑坡的关系，分析了古气候古环境对巨型滑坡发生的制约，总结了地震滑坡和降水滑坡的形态特征，提出了"干滑坡"与"湿滑坡"的概念。

（1）在控制青藏高原东北缘地区黄河干流两岸滑坡形成发育的上述诸多因素中，青藏高原隆升造成的地貌格局改变和古气候古环境演变对古滑坡触发作用具有至关重要的主导优势。从根本上看，地貌格局改变是区域地壳运动或构造运动的结果，是滑坡发生的内动力地质作用，为古（老）滑坡的形成提供了临空基础条件，而气候变化引起的降水量多寡则与滑坡的发育起着直接的触发作用。

（2）研究区巨型滑坡的主要发育期分别对应于气候变化的 MIS 4/3c 过渡期、MIS 3a、末次冰期/全新世过渡期、全新世适宜期和现代全球升温期，且以 MIS 3a 时期发育数量最多。

（3）全球不同地区古（老）滑坡发育的触发因素与全球气候变化有密切联系，主要发育于古气候的温暖湿润期和气候变化的快速转型期，滑坡发育对气候变化响应具有全球性。

（4）地震型滑坡的滑体较松散，对基岩滑坡的抛掷效应更明显，形态不规则，后缘直立，岩石块体（土石混合体）有滑动和滚动特征，表现为"干滑坡"特征；降雨型滑坡的滑体表面表现褶皱，多级阶梯状，有明显的水流动痕迹，往往能够转化为滑坡碎屑流，在较缓的地形上滑动更远的距离，表面形态较完整，表现为"湿滑坡"特征。

第11章 黄河上游滑坡泥石流防治对策建议

11.1 滑坡泥石流防治原则

地质灾害防治涉及行政管理、技术支撑两个层面，目前正在进行的地质灾害综合防治体系建设，包括群测群防、调查评估、监测预警、搬迁避让、工程治理、科普宣传等多项举措。为做好地质灾害防治工作，必须认真贯彻落实国家有关地质环境保护法律、法规，加强地质灾害防治管理，应与地方区域经济发展相协调，全社会共同参与，应与林业、矿产、水资源、交通、土地开发和城镇建设有机地结合起来，在政府的主导下，依法规范生产建设活动，减少人为因素对地质环境的破坏，为滑坡泥石流等地质灾害防治工程的实施创造良好的外部条件。滑坡泥石流防治应坚持以下原则。

1. 地质灾害防治与地质环境利用统筹兼顾的原则

地质灾害防治与地质环境整治、利用密不可分，要统筹考虑两者的关系，让地质灾害体通过治理"变废为宝"，为当地经济建设提供安全场地。随着城镇化进程的加快，大量的工程建设和农田开发在河谷区及较平坦的古滑坡堆积体上进行，而其稳定性需要进行调查评估。应从地质环境可持续开发利用视角出发，构建区域地质环境可持续利用评价框架和地质安全评价体系，应跳出单纯工程地质评价和地质灾害防治的惯性思维，将保护地质环境和防治地质灾害有机结合，树立持续利用地质环境的科学观，更有效地达到减轻地质灾害的目的。

2. 地质环境承载力可持续发展原则

大力开展过去地质灾害及活动构造、气候变化研究，为未来河谷区地质环境承载力可持续发展服务提供思路。尤其是黄河上游干流两岸分布有大量的居民区，而这些地区位于滑坡泥石流高易发区和生态环境脆弱区，古滑坡体、古洪积扇、古泥石流扇极其发育，因地形条件制约，城镇化进程中的居民区均选在古滑坡堆积体、古冲洪积扇体上建房种田，而这些地区往往存在潜在的风险和隐患。因此，预防和治理滑坡泥石流问题是该区可持续发展政策的一个重要部分。而防治这个问题就应先了解该区历史上滑坡分布时空特征，了解过去的地质环境有利于进一步确定河谷区古滑坡的形成时代，从而更利于对地质灾害防治措施的制定。

3. "以防为主、防治结合"的原则

制定地质灾害防治措施时贯彻"预防为主"的原则，防患于未然，这比灾害发生后再进行治理能节省大量的人力物力，将收到事半功倍的效果，这对研究区一些已有重要灾点结合必要的工程措施进行防治，以消除或减轻地质灾害的威胁。

4. 尊重自然，依靠科学的原则

依靠科技进步，不断引入新的防治方法和防治技术，按照不同地区、不同灾种和危害特点，采用适合当地情况的土木工程结构、建筑材料林型、树种、草种与造林种草的技术方法，以达到最大的防灾、减灾效果与最佳的社会效益、经济效益和环境效益。

5. "保护与开发并重"的原则

在地质灾害防治工作中，正确评价地质灾害的现状，根据今后自然和人为因素可能引起的环境条件变化，分析地质灾害发展变化及新的地质灾害产生的可能，提出有效防治措施，合理开发资源和保护地质环境，达到开发与保护并重。

本章将主要从防治对策建议的角度提出了黄河上游干流两岸的滑坡泥石流在防治方面的对策，为当地政府进行地质灾害治理提供决策建议。

11.2　群科–尖扎盆地地质灾害防治

研究发现黄河上游城镇化应注意古滑坡泥石流堆积体和冲洪积扇。黄河上游"循化–贵德"河谷地带古滑坡泥石流堆积体、冲洪积扇空间面积大、地形坡度平缓，利于开发利用。如群科–尖扎盆地内黄河干流两岸的 11 处滑坡体，9 处成为了居民聚集区和农业开发区（图 11.1）。

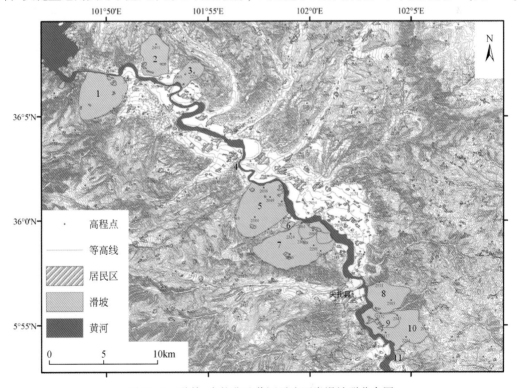

图 11.1　群科–尖扎盆地黄河干流两岸滑坡群分布图

1. 唐色滑破；2. 夏琼寺滑破；3. 参果滩滑破；4. 康东滑破；5. 康杨滑破；6. 烂泥滩滑破；
7. 夏藏滩滑破；8. 山尕滩滑破；9. 支乎具滑破；10. 锁子滑破；11. 锁子西滑破

但该区域是滑坡泥石流高易发区和生态环境脆弱区，在新型城镇化过程中，一是要注意调查评估巨型滑坡复活、未固结的冲洪积扇等地质问题，二是作为建设用地要注意截、排水，农业用地要选择滴灌和喷灌的种植方式，最大限度降低和减少灾害的复发概率。如群科-尖扎盆地黄河南岸的康杨滑坡后缘（2817m）陡坎下方（禾地肉村，2497m），沿斜坡长度为960m，下降了320m，后缘很陡，有再次发生滑坡的可能，烂泥滩滑坡前缘的烂泥滩村因受滑坡堆积体威胁已搬迁。

11.3　典型滑坡泥石流防治对策建议

11.3.1　夏藏滩滑坡

夏藏滩移民安置区位于夏藏滩滑坡Ⅰ期的后缘平台上，该移民区于2006年建成，目前有590户近3000多居民，分属汉藏两个行政村，并有近2400亩水浇地农田。通过调查，项目组认为该移民选址区有崩塌、溯源侵蚀、地面沉降、渠道毁坏、房屋开裂等环境地质问题，是一处涉及古滑坡识别、滑坡形成演化、移民选址和地质灾害防治研究的典型案例。

遥感解译发现，滑坡体上发育两条大型泥石流沟，分别位于滑坡堆积体的左右两侧，形成区、流通区、堆积区明显，沟谷呈"V"型，深度为30~120m，坡度为40°~90°，汇水面积较大，沟床坡降大，沟谷呈树枝状展布；另外还有多条小型泥石流沟，形成区和流通区主要位于后缘的坡麓地带，堆积区位于后缘坡脚的农田边缘，由于沟谷两侧发育有多处重力崩塌，为泥石流沟增加了新的物源，上述泥石流均属于降雨型高易发泥石流沟，每年夏天雨季不同程度毁坏渠道、掩埋耕地。同时由于溯源侵蚀，诱发沟谷多处崩塌，耕地损失、水土流失严重（图11.2）。

图11.2　Ⅰ期滑坡体中部的冲沟和被毁坏的农田

滑坡前后缘高差达756m，溯源侵蚀强烈，每年侵蚀长度为3~5m，溯源侵蚀严重影响岸坡稳定，引起崩塌，同时受降雨、灌溉下渗诱发黄土湿陷、落水洞，农田里出现多处拉张裂缝致使灌溉用水随着地裂缝流入地下，农田引水渠多处被松散土层错断无法使用。大水漫灌的灌溉方式加速了滑坡土体的饱和过程，致使地裂缝逐年增大，坡面上沟谷的侵蚀也日益严重，每年以 3～5m 的速度向后和侧缘侵蚀，以此速度，25 年内该地区将无法居住和耕种。

因此，夏藏滩移民区存在崩塌、滑坡、泥石流、溯源侵蚀、黄土湿陷等较多的环境地质问题，严重制约当地的农业生产和居民安居乐业（图 11.3）。

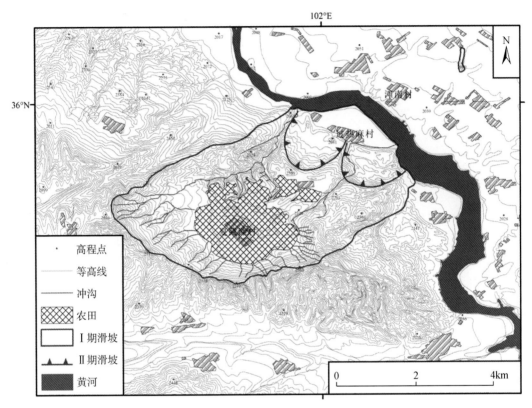

图 11.3　夏藏滩滑坡与居民区（黄白相间条块）关系图

有鉴于此，应对夏藏滩巨型滑坡进行防治。

（1）由于该滑体本身不稳定，建议立即放弃大水漫灌的灌溉方式，采用喷灌或滴灌的灌溉方式（最好是滴灌），可有效降低滑坡体土壤本身的饱和度，减少地面裂缝的拉张和沟谷侵蚀的速率。

（2）在滑坡后缘或中部种植林木，保持水土，减少雨水对土壤的侵蚀速率。

（3）对泥石流沟进行生物和工程防护，减轻溯源侵蚀的强度，减少泥石流物源。

（4）加强对古滑坡的研究，移民搬迁不能由一个滑坡体搬迁到另一个滑坡体上。

11.3.2　李家峡Ⅲ号滑坡

李家峡大坝上游滑坡发育，前人已经调查研究了李家峡Ⅰ号和Ⅱ号滑坡，项目组重点调查了李家峡Ⅲ号滑坡。该滑坡位于李家峡大坝上方的黄河右岸公路边，距大坝水平距离 1.03km（图 11.4），位置为 101°47′41.3″E，36°06′19.2″N，滑坡后缘坡顶海拔为 2581m，前缘李家峡水库水面海拔为 2192m，垂直落差为 389m，斜坡坡度为 40°～60°，为大型深层岩质滑坡。滑坡位于强烈切割的中高山峡谷地形，谷坡呈"V"型，相对高差 300~400m。

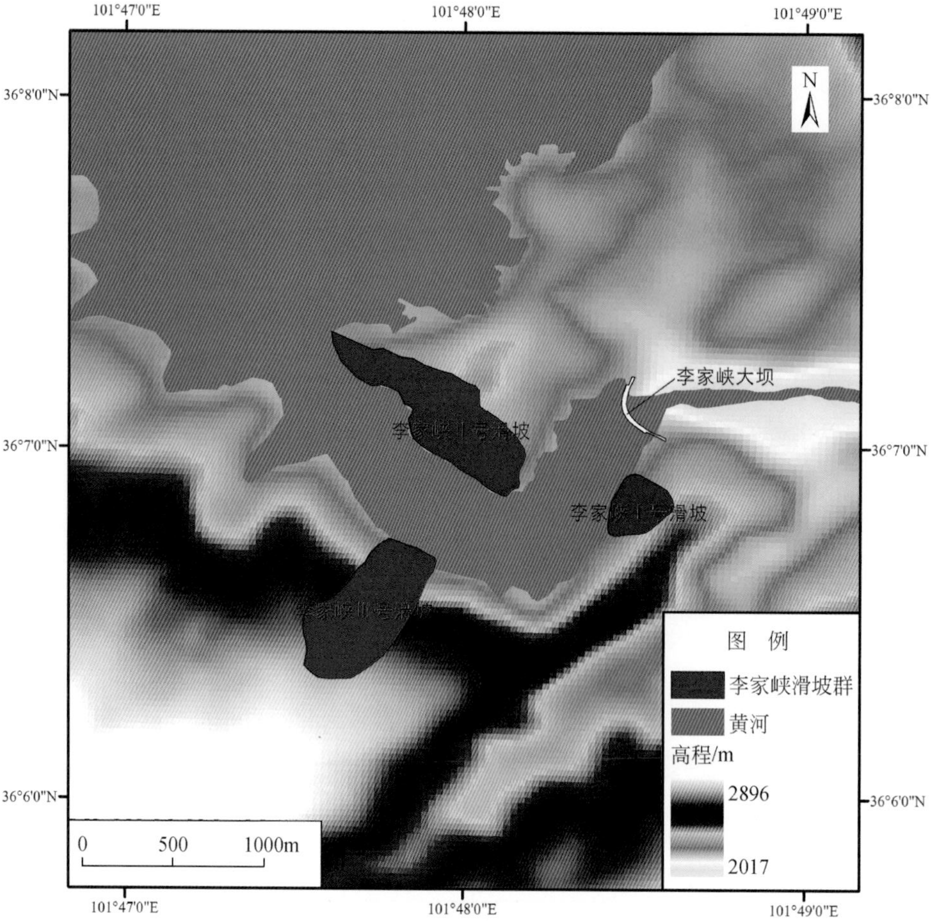

图 11.4 李家峡Ⅲ号滑坡区域位置图

坡顶公路拐弯处出现不同方向的多处拉裂缝，宽为 10~15cm（图 11.5）。目前，后缘的坎布拉国家地质公园的观景台已被部分破坏，整体以蠕滑变形为主。滑坡体下部为震旦系层状混合岩（长石、石英、黑云母等）和片岩，层间挤压破碎带发育，形成了多处贯通整个斜坡的层间挤压面，上覆第四系黄土、坡积和冲洪积层。

图 11.5 李家峡Ⅲ号滑坡 Google Earth 影像及后缘拉裂缝

该滑坡受前缘库水位涨落和后缘拉裂缝降雨影响，变形逐年增加，年位移量为 0.3~2cm，如滑动将引发大规模的涌浪灾害，严重破坏李家峡—坎布拉的公路、观景台和水库大坝的运行安全，故应加强滑坡裂缝变形监侧，堵塞后缘拉裂缝防止雨水进一步渗入，对坡体进行卸荷，进一步加强勘查研究，密切监测滑坡的动态变化。

11.3.3　二连村泥流

贵德二连新村泥石流为寺沟峡—拉干峡河段内规模最大、最为典型的一条大型泥石流沟，地处阿什贡西侧的黄河河谷左岸。据史料记载，该泥石流自 1961 年至今先后发生过多次，尤以 1961 年、1972 年、1976 年和 1982 年夏季均爆发了大规模的泥石流堆积，目前泥石流扇覆盖面积达 75 万 m^2，堵塞交通，迫使西宁至贵德公路三次改道。钻孔资料显示泥石流后缘深为 42m，中部厚为 27m，总体积为 6120 万 m^3，该泥石流流通区经过一个大的古洪积扇，物源非常丰富，在降雨情况下，极易发生泥石流。

项目组成员于 2012 年 4 月 27 日、5 月 19 日、7 月 15 日三次赴该泥石流的形成区、流通区和堆积区进行实地调查，发现不到 3 个月时间内两次堵塞西贵公路涵洞，对公路造成了严重影响。交通部门被迫用挖掘机清理泥流（黏性泥流）。西贵高速公路经过此路段（路基已完成），但没有采取任何治理和避让措施。

因该泥石流的形成区、流通区均为古洪积扇（泥岩、页岩），质地疏松，具有很强的湿陷性，垂直漏斗、落水洞发育，古近系-新近系红黏土具有很强的悬浮性，能够在极微弱的雨水作用下携带流动，堵塞涵洞（图 11.6），毁坏良田。

图 11.6　二连村泥石流流通区

二连泥流扇发育期次、堆积体特征等见第 5 章，根据前面的研究成果，本节提出该泥流扇的防治对策建议。

（1）采取工程措施对泥石流的形成区和流通区进行治理。

（2）西贵公路在此路段通过时，设置桥涵，给予泥石流一定的流通通道，保证泥石流和公路各行其道。

11.3.4　席笈滩滑坡

第 3 章 3.3 节已详细介绍了该滑坡体的发育期次及演化过程，这里将从防治对策建议的角度提出该滑坡的治理措施。

该滑坡后缘平台堆积体松散，裂隙水发育，已经发生了多处局部失稳现象；前缘由于黄河侵蚀切割，均为高都边坡，坡度为 45°～90°，2013 年初已经发生了边坡失稳，发生了一处中型滑坡，造成观景台以及大禹雕塑等受到严重危险。建议前缘黄河边坡采取防护工程，滑体上避免加载。

11.3.5　加仓不稳定斜坡

加仓不稳定斜坡分布在循化盆地白庄乡的加仓藏族村，该斜坡体上覆黄土，下由砂岩、页岩和砾岩组成，基岩山体非常凌乱，破碎带发育，拉张裂隙明显。山体开裂宽度为 4～5m，斜坡体中部和前缘沿着断裂带方向形成了多处塌陷坑和落水洞，露出了多处新鲜面，林木被毁坏。同时形成了一个宽 0.2～1m，深 1.5～2m 的纵横交错破碎带，总宽度约 20m。不稳定斜坡的坡脚处有裂隙水渗出，种种迹象暗示该斜坡体正在发生位移，是一处潜在的巨型滑坡体，必须引起高度重视。

项目组利用 Google 遥感影像和野外实际调查发现，斜坡体受活动断层控制，后缘的拉张裂缝在逐年增加，前缘塌陷严重，加之地下裂隙水发育，加重了斜坡体的不稳定性，是一处巨型滑坡的潜在危险点。加仓村、木洪村、上木洪村等居民的生命财产安全和通往 3 个村庄的乡村公路。鉴于上述原因，该不稳定斜坡应采取如下防治建议。

（1）建议立即安装裂缝报警器，实时监测斜坡体位移变化。

（2）加强群策群防，专人监测。

11.4　研究区未来可能会发生地质灾害的地区

研究区位于我国西北内陆干旱区，年降水量少，因降雨诱发大规模滑坡的可能性不大，但因海拔高，冬季冰雪多，易发生因气温变化引发的冻融型滑坡的可能性较大，如 1943 年 2 月 7 日发生在龙羊峡库区的查那滑坡。另外，要防范因降雨和冰雪融水引发的泥（石）流灾害，尤其是贵德盆地黄河北岸新近系泥岩厚度大，破碎严重，容易被水流携带搬运到河谷区堆积，造成道路和农田损毁。

从构造和地震角度分析，研究区古地震遗迹多，构造发育，也发现了多处地震型巨型古滑坡，如锁子滑坡。但自有记录以来，未发生过超过 5 级地震，但并非意味着该地区没有发生过强烈地震，因此，要加强峡谷区基岩滑坡监测，加强防范。

研究区从下游的积石峡水库一直到上游的龙羊峡水库，由于水库蓄水造成地下水位抬高，容易引发库岸型滑坡灾害，如 2008 年发生的烂泥滩滑坡，因此，应加强库水位波动监测与水库两岸不稳定斜坡堆积体的耦合关系监测，为地质灾害应急处置提供决策依据。

通过上述研究，结合野外调查和将古论今的方法，作者认为下列区段应成为地质灾害防范的重点地段（图 11.7）。

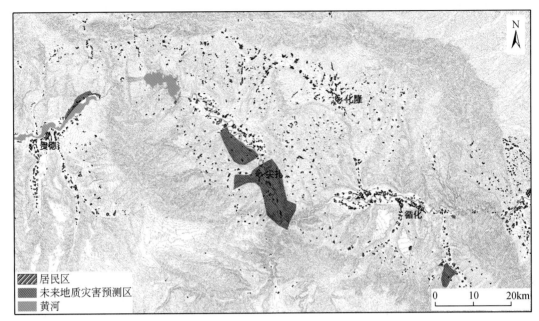

图 11.7　黄河上游未来地质灾害防范重点区段

（1）加仓木洪村一带；

（2）尖扎–苏令生一带的黄河两岸；

（3）尖扎东–烂泥滩一带；

（4）李家峡水库坝址右岸；

（5）二连村到席笈滩一带的黄河左岸。

防范的措施主要包括以下内容。

（1）在滑坡体内外修截水沟，使滑体内外地表水不得流入滑体内部；

（2）加强滑体地表位移监测；

（3）禁止破坏滑体形态和加重滑体载荷的人类工程活动；

（4）加强对库水位波动与滑坡位移变化相关性分析；

（5）滑坡堆积体上农业灌溉方式转变；

（6）工程治理，局部修挡土墙；

（7）开展人工指数造林活动。

第 12 章　结论与建议

12.1　结　　论

（1）研究了黄河上游滑坡泥流的空间平面形态、展布特征和时空分布规律，认为：

①黄河上游地区滑坡遥感影像特征明显，通过影像遥感解译和野外调查，共发现各种类型的滑坡体 508 处，其中，巨型滑坡 24 处，特大型滑坡 92 处，且以群科-尖扎盆地分布数量最多；滑坡的空间展布形态主要有圈椅形、半椭圆形、簸箕形、哑铃形、长舌形、矩形（席形、台阶形等）、长弧形（鞍形）、三角形（正三角形、倒三角形）、并排形、叠瓦形十种。

②滑坡堆积体的长、宽主要集中在 550～1500m 和 600～1500m，且长、宽呈两极化方向延展；厚度以大于 50m 的深层滑坡为主，面积分布不均；滑体平均高程主要集中在 2000～2800m，且以 2400～2800m 滑坡发育数量最多，前后缘相对高程差集中在 150～400m 和 750m 附近。滑体平均坡度主要分布在 15°～20°，滑坡体的长度与前后缘的相对高程差和滑体平均坡度呈良好的线性关系。

③巨型滑坡主要分布在西秦岭积石山断裂与拉脊山断裂所围限的尖扎盆地区域内，受岩性差异、河流侧蚀作用等不同因素制约，巨型滑坡空间分布特征具有明显的地区差异性。

④巨型古滑坡多表现为多期次发育性质，且多以滑坡群的形式分布，如夏藏滩滑坡群、锁子滑坡群、阿什贡滑坡群等均经历了多期次滑动过程。

⑤按滑坡的物质组成可将区内滑坡分为坚硬至较坚硬岩质滑坡、软弱岩质滑坡、软弱半固结成岩型岩质滑坡、土质滑坡四类，按力学性质可分为推移式和牵引式滑坡两类，按诱发因素可分为自然滑坡、库岸再造型滑坡和地震构造型滑坡三类。

⑥利用滑坡钻孔滑带土和滑坡体与上下覆黄土关系开展了多处滑坡体的年代学测定工作，并从时间尺度上划分了古（老）滑坡的主要发育期，分别为 53k～49ka B. P. 、33k～24ka B. P. 、9ka B. P. 前后、5k～3.5ka B. P. 和现代。

（2）通过对区内尖扎盆地夏藏滩、阿什贡和席笈滩三处巨型滑坡群的滑体特征、发育期次、演化过程研究，主要取得了以下认识：

①夏藏滩滑坡属于一处高速远程古滑坡，滑动距离达 6.9km，主要发育期次有两期；Ⅰ期滑坡属于整体滑动，发育时间为 49ka B. P. ，Ⅱ期滑坡属于Ⅰ期滑坡前缘的次级解体滑坡，发育时间为 28ka B. P. ；由于滑坡体本身的不稳定性，对滑体上的居民区和农田造成了一定影响，建议改进灌溉方式、保持水土，进行灾害防治。

②阿什贡滑坡发育有两期，Ⅰ期滑坡方量为 5.88 亿 m^3，Ⅱ期滑坡方量为 0.42 亿 m^3，Ⅰ期滑坡属于巨型滑坡；Ⅱ期滑坡属于特大型滑坡，位于Ⅰ期滑坡滑体中部，属于Ⅰ期滑坡的解体滑坡；Ⅱ期阿什贡滑坡均堵塞尔让河，但Ⅰ期滑坡堵河后在上游形成了约 40m 的湖

相层，Ⅱ期滑坡短暂堵塞，未形成湖相层。阿什贡滑坡群的发育先后次序为：尕让滑坡→尕让河Ⅲ级阶地形成→阿什贡滑坡Ⅰ期→革匝滑坡→堰塞湖及湖相层发育→尕让沟Ⅱ级阶地形成→阿什贡滑坡Ⅱ期→现代河道。

③席笈滩巨型滑坡主要有四个发育期次，其中第Ⅱ期滑坡方量最大，其堆积体长约为7200m，宽约为3500m，厚约为65m，方量达8.4亿m³，为一新近系泥岩巨型滑坡，滑体前缘、中部和右侧缘分别发生了多个解体型Ⅲ期和Ⅳ期滑坡，表现为多期次滑动的特征。席笈滩巨型滑坡4次发育的时间分别为早全新世、全新世适宜期、1872 A. D. 左右和现代，其中Ⅰ期和Ⅱ期滑坡的诱发因素分别是气候变化中的升温、降水，Ⅲ期可能是地震诱发，Ⅳ期滑坡受现代降水及人类工程活动等多种因素的综合叠加影响而发生。席笈滩巨型滑坡改变了黄河在贵德盆地北侧的河道流向，使贵德盆地中部的黄河河道由原来的近直线型变为凹凸岸型，黄河对左岸的侵蚀作用加强，河谷不断拓宽，河漫滩和心滩发育，现代黄河地貌形成。

（3）分析了研究区戈龙布滑坡、锁子滑坡和松巴峡左右岸滑坡堵塞黄河形成堰塞湖的堰塞体、堰塞湖范围、沉积物高程和堰塞湖续存与消亡后的环境效应，主要取得了四点认识：

①戈龙布滑坡发生在全新世早期，滑坡发生后在其上游形成了厚度为34m的白色湖相纹泥层，堰塞湖消亡时间和喇家文化毁灭相差近5000a，因此，未对喇家遗址造成影响。

②锁子滑坡发生于8万a前，其堰塞体湖相层厚度为75m，在其晚期或消亡后诱发了夏藏滩Ⅰ期高速远程滑坡。

③松巴峡左右岸滑坡发生于全新世中期，滑坡堵塞黄河形成长为39.3km，面积为150.68km²的巨大堰塞湖，湖相层厚度为14m。

④堰塞湖对河谷区的阶地和环境有直接影响，研究区各盆地内的部分平台可能是堰塞湖的湖积平台，而非黄河正常形成的阶地。对河谷区阶地的研究需要分清阶地平台与堰塞湖积平台的关系，堰塞湖湖积平台是非常局地的，无二元结构，水平层理明显，区域上没有可对比性；而阶地在不同的河段具有可对比性，具有区域性规律。

（4）讨论了贵德盆地东部二连泥流扇的分布特征、物质组成以、形成原因及泥流扇与河道演变的关系。

①贵德盆地东部黄河两岸发育了至少66条泥石流沟和20处大型泥石流堆积扇，因干流两岸地层岩性、物质组成差异，右岸以稀性泥石流为主，其物质组分以砾石为主，含量达60%~80%；左岸以泥流为主，表现为黏性泥流，其堆积扇往往成为居民区和农田开发区。

②盆地黄河左岸面积广布的黏土质高台地凹坑物质组成中碳酸盐含量高，具有溶蚀性质，是降水形成的一种在半干旱的高海拔区发育的特殊的洪积地貌–泥流扇，其形成过程与喀斯特地貌类似。

③黄河北岸的早期泥流扇形成于16ka B. P. 以前，是LGM期间冰雪融水搬运堆积的产物，揭示了16ka前的末次冰期时期青藏高原东北部地区出现过较多的降水，是冷湿气候环境。晚期泥流扇于8ka B. P. 开始堆积，其发育过程与全新世早期温度升高带来的冰雪融水密切相关，两期泥流扇均受气候波动制约。因此，这个类似"喀斯特落水洞"高碳酸盐含量的泥流扇不仅有重要的古气候指示意义，而且是干旱半干旱区新发现的一种独特地貌景观。

④在二连村地区，黄河河道在约16ka B. P. 、16k~8ka B. P. 和8ka B. P. 以来分别经历

了泥流扇的堆积期—侵蚀破坏期—堆积期过程，8ka B. P. 以来，晚期堆积扇不断挤压黄河河道，8ka 年间，黄河河道至少向南移动了 1.25km。

（5）研究了区内末次冰期以来的气候变化记录，认为末次冰期时期在青藏高原东北部的尖扎–循化盆地具有冷湿的气候特点，全新世气候可划分为六个阶段。

①定义了滑坡湖的概念，认为滑坡湖的湖面形态和沉积过程类似于火山的"玛珥湖"，其物源主要来自于滑坡洼地周边的地表流水搬运堆积物；滑坡湖相纹泥样品的中值粒径可划分为小于 $2\mu m$、$2\sim10\mu m$、$10\sim70\mu m$ 和大于 $70\mu m$ 四个组分，且以第二组分为优势组分。

②末次冰期以来，高原东北部气候波动特征与传统观点相反，纹泥湖心相粒度组分反映区内具有干湿相间的气候变化特征，30k～15ka B. P. 和 52k～49ka B. P 为气候湿润期，水量明显增多，反映了区内 LGM、30ka B. P. 和 50ka B. P. 等特征时段为冷湿的气候变动模式。

③剖面在 17ka B. P.、21ka B. P.、24ka B. P.、32ka B. P.、43ka B. P.、59ka B. P. 六个湖水较多的时期与千年尺度波动的 Heinrich 冷事件具有很好的响应关系，反映了冷期水多、湿润的气候环境。

④山脉阻挡是造成各地记录差异的主要影响因素，拉脊山东南段是亚洲冬季风和高原冬季风系统的重要分割线。全新世时期西南季风是影响共和–循化地区的主要夏季风系统，高原冬季风则是影响这个地区的主要冬季风，而官厅盆地则主要受亚洲冬季风的影响，翻越青藏高原的西南季风不是影响官厅盆地的主要夏季风系统。

⑤全新世时期青藏高原东北缘共和–官亭地区的全新世可划分为六个阶段，西南季风大约从 11ka B. P. 开始加强并影响青藏高原北部地区，从 6.5k～4.2ka B. P.，冬季风大幅减弱，强盛的西南季风主导了这个地区的气候，形成了典型的全新世适宜期，以湿度大幅增加、温度小幅升高的暖湿为特点。全新世适宜期后大致在约 4.2k～2.6ka B. P. 期间各地普遍出现了一次以冷干为特点、粉尘源区扩张、冬夏季风均减弱的环境恶化事件，晚期气温升高，这次恶化事件在高原季风系统的西北粉尘源区和亚洲季风系统的北方粉尘源区都同样存在。其后约 2.6k～1.2ka B. P. 的时期，各地的粉尘源区均收缩、环境好转，而各粉尘沉降地由于气候小幅增湿、降温、风力加强的程度不同，出现不同的成壤程度，推测是以冬季风明显加强、夏季风小幅加强的时期。～1.2ka B. P. 以后，粉尘源区先收后扩、风力先减后增、湿度增加、气温小幅回升、成壤强度先强后弱，是一次冬夏季风变化均小幅加强但交替频繁、地区间差异增大、总体环境趋于冷湿、环境恶化。

（6）区内新构造活动强烈，古地震遗迹众多，对巨型滑坡控制作用显著。构造活动控制的滑坡主要表现在三个方面：

①高原隆升与滑坡。高原在间歇性抬升的过程中，在一些河谷区及周边形成了正断层，并在有临空面的地方发生滑坡，如尖扎北岸的正断层与滑坡。

②深大断裂与滑坡。高原抬升过程中形成的深大断裂、拉张裂缝容易诱发滑坡，如拉脊山断裂与滑坡。

③古地震与滑坡。研究区羊龙村、官亭喇家等地古地质遗迹非常典型，根据地质地貌演化规律，由今及古，地震遗迹较多的地方滑坡同样频发，因此，这些地区的滑坡很可能是地震诱发。

（7）厘定了巨型滑坡发生的主控因素，总结了地震滑坡和降水滑坡的形态特征，提出了"干滑坡"与"湿滑坡"的概念。

①在控制青藏高原东北缘地区黄河干流两岸滑坡形成发育的上述诸多因素中，青藏高原隆升造成的地貌格局改变和古气候古环境演变对古滑坡触发作用具有至关重要的主导优势。从根本上看，地貌格局改变是区域地壳运动或构造运动的结果，是滑坡发生的内动力地质作用，为古（老）滑坡的形成提供了临空基础条件，而气候变化引起的降水量多寡则与滑坡的发育起着直接的触发作用。

②研究区的巨型滑坡的主要发育期分别对应于气候变化的 MIS 4/3c 过渡期、MIS 3a、末次冰期/全新世过渡期、全新世适宜期和现代全球升温期，且以 MIS 3a 时期发育数量最多。

③全球不同地区古（老）滑坡发育的触发因素与全球气候变化有密切联系，主要发育于古气候的温暖湿润期和气候变化的快速转型期，滑坡发育对气候变化响应具有全球性。

④地震型滑坡的滑体较松散，对基岩滑坡的抛掷效应更明显，形态不规则，后缘直立，岩石块体（土石混合体）有滑动和滚动特征，表现为"干滑坡"特征；降雨型滑坡的滑体表面表现褶皱，多级阶梯状，有明显的水流动痕迹，往往能够转化为滑坡碎屑流，在较缓的地形上滑动更远的距离，表面形态较完整，表现为"湿滑坡"特征。

12.2　存在的问题与建议

本成果虽然开展了大量的滑坡调查研究工作，取得了一些进展，但同时感觉还有很多问题认识不够透彻，有待通过下一阶段的研究加以解决，主要体现在：

（1）古滑坡识别、形成演化及其灾害效应需深入研究。

在高原隆升与黄河侵蚀切割的多重作用下，黄河干流两岸形成了多处高陡边坡，为巨型的发育提供了一定的临空和物质条件，发育了多期次的古（老）滑坡。一些古（老）滑坡体成为目前黄河干流两岸的移民搬迁居住区，如夏藏滩滑坡，由于滑体松散，发生了地基下沉和灌溉下漏等现象，而在搬迁之前，未对该滑坡进行有效早期识别。因此，通过对古（老）滑坡的识别能够为移民搬迁选址提供技术支撑。

另一方面，部分滑坡堵塞黄河形成了巨大堰塞湖。那么这些多期次滑坡的形成演化过程是什么？堰塞湖续存期间和溃决后造成了什么样的环境效应值得研究。同时，研究区的三处堰塞坝至少持续了 1000～1500a 而不溃，什么样的地形地貌能使其维持千年不溃，通过对流域内古地震堰塞湖沉积时空分布规律调查，从地质历史的角度分析了地震地质灾害的形成发育规律。

（2）河谷区典型区段地质环境承载力研究。

研究区位于黄河上游的滑坡泥石流高易发区和生态环境脆弱区，古滑坡体、古洪积扇、古泥石流扇极其发育，因地形条件制约，城镇化进程中的居民区均选在古滑坡堆积体、古冲洪积扇体上建房种田，而这些地区往往存在潜在的风险和隐患。因此，了解过去的灾变记录，开展河谷区第四纪地质环境调查与灾害效应研究，能够为地质灾害调查、预警及防治等提供基础地质依据。同时，在综合分析第四纪地层、构造地貌等相关地质要素的基础上，从第四纪地质环境的角度提出黄河上游河谷区地质灾害防治和国土开发对策建议。

这些问题的解决对于将滑坡造成的损失降到最低具有极其重要的意义，因此，建议后续加强研究。

参 考 文 献

毕海良. 2009. 青海省贵德县地质灾害详细调查报告. 青海省地质环境监测总站

常宏, 韩会卿, 章昱等. 2014. 鄂西清江流域滑坡崩塌致灾背景及成灾模式. 现代地质, 28 (2): 429 ~ 436

陈国金, 李长安, 陈松等. 2013. 长江三峡库区滑坡发育与河道演变的地质过程分析. 地球科学——中国地质大学学报, 38 (2): 411 ~ 416

陈剑. 2005. 三峡库区滑坡的时空分布、成因及其预报模式. 中国科学院研究生院

陈松, 陈国金, 徐光黎. 2008. 黄土坡滑坡形成与变形的地质过程机制. 地球科学——中国地质大学学报, 33 (3): 411 ~ 415

程波. 2006. 青藏高原共和盆地末次冰消期以来的植被和环境变化研究. 兰州: 兰州大学, 96 ~ 99

程捷, 张绪教, 田明中等. 2004. 青藏高原东北部黄河源区大暖期气候波动. 地质论评, 50: 330 ~ 337

崔之久, 伍永球, 刘耕年等. 1998. 关于"昆仑-黄河运动". 中国科学 (D 辑): 地球科学, 28 (1): 53 ~ 59

邓清禄, 王学平. 2000. 长江三峡库区滑坡与构造活动的关系. 工程地质学报, 8 (2): 136 ~ 141

丁仲礼, 任剑璋, 刘东生等. 1996. 晚更新世季风-沙漠系统千年尺度的不规则变化及其机制问题. 中国科学 (D 辑), 26: 385 ~ 391

段钊. 2010. 泾河两岸滑坡的时空分布规律及历史演化研究——以长武至泾阳段为例. 西安: 长安大学

樊晓一, 乔建平, 韩萌等. 2012. 灾难性地震和降雨滑坡的体积与运动距离研究. 岩土力学, 33 (10): 3051 ~ 3056

方小敏, 韩永翔, 马金辉等. 2004. 青藏高原沙尘特征与高原黄土堆积: 以 2003-03-04 拉萨沙尘天气过程为例. 科学通报, 49 (11): 1084 ~ 1090

高红山, 潘保田. 2005. 祁连山东段河流阶地的形成时代与机制探讨. 地理科学, 25 (2): 197 ~ 202

贵德县志编纂委员会. 1995. 贵德县志. 西安: 陕西人民出版社. 1 ~ 72

郭小花. 2012. 黄河上游龙羊峡-刘家峡河段巨型滑坡光释光测年. 兰州: 兰州大学硕士学位论文, 17 ~ 18

侯光良, 于长水, 许长军. 2009. 青海东部历史时期的自然灾害与 LUCC 和气候变化. 干旱区资源与环境, 23 (1): 86 ~ 92

胡春生, 潘保田, 高红山等. 2006. 最近 150ka 河西地区河流阶地的成因分析. 地理科学, 26 (5): 5603 ~ 5608

胡贵寿, 魏刚, 马小强等. 2008. 青海省特大型滑坡调查及灾害风险评价报告. 青海省环境地质勘查局

黄润秋. 2003. 中国西部地区典型岩质滑坡机理研究. 第四纪研究, 23 (6): 641 ~ 646

黄润秋. 2007. 20 世纪以来中国的大型滑坡及其发生机制. 岩石力学与工程学报, 26 (3): 433 ~ 445

李长安, 黄俊华, 张玉芬等. 2002. 黄河上游末次冰盛期古洪水事件的初步研究. 地球科学——中国地质大学学报, 27 (4): 456 ~ 458

李会中, 王团乐, 段伟锋等. 2006. 金坪子滑坡形成机制分析与河段河谷地貌演化地质研究. 长江科学院院报, 23 (4): 17 ~ 22

李吉均, 方小敏, 马海洲等. 1996. 晚新生代黄河上游地貌演化与青藏高原隆升. 中国科学 (D 辑), 26 (4): 316 ~ 322

李建彪. 2005. 初论构造-地表过程-气候耦合系统. 地质科技情报, 24 (3): 9 ~ 14

李进虎, 吴让, 赵金忠. 2012. 近 50 年贵德县旱涝灾害变化特征分析. 水土保持研究, 19 (4): 256 ~ 264

李守定, 李晓, 刘艳辉. 2006. 清江茅坪滑坡形成演化研究. 岩石力学与工程学报, 25 (2): 377 ~ 383

李锡堤. 2011. 草岭大崩山之地质与地形演变. 中华水土保持学报, 42 (4): 325 ~ 335

李小林, 郭小花, 李万花. 2011. 黄河上游龙羊峡-刘家峡河段巨型滑坡形成机理分析. 工程地质学报, 19 (4): 517~531

李小林, 马建青, 胡贵寿. 2007. 黄河龙羊峡-刘家峡河段特大型滑坡成因分析. 中国地质灾害与防治学报, 18 (1): 28~32

李晓, 李守定, 陈剑等. 2008. 地质灾害形成的内外动力耦合作用机制. 岩石力学与工程学报, 27 (9): 1792~1807

李永化, 张小咏, 崔之久等. 2002. 第四纪泥石流活动期与气候期的阶段性耦合过程. 第四纪研究, 22 (4): 340~347

李媛, 孟晖, 董颖等. 2004. 中国地质灾害类型及其特征——基于全国县市地质灾害调查成果分析. 中国地质灾害与防治学报, 2: 29~34

刘百篪, 刘小凤, 袁道阳等. 2003. 黄河中上游阶地对青藏高原东北部第四纪构造活动的反映. 地震地质, 25 (1): 133~145

刘东生. 1985. 黄土与环境. 北京: 科学出版社

刘东生. 1997. 第四纪环境. 北京: 科学出版社. 202~223

刘高, 刘从友, 王有林等. 2008. 黄河某水电站顺层岩质滑坡形成机理与演化过程. 西北地震学报, 30 (3): 252~253

刘嘉麒, 刘东生, 储国强等. 1996. 玛珥湖与纹泥年代学. 第四纪研究, 4: 353~358

刘少峰, 张国伟, Heller P L. 2007. 循化-贵德地区新生代盆地发育及其对高原增生的指示. 中国科学 (D 辑), 37 (S1): 235~248

刘晓东. 1998. 高原气候变化原因的数值模拟分析. 见: 青藏高原近代气候变化及对环境的影响. 广州: 广东科学技术出版社. 187~205

刘新喜, 夏元友, 张显书等. 2005. 库水位下降对滑坡稳定性的影响. 岩石力学与工程学报, 8: 1439~1444

刘兴旺, 袁道阳, 潘保田等. 2013. 由黄河阶地变形反映的兰州盆地活动构造特征. 兰州大学学报 (自然科学版), 49 (4): 459~464

刘雪梅. 2010. 三峡库区万州区地貌特征及滑坡演化过程研究. 武汉: 中国地质大学 (武汉) 博士学位论文

鹿化煜, 安芷生. 1997. 洛川黄土粒度组成的古气候意义. 科学通报, 42 (1): 66~69

鹿化煜, 王先彦, 孙雪峰等. 2003. 钻探揭示的青藏高原东北部黄土地层与第四纪气候变化. 第四纪研究, 23 (1): 230~231

吕宝仓. 2007. 青海省尖扎县地质灾害详细调查报告, 青海省地质环境监测总站

吕厚远, 韩家懋, 吴乃琴等. 1994. 中国现代土壤磁化率分析及其古气候意义. 中国科学 (B 辑), 24: 1290~1298

吕连清, 方小敏, 鹿化煜等. 2004. 青藏高原东北缘黄土粒度记录的末次冰期千年尺度气候变化. 科学通报, 49 (11): 1091~1096

马东涛, 崔鹏, 张金山等. 2005. 黄土高原泥石流灾害成因及特征. 干旱区地理, (4): 19~24

马寅生. 2003. 黄河上游新构造活动与地质灾害风险评价. 北京: 地质出版社. 187~188

毛会斌, 巨广宏. 2005. 龙羊峡谷更新世以来气候演变特征及其对拉西瓦水电站坝区花岗岩风化作用的影响. 地质灾害与环境保护, 16 (3): 267~270

苗琦, 李丽松, 赵志中等. 2012a. 青海黄河贵德段河流阶地及新构造运动研究. 地质与资源, 21 (5): 493~496

苗琦, 钱方, 赵志中等. 2012b. 黄河贵德段河流阶地及演变研究. 地质调查与研究, 35 (1): 34~38

欧先交, 周尚哲, 赖忠平等. 2015. 青藏高原第四纪冰川作用及其气候响应的讨论. 第四纪研究, 35 (1): 12~28

潘保田. 1991. 黄河发育与青藏高原隆起问题. 兰州：兰州大学博士学位论文

潘保田. 1994. 贵德盆地地貌演化与黄河上游发育研究. 干旱区地理, 17 (3)：43~50

潘保田, 王建民. 1999. 末次间冰期以来青藏高原东部季风演化的黄土沉积记录. 第四纪研究, 4：330~333

潘保田, 李吉均, 曹继秀. 1996. 化隆盆地地貌演化与黄河发育研究. 山地研究, 14 (3)：153~158

潘保田, 苏怀, 胡春生等. 2006. 兰州地区 1.0Ma 黄河阶地的发现和 0.8Ma 阶地形成时代的重新厘定. 自然科学进展, 16 (11)：1411~1418

潘保田, 苏怀, 刘小丰等. 2007. 兰州东盆地最近 1.2Ma 的黄河阶地序列与形成原因. 第四纪研究, 27 (2)：172~181

裴向军, 黄润秋. 2013. "4. 20" 芦山地震地质灾害特征分析. 成都理工大学学报 (自然科学版), 40 (3)：257~262

彭建兵. 1997. 黄河积石峡水电站水库滑坡工程地质研究. 陕西：陕西科学技术出版社

彭建兵, 马润勇, 卢全中等. 2004. 青藏高原隆升的地质灾害效应. 地球科学进展, 19 (3)：457~466

秦小光, 刘嘉麒, 裴善文等. 2010. 科尔沁沙地及其古水文网的演化变迁. 第四纪研究, 30 (1)：80~94

秦小光, 吴金水, 蔡炳贵等. 2004. 全新世时期北京-张家口地区与黄土高原地区风成系统的差异. 第四纪研究, 24 (4)：430~436

施雅风. 1992. 中国全新世大暖期气候与环境. 北京：海洋出版社. 48~65

施雅风. 2009. 40k~30ka B. P. 中国特殊暖湿气候与环境的发现与研究过程的回顾. 冰川冻土, 31 (1)：1~10

施雅风, 贾玉连, 于革等. 2002. 40k~30ka B. P. 青藏高原及邻区高温大降水事件的特征、影响及原因探讨. 湖泊科学, 14 (1)：1~11

施雅风, 于革. 2003. 40k~30ka B. P. 中国暖湿气候和海侵的特征与成因探讨. 第四纪研究, 23 (1)：1~11

史正涛, 张林源, 杜榕桓. 1994. 小江流域第四纪泥石流期的初步划分. 自然灾害学报, (2)：97~105

帅红岩. 2010. 三峡库区晒盐坝滑坡在暴雨与库水位下降条件下稳定性影响分析. 成都：成都理工大学

宋春晖, 方小敏, 李吉均等. 2003. 青海贵德盆地晚新生代沉积演化与青藏高原北部隆升. 地质论评, 49 (4)：337~346

宋春晖, 鲁新川, 邢强等. 2007. 临夏盆地晚新生代沉积物元素特征与古气候变迁. 沉积学报, 25 (3)：409~417

孙东怀, 鹿化煜, David R 等. 2001. 中国黄土粒度的双峰分布及其古气候意义. 沉积学报, 18 (3)：327~329.

孙亚芳. 2008. 甘青地区全新世气候变化研究. 兰州大学

汤懋苍. 1998. 高原季风的形成、演化及振荡特性. 见：青藏高原近代气候变化及对环境的影响. 广州：广东科学技术出版社. 161~183

唐川. 1991. 昭通头寨沟特大型灾害性滑坡研究. 云南地理环境研究, 32：64~71

唐领余. 2009. 花粉记录的青藏高原中部中全新世以来植被与环境. 中国科学 (D 辑)：地球科学, 39 (5)：615~625

王华. 2003. 青藏高原全新世气候变化研究进展. 贵州工业大学学报 (自然科学版), 02：98~102

王令占, 牛志军, 赵小明等. 2009. 三峡地区更新世滑坡与断裂活动、气候变化关系的再认识. 中国地质灾害与防治学报, 20 (1)：46~49

吴庆龙, 张培震, 张会平等. 2009. 黄河上游积石峡古地震堰塞湖溃决事件与喇家遗址异常古洪水灾害. 中国科学 (D 辑)：地球科学, 39 (8)：1148~1159

吴锡浩, 安芷生, 王苏民等. 1994. 中国全新世气候适宜期东亚夏季风时空变迁. 第四纪研究, 1：24~37

夏正楷, 杨晓燕. 2003. 我国北方 4ka B. P. 前后异常洪水事件的初步研究. 第四纪研究, 23 (6)：667~669

夏正楷, 杨晓燕, 叶茂林. 2003. 青海喇家遗址史前灾难事件. 科学通报, 48 (11)：1200~1204

谢守益，李明生，徐卫亚. 1999. 黄腊石滑坡群演化与古环境气候的关系. 武汉水利电力大学（宜昌）学报，21（3）：189~192

谢远云，李长安，张序强等. 2003. 青藏高原东北缘黄土的气候演化与高原隆升的耦合. 中国地质，30（4）：436~440

徐增连，骆满生，张克信等. 2013. 青藏高原循化、临夏和贵德盆地新近纪沉积充填速率演化及其对构造隆升的响应. 地质通报，32（1）：93~104

徐舜华，吴志坚，孙军杰. 2013. 岷县漳县6.6级地震典型滑坡特征及其诱发机制. 地震工程学报，35（3）：471~476

徐则民，刘文连，黄润秋. 2013. 滑坡堵江的地貌效应. 第四纪研究，33（3）：490~500

宣捷. 2000. 大气扩散到物理模拟. 北京：气象出版社. 3~38

杨达源，吴胜光，王云飞. 1996. 黄河上游的阶地与水系变迁. 地理科学，16（2）：137~143

杨晓燕，夏正楷，崔之久等. 2004. 青海官亭盆地考古遗存堆积形态的环境背景. 地理学报，59（3）：355~461

杨晓燕，夏正楷，崔之久. 2005. 黄河上游全新世特大洪水及其沉积特征. 第四纪研究，25（1）：80~85

姚檀栋，施雅风，秦大河等. 1997. 古里雅冰芯中末次间冰期以来气候变化记录研究. 中国科学（D辑），（5）：447~453

姚鑫，余凯，张永双等. 2014. "1.11"镇雄灾难性滑坡滑动机制-高孔隙度土流态化启动与滑动液化. 岩石力学与工程学报，33（5）：1047~1054

叶笃正，高由禧. 1979. 青藏高原气象学. 北京：科学出版社

殷跃平. 2000. 西藏波密易贡高速巨型滑坡特征及减灾研究. 水文地质工程地质，27（4）：8~11

殷坤龙，韩再生，李志中. 2000. 国际滑坡研究的新进展. 水文地质工程地质，27（5）：1~4

殷跃平，王猛，李滨等. 2012. 汶川地震大光包滑坡动力响应特征研究. 岩石力学与工程学报，31（10）：1969~1982

殷跃平，张作辰，张茂省等. 2008. 滑坡崩塌泥石流灾害详细调查规范（1：50000）. 中国地质调查局，6~9

殷跃平，朱继良，杨胜元. 2010. 贵州关岭大寨高速远程滑坡一碎屑流研究. 工程地质学报，18（4）：445~454

殷志强. 2008. 2008年春季极端天气气候事件对地质灾害的影响. 防灾科技学院学报，10（2）：20~24

殷志强. 2014. 黄河上游中段巨型滑坡时空分布、演化过程与主控因素研究. 北京：中国科学院大学

殷志强，秦小光，吴金水等. 2008. 湖泊沉积物粒度多组分特征及其成因机制研究. 第四纪研究，28（2）：345~354

殷志强，秦小光，吴金水等. 2009. 中国北方部分地区黄土、沙漠沙、湖泊、河流细粒沉积物粒度多组分分布特征研究. 沉积学报，27（2）343~348

殷志强，程国明，胡贵寿等. 2010. 晚更新世以来黄河上游巨型滑坡特征及形成机理初步研究. 工程地质学报，18（1）：41~51

殷志强，陈红旗，褚宏亮等. 2013a. 2008年以来我国5次典型地震事件诱发地质灾害主控因素分析. 地学前缘，20（6）：289~302

殷志强，秦小光，赵无忌等. 2013b. 基于多元遥感影像数据的黄河上游滑坡发育特征研究. 工程地质学报，21（5）：779~787

殷志强，魏刚，祁小博等. 2013c. 黄河上游寺沟峡—拉干峡段滑坡时空特征及对气候变化的响应研究. 工程地质学报，21（1）：129~137

殷志强，徐永强，陈红旗等. 2015. 2013年甘肃岷县-漳县Ms6.6级地震地质灾害展布特征及主控因素研究. 第四纪研究，34（1）：88~99

殷志强，徐永强，赵无忌. 2014. 四川都江堰三溪村"7·10"高位山体滑坡研究. 工程地质学报，22（2）：

309~318

张春山, 张业成, 胡景江等. 2000. 中国地质灾害时空分布特征与形成条件. 第四纪研究, 20 (6): 559~564.

张春山, 张业成, 马寅生等. 2003. 黄河上游地区地质灾害分布规律与区划. 地球学报, 24 (2): 155~160

张会平, 张培震, 吴庆龙等. 2008. 循化-贵德地区黄河水系河流纵剖面形态特征及其构造意义. 第四纪研究, (2): 299~310

张明, 殷跃平, 吴树仁等. 2010. 高速远程滑坡-碎屑流运动机理研究发展现状与展望. 工程地质学报, 18 (6): 805~813

张年学, 李晓, 李守定. 2005. 三峡库区奉节-云阳的低阶地与地壳运动、河谷深槽与古洪水的新解释. 第四纪研究, 25 (6): 688~689

张年学, 盛祝平, 孙广忠等. 1993. 长江三峡工程库区顺层岸坡研究. 北京: 地震出版社. 8~17

张培震, 郑德文, 尹功明等. 2006. 有关青藏高原东北缘晚新生代扩展与隆升的讨论. 第四纪研究, (1): 5~13

张智勇, 于庆文, 张克信等. 2003. 黄河上游第四纪河流地貌演化——兼论青藏高原1: 25万新生代地质填图地貌演化调查. 地球科学—中国地质大学学报, 28 (6): 621~625

章澄昌, 周文贤. 1995. 大气气溶胶教程. 北京: 气象出版社

赵振明, 刘百篪. 2003. 青海共和至甘肃兰州黄河河谷地貌的形成与青藏高原东北缘隆升的关系. 西北地质, 36 (2): 1~12

周保. 2010. 黄河上游 (拉干峡—寺沟峡段) 特大型滑坡发育特征与群发机理研究. 长安大学

周洪福, 韦玉婷, 聂德新. 2009. 黄河上游戈龙布滑坡高速下滑成因机制及堵江分析. 工程地质学报, 17 (4): 483~488

祝建, 雷英, 赵杰. 2008. 西藏樟木口岸特大型古滑坡形成机理分析. 水文地质工程地质, 35 (1): 49~52

Alexandrowicz S W. 1993. Late quaternary landslides at the eastern periphery of the national park of the Pieniny Mountains, Carpatians, Poland. Studia Geologica Polonica, 102: 209~225

Alfaro S C, Gaudichet A, Gomes L, et al. 1998. Mineral aerosol production by wind erosion: Aerosol particle sizes and binding energies. Geophysical Research Letters, 25 (7): 991~994

An Z S, Liu T S, Lu Y C, et al. 1990. The long-term paleomonsoon variation recorded by the loess-paleosoil in central China. Quaternary International, (7~8): 91~95

An Z S, Porter S C, Kutzbach J E, et al. 2000. Asynchronous Holocene optimum of the East Asian monsoon. Quaternary Science Reviews, 19: 743~762

Bond G, Broecker W, Johnsen S, et al. 1993. Correlations between climate records from North Atlantic sediments and Greenland ice. Nature, 365 (6442): 143~147

Chen J, Cui Z J. 2014. Development features of the early Pleistocene debris-flow deposits at the Baima Mountain Pass, Yunnan Province and theirpaleoclimatic and tectonic significance. Arid Land Geography, 37 (2): 203~211

Chigira M. 2002. Geologic factors contributing to landslide generation in a pyroclastic area: August 1998 Nishigo Village, Japan. Geomorphology, 46: 117~128

Clemens S, Perll W, Murray D, et al. 1991. Forcing mechanisms of the Indian Ocean monsoon. Nature, 353: 20~25

Craddock W H, Kirby E, Harkins N W, et al. 2010. Rapid fluvial incision along the Yellow River during headward basin integration across the northeastern Tibetan Plateau. Nature Geoscience, 3: 209~213

Ding Z L, Derbyshire E, Yang S L, et al. 2002. Stacked 2.6 Ma grain size record from the Chinese Loess based on five section and correlation with the deep-sea $\delta 18O$ record. Paleoceanography, 17 (3): 725~756

Dixon B N, Ibsen M L. 2000. Landslide in Research, Theory and Proceedings. London: Thomas Telford Ltd. 1~3

Gonzalez D A, Salas L, Diaz D T, *et al.* 1996. Late Quaternary climate changes and mass movement frequency and magnitude in the Cantabrian region, Spain. Geomorphology, 15: 291 ~ 309

Gorum T, Fan X M, van Westen C J, *et al.* 2011. Distribution pattern of earthquake-induced landslides triggered by the 12 May 2008 Wenchuan earthquake. Geomorphology, 133: 152 ~ 167

Heinrich H. 1988. Origin and consequences of cyclic ice rafting in the Northeast Atlantic Ocean during the past 130000 years. Quaternary Research, 29: 142 ~ 152

Hou G L, Lai Z P, Sun Y J, *et al.* 2012. Luminescence and radiocarbon chronologies for the Xindian Culture site of Lamafeng in the Guanting Basin on the NE edge of the Tibetan Plateau. Quaternary Geochronology, 10: 394 ~ 398

Ibsen M L, Brunsden D. 1997. Mass movement and climatic variation on the south coast of Great Britain. Palaoklimaforschung-Palaeoclimate Research, 19: 171 ~ 182

Imbrie J. 1990. SPECMAP Project; Paleoclimate Data, NOAA/NCDC/WDC Paleoclimatology, http: //gcmd. nasa. gov/ records/GCMD_ EARTH_ LAND_ NGDC_ PALEOCL_ SPECMAP. html, World Data Cent. , Boulder, Colo

Kellogg K. 2001. Tectonic controls on a large landslide complex: Williams Fork Mountains near Dillon. Colorado. Geomorphology, 41: 355 ~ 368

Li J J. 1991. The environmental effects of the uplift of the Qinghai-Xizang Plateau. Quaternary Science Reviews, (10): 479 ~ 483

Liu S F, Zhang G W, Pan F, *et al.* 2013. Timing of Xunhua and Guide basin development and growth of the northeastern Tibetan Plateau, China. Basin Research, 25: 74 ~ 96

Liu X Q, Dong H L, Rech J A, *et al.* 2008. Evolution of Chaka Salt Lake in NW China in response to climatic change during the latest Pleistocene Holocene. Quaternary Science Reviews, 27: 867 ~ 879

Margielewski W, Dixon B N, Ibsen M L. 2000. Landslide in Research, Theory and Proceedings. London: Thomas Telford Ltd. 1 ~ 3

Matthews J A, Dahl S O, Berrisford M S, *et al.* 1997. A preliminary history of Holocence colluvial (debris flow) activity, Leirdalen, Jotunheimen, Norway. Journal of Quaternary Science, 12 (2): 117 ~ 129

Nott J F, Thomas M F, Prics D M. 2001. Alluvial fans, landslides and late Quaternary climatic change in the wet tropics of northeast Queensland. Australian Journal of Earth, 48 (6): 875 ~ 882

Owen L A, Bailey R M, Rhodes E J, *et al.* 1997. Style and timing of glaciations in the Lahul Himalya, Northern India: Aframe work for reconstructing late Quaternary paleoclimatic change in the western Himalayas. Journal of Quaternary Science, 12 (2): 83 ~ 109

Qiao Y X, Li M W. 2000. Application of the landsat-5 TM image data in the feasibility study of debris flow hazards in the southern Taihang Mountains. Acta Geologica Sinica (English edition), 74 (2): 334 ~ 338

Qin X G, Yin Z Q. 2012. Earthquake and local rainfall triggered giant landslides in the unconsolidated sediment distribution region along the upper Yellow River-remote sense analysis of geological disasters. Journal of Geophysics Remote Sensing, 1: e105. doi: 10. 4172/2169-0049. 1000e105

Qin X G, Mu Y, Ning B, *et al.* 2008. Climate effect of dust aerosol in southern Chinese Loess Plateau over the last 140000 years. Geophysics Research Letters, 36, 1029

Santaloia F, Cancelli A. 1997. Landslide evolution Mt. Campastrino (northern Apennines, Italy): a complex and composite gravitational movement. Engineering Geology, 47: 217 ~ 232

Scheidegger A E. 1973. On the prediction of the reach and velocity of catastrophic landslides. Rock Mechanics, 5 (4):11 ~ 40

Shen J, Liu X, Wang S, *et al.* 2005. Palaeoclimatic changes in the Qinghai Lake area during the last 18000 years. Quaternary International, 136: 131 ~ 140

Soldati M, Corsini A, Pasuto A. 2004. Landslides and climate change in the Italian Dolomites since the Late glacial. Catena, 55 (2): 141 ~ 161

Stuiver M, Grootes P M, Braziunas T F. 1995. The GISP2 δ^{18}O climate record of the past 16500 years and the role of the sun, ocean and volcanoes. Quaternary Research, 44 (3): 341 ~ 354

Tang H M, Jia H B, Hu X L, et al. 2010. Characteristics of landslides induced by the great Wenchuan Earthquake. Journal of Earth Science, 21 (1): 104 ~ 113

Thomas M. 1997. Weathering and landslides in the humid tropics: Ageomorphological perspective. Journal Geological Society of China, 40 (1): 1 ~ 16

Thompson L G, Yao T D, Davis M E, et al. 1997. Tropical climate instability: The last glacial cycle from a Qinghai Tibetan ice core. Science, 276: 1821 ~ 1825

Tolga G, Fan X M, Cees W, et al. 2011. Distribution pattern of earthquake-induced landslides triggered by the 12 May 2008 Wenchuan earthquake. Geomorphology, 133: 152 ~ 167

Trauth M, Strecker M. 1999. Formation of landslide-damed lakes during a wet period between 40000 and 25000 yr. B. P. in northwestern Argentina. Palaeogeography, Palaeoclimatology, Palaeoecology, 153: 277 ~ 287

Wang Y J, Cheng H, Edwards R L, et al. 2005. The Holocene Asian monsoon: Links to solar changes and north Atlantic climate. Science, 308 (5723): 854 ~ 857

Wen B P, Wang S J, Wang E Z. 2005. Deformation characteristics of loess landslide along the contact between loess and Neocene red mudstone. Acta Geologica Sinica (English edition), 79 (1): 139 ~ 151

Xiao J L, Xu Q H, Nakamura T, et al. 2004. Holocene vegetation variation in the Daihai Lake region of north-central China: a direct indication of the Asian monsoon climatic history. Quaternary Science Reviews, 23: 1669 ~ 1679

Yang S L, Ding Z L. 2008. Advance-retreat history of the East-Asian summer monsoon rainfall belt over northern China during the last two glacial-interglacial cycles. Earth and Planetary Science Letters, 274: 499 ~ 510

Yin Y P, Zheng W M, Li X C, et al. 2011. Catastrophic landslides associated with the Ms 8.0 Wenchuan earthquake. Bulletin of Engineering Geology and the Environment, 70 (1): 15 ~ 32

Yin Z Q, Qin X G, Yin Y P, et al. 2014a. Landslide developmental characteristics and response to climate change since the last glacial in the upper reaches of the Yellow River, NE Tibetan Plateau. Acta Geologica Sinica (English edition), 88 (2): 635 ~ 646

Yin Z Q, Qin X G, Zhao W J. 2014b. Distribution characteristics of geo-disasters induced by M_s 7.0 Lushan Earthquake and compare to them of M_s 8.0 Wenchuan Earthquake. Journal of Earth Science, 25 (5): 912 ~ 923

Zhang H P, Zhang P Z, Champagnac J D, et al. 2014. Pleistocene drainage reorganization driven by the isostatic response to deep incision into the northeastern Tibetan Plateau. Geology, 42 (4): 303 ~ 306

Zhang Y S, Dong S W, Hou C T. 2013. Geohazards induced by the Lushan M_s 7.0 earthquake in Sichuan Province, Southwest China: Typical examples, types and distributional characteristics. Acta Geologica Sinica (English edition), 87 (3): 646 ~ 657